江苏省高等学校重点教材（编号：2021-2-121）

太阳能光伏发电技术

主　编　张　蔚

副主编　华　亮　杨　奕

参　编　易龙芳　於　锋　黄杰杰

U0398133

机械工业出版社

本书为江苏省高等学校重点教材（编号：2021-2-121）。

本书首先介绍了太阳能光伏发电的利用前景、技术现状以及发展规划。在此基础上，较为系统地介绍了光伏电池、光伏发电最大功率点追踪、离网式光伏发电系统、并网式光伏发电系统、风光互补发电系统和光伏电站性能检测的基本原理与基本技术，并有的放矢地设计相关仿真验证实验。本书深入浅出、理论联系实际，反映了太阳能光伏发电技术的最新技术成果。

本书适合作为理工科高等学校本科生的教材，也可作为研究生的参考教材，还可供从事太阳能光伏发电技术研究开发、工程建设与管理的工程技术人员阅读参考。

图书在版编目（CIP）数据

太阳能光伏发电技术/张蔚主编. —北京：机械工业出版社，2022.9
江苏省高等学校重点教材
ISBN 978-7-111-71460-6

Ⅰ.①太… Ⅱ.①张… Ⅲ.①太阳能发电-高等学校-教材
Ⅳ.①TM615

中国版本图书馆 CIP 数据核字（2022）第 153801 号

机械工业出版社（北京市百万庄大街 22 号　邮政编码 100037）
策划编辑：路乙达　　　　　　　责任编辑：路乙达　王　荣
责任校对：张晓蓉　王　延　　　封面设计：张　静
责任印制：李　昂
唐山三艺印务有限公司印刷
2023 年 1 月第 1 版第 1 次印刷
184mm×260mm·14.75 印张·362 千字
标准书号：ISBN 978-7-111-71460-6
定价：49.00 元

电话服务　　　　　　　　　　网络服务
客服电话：010-88361066　　　机　工　官　网：www.cmpbook.com
　　　　　010-88379833　　　机　工　官　博：weibo.com/cmp1952
　　　　　010-68326294　　　金　书　网：www.golden-book.com
封底无防伪标均为盗版　　机工教育服务网：www.cmpedu.com

前　言

随着文明的不断进步与经济的快速发展，人类社会对于能源的需求急剧提升。进入 21 世纪以来，石油和天然气等传统化石能源逐渐短缺，燃烧化石能源导致的环境污染与温室效应等问题凸显，世界各国在节约传统能源消费的同时，大力开展可再生能源的开发与利用，以应对即将到来的能源与环境危机。

光伏发电具有可再生、无污染、结构简单、占地面积小、便于运输安装以及高安全系数等优点，使其成为最具开发潜力的可再生能源形式。国际能源署在《2050 年净零排放：全球能源行业路线图》报告中关于如何在 2050 年前向净零能源系统过渡，提出了促进经济强劲增长的同时，确保能源稳定供应的途径，即由太阳能和风能等可再生能源取代化石燃料，形成一个清洁、有活力和有弹性的能源经济体系。在报告规划中，到 2050 年，2/3 的能源供应来自风能、太阳能、生物能、地热能和水能。其中，太阳能预计成为最大的能源来源，占能源供应的 1/5。

我国太阳能资源丰富，2/3 以上的国土面积都可以达到年日照时间 2200h 以上，每年的辐射总量可达 60 万 J/cm^2，非常适合光伏产业的发展。我国 2021 年新增光伏发电并网装机容量约 5300 万 kW，连续 9 年稳居世界首位；截至 2021 年年底，光伏发电并网装机容量达到 3.06 亿 kW，连续 7 年稳居世界首位。鉴于太阳能光伏发电技术与相关产业的良好发展前景，各高校也相应开设了相关课程，因此有必要编写一本较为系统全面地介绍光伏发电技术的教材。

本书较为系统地介绍了光伏发电系统主要组成部分的数学模型、运行原理以及控制策略，着重基本概念的阐述，深入浅出，从实例中帮助学生掌握知识点，理论联系实际，重点章节设计了相关实验。本书第 1 章为绪论，介绍太阳能光伏发电的利用前景、技术现状以及发展规划。第 2 章介绍光伏电池的基本理论及实验，基于光伏电池的工作原理与等效电路，建立数学模型，结合运行过程中的跟踪控制，通过 MATLAB/Simulink 仿真软件对正常光照与局部阴影条件下的输出特性进行分析。第 3 章介绍光伏发电最大功率点追踪及实验，将现有的最大功率点追踪方法划分为离线式、在线式以及混合式，结合 DC-DC 变换器的工作原理，设计变换器，搭建仿真模型验证光伏发电系统最大功率点追踪方法的追踪效果。第 4 章介绍离网式光伏发电系统及实验，离网式光伏发电系统通过后级 DC-AC 逆变器实现对负载的直接供电；针对 DC-AC 逆变器，重点介绍其工作原理、数学模型、控制策略与硬件设计，对离网式光伏发电系统进行整体建模与仿真。第 5 章介绍并网式光伏发电系统及实验，基于光伏发电系统并网控制策略，以及并网运行中可能出现的孤岛效应、低电压穿越等非常规工况的检测方法与应对措施，建立系统仿真模型分析并进行验证。第 6 章介绍风光互补发电系统及实验，侧重于介绍风电系统的组成结构、基本原理以及控制策略，通过构建风光互补发电系统，分析运行过程中风力发电与光伏发电的互补特性。第 7 章介绍光伏电站性能检测，针对光伏电站的运维，讲解光伏电站主要性能的检测方法以及需要达到的性能标准。

本书由张蔚主编。第 1 章和第 3 章由张蔚编写，第 2 章由杨奕编写，第 4 章由易龙芳编写，第 5 章由黄杰杰编写，第 6 章由华亮编写，第 7 章由於锋编写。全书由张蔚统稿。本书在撰写过程中，参阅了大量的国内外文献，引用了许多不同来源的资料和图片，谨在此致以衷心的感谢。此外，南通大学电气工程学院硕士研究生翟良冠、何坚彪、陈建波、陈晨、汪思齐、张双双、任晓琳、王慧敏参与了部分资料整理等工作，谨表谢意。

由于编者主要在电气工程领域从事教学和科研，尽管已竭尽所能，但因水平和时间有限，错误和疏漏之处在所难免，诚恳希望读者发现后及时批评指正，以利于以后的重印和再版。

编者联系方式：zhang. w@ ntu. edu. cn。

编　者

目 录

第1章

绪　论

1.1　太阳能及其光伏产业

1.1.1　背景介绍

现阶段我国能源形势比较严峻。近年来社会经济不断发展，对能源的需求量也相应增加，尤其是社会用电总量的不断增加，使得发电方式的优化创新成为时代的必然要求。我国发电方式主要有火力发电、风力发电、水力发电等，其中火力发电仍然占据较大比例，但火力发电不仅对生活环境造成污染，还会造成能源的不断消耗。当前我国天然气、煤炭、石油等能源的储备量不断下降，因此能源保护是促进社会可持续发展的重要举措。此外，我国生态环境破坏严重。煤炭的大量燃烧使大气遭受严重污染，臭氧层破坏、大气雾霾成为当前严峻的环境问题，因此必须采用清洁环保的发电方式。

太阳能是一种新兴的清洁能源，是太阳内部连续不断的核聚变反应过程产生的能量。地球轨道上的平均太阳辐照度为 $1369W/m^2$。地球赤道周长为 40076km，可计算到地球获得的能量可达 173000TW。在海平面上的标准峰值强度为 $1kW/m^2$，地球表面某一点 24h 的年平均太阳辐照度为 $0.20kW/m^2$，相当于有 102000TW 的能量。尽管太阳辐射到地球大气层的能量仅为其总辐射能量的 22 亿分之一，但已高达 173000TW，也就是说太阳每秒钟照射到地球上的能量就相当于用煤 500kt，每秒照射到地球的能量则为 $1.465×10^{14}J$。地球上的风能、水能、海洋温差能、波浪能和生物质能都是来源于太阳；同时，地球上的化石燃料（如煤、石油、天然气等）从根本上说也是远古以来贮存下来的太阳能。所以广义的太阳能所包括的范围非常大，狭义的太阳能则限于太阳辐射能的光热、光电和光化学的直接转换。

与传统能源相比，太阳能具有以下优点：

1）普遍：太阳光普照大地，没有地域的限制，无论陆地或海洋，无论高山或岛屿，处处皆有，可直接开发和利用，便于采集，且无须开采和运输。

2）无害：开发利用太阳能不会污染环境，它是最清洁能源之一，在环境污染越来越严重的今天，这一点是极其宝贵的。

3）巨大：每年到达地球表面上的太阳辐射能约相当于用煤 130 万亿 t，其总量属现今世界上可以开发的最大能源。

4）长久：根据太阳产生的核能速率估算，氢的贮量足够维持上百亿年，而地球的寿命约为几十亿年，从这个意义上讲，可以说太阳的能量是用之不竭的。

现如今国家构建以新能源为主体的新型电力系统，通过大幅提升能源利用效率和大力发展非化石能源，逐步摆脱对化石能源的依赖，以更低的能源消耗和更清洁的能源，支撑我国经济社会发展和居民生活水平提高，在倒逼能源清洁转型的同时保障我国能源安全供应。光伏发电是太阳能利用的一种重要形式，随着技术不断进步，也是最具发展前景的发电技术之一。在以后，光伏发电将成为电力市场、碳市场、可再生能源电力、电价机制等多种政策与市场工具融合的翘楚。

1.1.2　数据分析

根据国家能源局发布的数据，如图 1-1 所示，我国 2021 年新增光伏发电并网装机容量约 5300 万 kW，连续 9 年稳居世界首位。截至 2021 年底，光伏发电并网装机容量达到 3.06亿 kW，突破 3 亿 kW 大关，连续 7 年稳居世界首位。"十四五"首年，光伏发电建设实现新突破，呈现新特点。分布式光伏装机容量达到 1.075 亿 kW，突破 1 亿 kW，约占全部光伏发电并网装机容量的 1/3。新增光伏发电并网装机中，分布式光伏装机容量新增约 2900 万 kW，约占全部新增光伏发电装机容量的 55%，历史上首次突破 50%，光伏发电集中式与分布式并举的发展趋势明显。新增分布式光伏中，户用光伏装机容量继 2020 年首次超过1000 万 kW 后，2021 年超过 2000 万 kW，达到约 2150 万 kW。户用光伏已经成为我国如期实现碳达峰、碳中和目标和落实乡村振兴战略的重要力量。

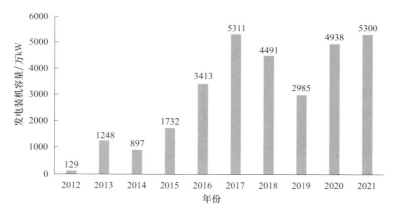

图 1-1　2012—2021 年我国光伏发电新增装机容量

如图 1-2 所示，2021 年我国火电电源装机比例达到 55%，水电电源装机比例达到 16%，风电装机比例达到 14%，太阳能发电装机比例达到 13%，核电装机比例为 2%，此时火力发电的比例占据主体部分。2020 年，中国正式提出 2030 年前碳达峰、2060 年前碳中和的目标，为了实现"双碳"目标，未来太阳能依靠其清洁与可再生的优良特性，光伏发电在我国电力供电的比例会越来越高。

图 1-3 所示数据显示，2021 年末全国发电装机容量为237692 万 kW，比 2020 年末增长 7.9%。其中，火电装机容量为 129678 万 kW，增长 4.1%；水电装机容量为 39092 万 kW，

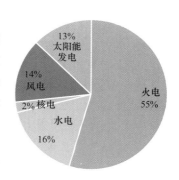

图 1-2　2021 年我国
电源装机比例图

增长 5.6%；核电装机容量为 5326 万 kW，增长 6.8%；并网风电装机容量为 32848 万 kW，增长 16.6%；并网太阳能发电装机容量为 30656 万 kW，增长 20.9%。

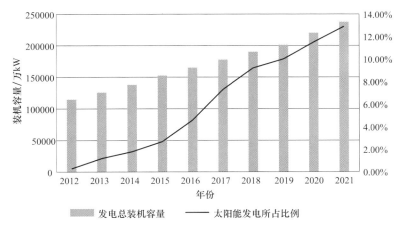

图 1-3　2012—2021 年我国光伏发电累计装机容量及占比

据中研产业研究院发布的《2022—2027 年中国光伏发电产业市场前瞻分析与投资战略规划研究报告》分析，就 2022 年光伏行业形势展望，预计 2022 年我国光伏市场在巨大的规模储备下或将增至 75GW 以上，2022—2025 年我国年均新增光伏装机预计将达到 83~99GW。

1.1.3　实际应用

太阳能光伏系统一般由太阳能电池板（也称光伏电池板）、太阳能逆变器、底架、电缆和电气配件组成。其中，太阳能电池板吸收阳光并直接将其转化为电能；太阳能逆变器将电流从直流变为交流电。光伏系统应用范围广泛，包括小型的屋顶安装、容量从几千瓦到几十千瓦的建筑集成系统、数百兆瓦的大型公用发电站等。根据应用对象不同，将其在生活中的应用分为以下 5 类：

1. 光伏屋顶

以工商业屋顶为例，其具有屋顶空余面积大、建筑用电量大、自用电费高等特点，所以对于安装屋顶光伏电站具有天然优势。当前众多光伏投资企业将投资目光放到了光照好、用电量大、产权清晰、屋顶结构优质、用电价格高的工商业建筑物上。比如，在山东运维的阳光 12 号屋顶分布式光伏发电项目，如图 1-4a 所示，装机容量为 7000kW，预计每块电池板最低年发电量可达 489kW·h。从长远角度看，每年能为企业节省一大笔费用。

除了工商业屋顶，在工厂车间屋顶，停车场车棚等也有很多屋顶分布式光伏发电站的开展，如图 1-4b 所示。山东青岛一汽大众 12MW 屋顶分布式光伏发电项目，面积约为 134000m²，估算装机容量约为 12MW，预计项目总投资约为 7800 万元，项目建成后可实现年均发电约为 1384.50 万 kW·h，折合后年均 CO_2 减排量约为 13803.45t。

车间屋顶为混凝土浇筑，组件按照一定倾角进行布置，支架采用预制混凝土基础，该基础是事先在地面预制然后吊装于屋顶的相应位置，优点是不对原屋顶进行任何改动，不会破坏屋顶结构，不会造成屋面损坏或者漏水现象，同时方便屋顶进行防水作业。一汽大众项目

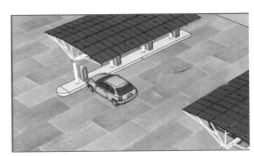

a) 阳光12号屋顶分布式光伏发电项目   b) 光伏车棚

图 1-4   阳光 12 号屋顶分布式光伏发电项目以及光伏车棚

生产期为 25 年，采用晶硅型光伏电池组件，系统 25 年电量输出衰减不超过 20%，按此线性计算衰减，预测年均发电量约为 1384.50 万 kW·h，25 年共发电量约为 34612.46 万 kW·h。

2. 光伏建筑

光伏建筑如图 1-5 所示，用双面组件来做围墙，既能起到围墙的作用，同时也能发电，高效利用土地、节约能源，在德国的部分高速公路上，公路围挡已经应用了光伏组件。同时，用光伏组件来做建筑外墙或代替玻璃幕墙，还能起到美观、保护墙体、节约外墙材料的作用。

图 1-5   光伏建筑

3. 光伏交通

将光伏组件安装在交通道路上，解决了电动机车充电的限制问题，实现车行、发电两不误，2017 年我国首条光伏高速公路已经在山东通车，如图 1-6 所示，将光伏和汽车两种技术有机融合在一起，发展"清洁能源+新能源汽车+无人驾驶"的新技术，解决人们传统的出行问题。

4. 光伏农业

在农作物的棚顶装上光伏系统（见图 1-7a），既能为棚内的设备提供充足电力，也能利用光伏生产的电进行大棚温度调控等，做到资源的合理配置；在水产品养殖的水面装上光伏系统（见图 1-7b），既能为养殖区的设备提供充足电力，还能有效提供水温，提高养殖产量等。

5. 户用光伏

户用光伏如图 1-8 所示，是指在家庭的自有屋顶安装和使用分布式太阳能发电的系统，

a) 光伏高速公路

b) 光伏汽车

图 1-6 光伏高速公路以及光伏汽车

a) 光伏农作物大棚

b) 光伏渔业

图 1-7 光伏农业

户用光伏具有安装容量小、安装点多、并网流程简单、收益明显直接的特点，也是国家补贴最高的一种分布式光伏发电应用形式。户用光伏市场分为农村户用光伏与城市户用光伏两大类。农村户用光伏主要集中在农村自建住房以及新农村统一建设住房，一般是低层建筑。城市户用光伏主要集中在高档别墅区，以及城市周边的城中村自建房。从"十三五"科技创新规划部门座谈会看，户用光伏或将单独管理，与工商业电站进行区分，并且国家及地方亦多次出台光伏扶贫相关政策，户用光伏有望迎来发展新爆点。

图 1-8 户用光伏

未来的发展趋势一定是自动化生产、智能化产出，人类的劳动力将得到最大限度的解放并创造更具价值的东西。所有的智能都需要依靠电力，而光伏正是提供电力的最佳解决方案。

1.2 光伏发电系统的技术简介

太阳能发电分为光热发电和光伏发电。通常说的太阳能发电指的是太阳能光伏发电，简称"光电"。光伏发电是利用半导体界面的光生伏特效应而将光能直接转变为电能的一种技术。这种技术的关键元件是光伏电池。光伏电池经过串联后进行封装保护可形成大面积的光伏电池组件，再配合上功率控制器等部件就形成了光伏发电装置。光伏发电装置能够提供电能给负载，或者并入电网。光伏发电的优点之一是较少受地域限制，因为太阳光散落于各个地区；光伏系统还具有安全可靠、无噪声、低污染、无须消耗燃料和架设输电线路即可就地发电供电及建设周期短的优点。光伏发电系统结构如图 1-9 所示。

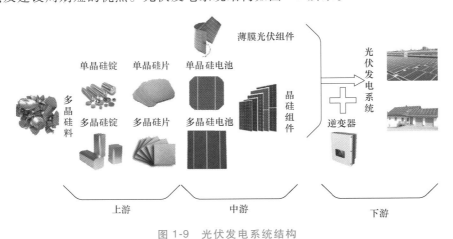

图 1-9   光伏发电系统结构

1.2.1   光伏发电系统的基础

光伏发电是利用半导体界面的光生伏特效应而将光能直接转变为电能的一种技术。实现光伏发电的基础是依托光伏电池。光伏电池顾名思义是一种利用太阳光直接发电的光电半导体薄片，又称为"太阳能芯片"或"光电池"，当满足一定的光照强度，瞬间即可输出电压及在有回路的情况下产生电流。光伏电池是采用具备光生伏特效应的半导体制作而成。光伏电池的原理是根据某种结构的半导体器件材料收到光照射时会产生直流电压（或电流）的实验现象下提出的：在太阳光照射条件下，产生内部电荷分布变化，将光子所带的能量转换成电能。当太阳光照射到特殊晶体上时，光子中携带的能量可以被晶体中的某个电子全部吸收，在此电子吸收到足够量的能量时，就能克服晶体内部原子的引力，脱离原子的束缚进行迁移，成为自由电子并形成空穴，空穴与电子的运动机制就是实现光电转换的关键。

现如今，世界上最常用的光伏电池主要有单晶硅光伏电池、多晶硅光伏电池、非晶硅光伏电池、化合物半导体光伏电池等，下面介绍几种常用的光伏电池。

1. 单晶硅光伏电池

单晶硅光伏电池是开发较早、转换率最高和产量较大的一种光伏电池。硅片经过检测、清洗、制绒等工序后，再在表层上掺杂和扩散微量元素硼、磷、锑等，形成 PN 结，即具备了电池的基本特征。目前我国单晶硅光伏电池的平均转换效率已经达到 16.5%，而实验室记录的最高转换效率超过了 24.7%。单晶硅光伏电池是硅电池中转换效率最高的，也是性能最稳定的一种，常见的单晶硅光伏电池如图 1-10 所示。

2. 多晶硅光伏电池

多晶硅光伏电池不像单晶硅具有整体的晶体结构，大量微细硅晶体在材料内无序排列。目前，工业化生产的多晶硅电池转换效率达到了 12%~15%。多晶硅光伏电池如图 1-11 所示。

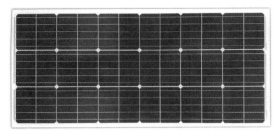

图 1-10 单晶硅光伏电池

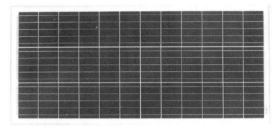

图 1-11 多晶硅光伏电池

3. 非晶硅光伏电池

非晶硅没有具体的晶体结构，其硅原子的方向随机排列且彼此间距不一，导致材料中许多共价键是不完整的（悬挂键）。非晶硅光伏电池是用非晶态硅为原料制成的一种新型薄膜电池，只有 $1\mu m$ 厚度，相当于单晶硅光伏电池的 1/300。由于非晶硅光伏电池具有工艺简单、耗硅材料少、成本低、重量轻、弱光发电和适应性强等特点，将成为最有发展前景的光伏发电材料。

4. 化合物半导体光伏电池

（1）铜铟硒光伏电池

铜铟硒光伏电池是以铜、铟、硒三元化合物半导体为基本材料，在玻璃或其他廉价衬底上沉积制成的半导体薄膜。由于铜铟硒电池光吸收性能好，所以膜厚只有单晶硅光伏电池的大约 1/100。它的光电转换效率已从 20 世纪 80 年代的 8% 发展到目前的 15%，预计近年铜铟硒薄膜电池的转换效率将达到 20%。铜铟硒光伏电池如图 1-12 所示。

（2）砷化镓光伏电池

砷化镓光伏电池是一种Ⅲ-Ⅴ族化合物半导体光伏电池。砷化镓光伏电池目前主要用在航天器上，是最理想的空间应用电池。由于它转换效率高、耐高温，也特别适合做成聚光跟踪发电系统，使其在地面应用上得到新的拓展。砷化镓光伏电池如图 1-13 所示。

图 1-12 铜铟硒光伏电池

图 1-13 砷化镓光伏电池

（3）碲化镉光伏电池

碲化镉是一种化合物半导体，其带隙最适合用于光电能量转换。用这种半导体做成的光伏电池有很高的理论转换效率。碲化镉光伏电池结构简单，容易沉积成大面积的薄膜，沉积速率也高，因此碲化镉光伏电池的制造成本较低，是应用前景较好的一种新型光伏电池，已成为美、德、日、意等国研发的主要对象。目前，已实际获得的最高转换效率达到 16.5%。碲化镉光伏电池如图 1-14 所示。

（4）聚合物光伏电池

聚合物光伏电池是利用不同氧化还原型聚合物的不同氧化还原电势，在导电材料表面进行多层复合，制成类似无机 PN 结的单向导电装置。聚合物光伏电池因其分子结构可以自行设计合成、材料选择余地大、加工容易、柔性好、毒性小和成本低等特点，对大规模利用太阳能、提供廉价电能具有重要意义。常见的聚合物光伏电池如图 1-15 所示。

图 1-14　碲化镉光伏电池

图 1-15　聚合物光伏电池

（5）钙钛矿光伏电池

钙钛矿光伏电池是以具有钙钛矿晶型结构的有机金属卤化物 $CH_3NH_3PbX_3$ 等作为光吸收、光电转换，以及载流子输运核心材料的光伏电池。目前，小电池片实验室最高转换效率为 25.5%。钙钛矿光伏电池如图 1-16 所示。

由于单个光伏电池电压等级低，因此需要将多个光伏电池经过组装等众多工艺制作成光伏阵列组件。组件封装流程如下：电池片分选→正面焊接→背面串接→层压敷设→组件层压→修边→装框→接线盒安装→组件测试→高压测试→清洗、检验→包装入库。

图 1-16　钙钛矿光伏电池

1.2.2　光伏发电系统的结构

光伏阵列依照实际应用进行排列组合，将电能输入逆变器实现最大功率点追踪（Maximum Power Point Tracking，MPPT）及逆变，逆变输出交流电，最终给负载供电或接入电网实现并网。如图 1-17 所示，光伏阵列加上逆变器组成光伏发电系统。光伏发电系统按与电力系统的关系又可划分为离网光伏系统和光伏并网系统。离网光伏系统不与电力系统的电网相连，主要用于给边远无电地区供电。光伏并网系统与电力系统的电网连接，作为电力系统中的一部分。光伏发电系统的主流应用方式是光伏并网发电方式，即光伏系统通过并网逆变

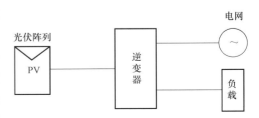

图 1-17　光伏发电系统组成

器与当地电网连接，通过电网将光伏系统所发的电能进行再分配，如供当地负载或进行电力调峰等。

其中，逆变器是光伏发电技术的中端，介于光伏阵列与电网之间。将直流电能变换成交流电能的过程称为逆变，把完成逆变功能的电路称为逆变电路，把实现逆变过程的装置称为逆变设备或逆变器。通常逆变设备除了具备逆变功能，还需要具备升压功能，即升高光伏阵列的电压等级，实现 MPPT。由于不同的太阳辐照度与温度对光伏阵列的开路电压值与短路电流值都会产生较大的影响，系统最大功率点不断发生变化，系统无法稳定高效率工作，因此需要对最大功率点进行研究并跟踪，保证在光照变化的条件下都能够维持最大功率输出。常用的 MPPT 控制方法有：恒定电压法、扰动观察法、电导增量法以及科研先行者提出的新型控制算法等。

在实际的光伏发电应用中，逆变器的结构随着光伏阵列功率等级的不同有相应的变化。根据不同的分布以及功率等级，可以将光伏并网系统体系结构划分为 5 种：集中式、交流模块式、串联式、多支路、主从式。下面对这 5 种结构进行简要说明。

1. 集中式结构

集中式结构如图 1-18 所示，就是将所有的光伏组件通过串并联构成光伏阵列，并产生一个足够高的直流电压，然后通过一个并网逆变器集中将直流转换为交流并把能量输入电网。

2. 交流模块式结构

交流模块式结构如图 1-19 所示，是指把并网逆变和光伏组件集成在一起作为一个光伏发电系统模块。其主要缺点是：由于采用小容量逆变器设计，功率一般为 50～400W，逆变效率相对较低。

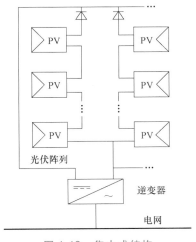

图 1-18　集中式结构

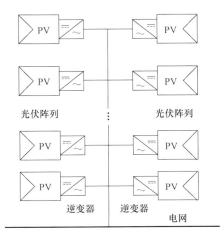

图 1-19　交流模块式结构

3. 串联式结构

串联式结构如图 1-20 所示，是指光伏组件通过串联构成光伏阵列给光伏并网发电系统提供能量的系统结构。在串联式结构中，光伏组件串联构成的光伏阵列与并网逆变器直接相连，和集中式结构相比，不需要直流母线。由于受光伏组件绝缘电压和功率器件工作电压的限制，一个串联式结构的最大输出功率一般为几千瓦。

4. 多支路结构

多支路结构是由多个 DC-DC 变换器、一个逆变器构成，其综合了串联式结构和集中式结构的优点，具体实现形式主要有两种：并联型多支路结构和串联型多支路结构，如图 1-21 所示。

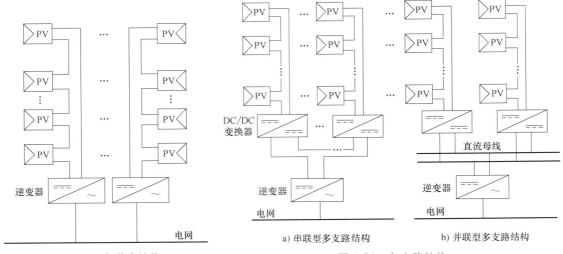

图 1-20　串联式结构

a) 串联型多支路结构　　b) 并联型多支路结构

图 1-21　多支路结构

5. 主从式结构

主从式结构是一种新型的光伏并网发电系统体系结构，也是光伏并网系统结构发展的趋势。如图 1-22 所示，它通过控制组协同开关，来动态地决定在不同的外部环境下光伏并网系统的结构，以期达到最佳的光伏能量利用效率。

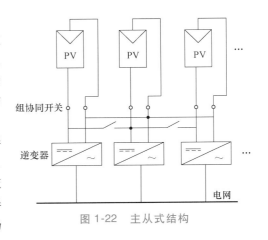

图 1-22　主从式结构

而在实际使用中，至 2020 年，光伏逆变器市场仍然以集中式逆变器和组串式逆变器为主，集散式逆变器占比较小。其中，组串式逆变器依然占据主要地位，占比为 66.5%，集中式逆变器占比为 28.5%，交流模块式及其他逆变器的市场占有率约为 5.0%。

未来的一段时期，集中式逆变器与串联式逆变器依旧在市场占据很大一部分，随着技术的发展，其他结构逆变器也会重新调整市场的占有率。

1.3　光伏发电的发展应用

1.3.1　国外光伏发电的应用情况

1. 德国

如图 1-23 所示，2021 年德国新增光伏装机容量达 5.26GW，比 2020 年的 4.88GW 增长了约 8%，截至 2021 年底，德国的累计光伏装机容量已达 66.5GW。根据 2021 年最新 EEG 法案规划，到 2026 年德国光伏累计装机容量将达 83GW，2030 年突破 100GW，2050 年达到 275GW。预计 2022 年，德国新增光伏装机容量将达到 6.5GW。

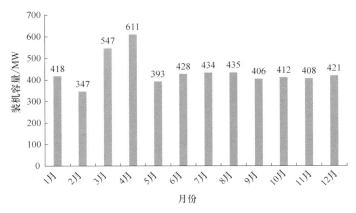

图 1-23　2021 年德国新增光伏装机容量

2. 澳大利亚

如图 1-24 所示，2021 年澳大利亚新增光伏装机容量达 4.61GW，到 2021 年底，澳大利亚的累计光伏装机容量达到 25.3GW，目前，澳大利亚认可或运营的大规模产能为 14.79GW，预计 2022 年新增光伏装机容量将达到 6.65GW。

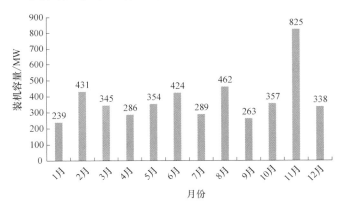

图 1-24　2021 年澳大利亚新增光伏装机容量

3. 法国

如图 1-25 所示，2021 年法国新增光伏装机容量达 2.68GW，2021 年第 4 季度约有 761MW 的新光伏项目并网，截至 2021 年 12 月，法国累计光伏装机容量达到 13.067GW。到 2023 年，法国清洁能源装机目标为 71～78GW，其中光伏目标为 20.1GW。另外，到 2028 年的光伏累计装机容量目标为 35.1～44GW，意味着 2024—2028 每年新增装机容量需达到 4GW。

4. 土耳其

如图 1-26 所示，2021 年土耳其新增 1.148GW 的光伏项目并网，2020 年新增光伏装机容量 620MW，同比增长 85%。2021 年第 3 季度新增装机容量约为 150MW，使该国的太阳能

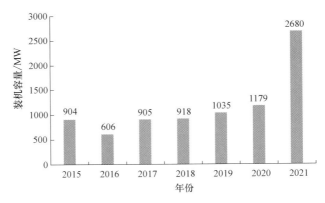

图 1-25　2015—2021 年法国新增光伏装机容量

累计装机容量达到 7.81GW。目前土耳其光伏市场受自发自用和净计量的屋顶光伏项目驱动。土耳其在 2020 年 5 月引入了净计量，此后屋顶项目逐步超过大型电站项目，最近几个大型项目的招标已经启动，公用事业规模的项目将在未来几年内上线。

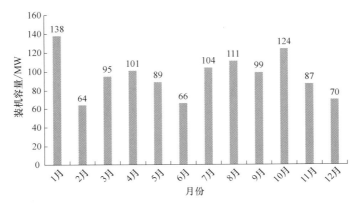

图 1-26　2021 年土耳其新增光伏装机容量

1.3.2　国内光伏发电的应用情况

1. 东部地区

江苏省是我国乃至全球光伏产业规模最大、配套环境最完善、龙头企业最集中的地区。2019 年，江苏省光伏产业继续保持全国领先地位，全省多晶硅产量约 4.5 万 t，同比下降 37.8%（2018 年为 7.23 万 t）；全省电池片产能达到 59.2GW，产量约为 40.9GW，同比增长 15.9%；组件产能达到 56.3GW，产量约为 38.1GW，同比增长 20.8%。根据国家能源局公布数据显示，截至 2019 年底，江苏省累计装机容量达到 14.86GW，位居全国第 2；其中，集中式地面光伏累计装机容量为 8.21GW，分布式光伏累计装机容量为 6.65GW。2019 年全省新增光伏装机容量为 1.53GW，其中，集中式地面电站新增装机容量为 290MW，分布式电站新增装机容量为 1.24GW。

据统计，江苏省产能规模超过 5GW 的电池企业有 6 家，分别为阿特斯、天合光能、协鑫集成、苏民新能、润阳悦达、顺风（含尚德），骨干企业的产能利用率均保持在 85% 以上。产能规模超过5GW的组件企业共4家，分别为天合光能、阿特斯、协鑫集成、东方日升（金坛）。除主要光伏产品龙头企业聚集江苏之外，逆变器、光伏电池浆料、光伏组件封装胶膜、光伏背板、组件边框、封装胶、焊带、接线盒等相关原辅材料产品的主要供应商均聚集在江苏省，如上能电气、固德威、常州回天、无锡帝科、爱士惟新能源、苏州晶银、苏州赛伍、中来股份、爱康科技、同享科技、苏州宇邦、江苏太阳光伏、常州斯威克、盛利维尔、通灵电气等；此外，光伏制造关键设备企业在江苏省也比较多，如无锡上机、无锡先导、江苏迈为、苏州赫瑞特等。

2019年，浙江省光伏产业规模继续保持前列，全省电池片产能达到20.5GW，产量约为15.5GW，同比增长14.0%；组件产能达到27.9GW，产量约为19.9GW，同比增长57.9%。全省新增装机2.01GW，其中集中式光伏新增0.52GW，分布式光伏新增1.49GW，分布式新增装机规模仅次于山东省，位居全国第2。截至2019年底，全省累计并网装机容量为13.39GW，同比增长17%；其中集中式累计装机容量为4.14GW，分布式累计装机容量为9.25GW，分布式累计装机容量持续位居全国第2。

广东省光伏市场以分布式为主，其中珠三角以工商业和户用为主，粤东西北以扶贫和地面电站为主，户用刚需比例高。2019年广东省光伏新增装机容量830MW，其中分布式新增装机容量630MW，与2018年相比新增装机量有所下降，但分布式占比持续增加，达到75%。截至2019年底，全省累计光伏装机容量为6.1GW，其中集中式电站3.02GW，分布式电站3.08GW，分布式累计装机容量首次超过集中式。

2. 西部地区

2019年，陕西省新增光伏装机容量达2.23GW，累计光伏装机容量达9.39GW，同比增长31.1%，其中地面光伏电站7.78GW，分布式1.61GW。2019年5月30日，国家发展改革委办公厅、国家能源局综合司印发《关于公布2019年第一批风电、光伏发电平价上网项目的通知》，陕西省申报的2.04GW光伏发电平价上网项目全部纳入国家盘子，装机容量占全国总量的13.8%，居全国第2。6月28日，根据国家能源局《关于2019年风电、光伏发电项目建设有关事项的通知》（国能发新能〔2019〕49号）和陕西省发展改革委《关于开展2019年光伏发电项目国家补贴竞争工作的通知》（陕发改能新能源〔2019〕645号）的相关要求，陕西省发改委共确定75个项目总容量1.33GW参与2019年光伏发电国家补贴竞价。6月30日，铜川光伏发电技术领跑基地项目顺利并网投运。该项目分1号隆基和2号天合光能两个项目，总装机50万kW，全部位于宜君县境内，规划总占地12.2km²，总投资40亿元，是全省最大单体光伏电站项目，也是我国首批三个光伏技术领跑者基地项目之一。铜川光伏发电技术领跑基地项目建成后年发电量约为5.9亿kW·h。

自2016年以来，新疆维吾尔自治区凭借电价优势成为全国多晶硅投资的热土，2019年产能继续扩大，全年新增产能8.5万t，总产能达22.3万t，占全国总产能的47.9%，同时这也是全球多晶硅产业最为集中的地区。2019年新疆维吾尔自治区多晶硅总产量为15.8万t，约占全国产量的46.2%，总产值约为109.8亿元。全区多晶硅企业4家，且均为全球产能前十企业，包括：新疆大全，产能为7万t，产量约4.2万t；新特能源，产能为7.1万t，产量约为5万t；东方希望，产能为4万t，产量2.8万t；新疆协鑫，产能为4万t，产量为3.8万t。其中，东方希望、新疆协鑫2020年新增产能分别为4.5万t和2万t。

截至2019年12月底，新疆维吾尔自治区（含新疆生产建设兵团）累计装机容量达

10.8GW，同比增长 8.9%，占发电装机总容量的 11.1%，其中，集中式电站规模为 10.66GW，位居全国第 2；2019 年新增光伏装机容量为 880MW。2019 年太阳能发电量达 131.96 亿 kW·h，同比增长 11.5%，占总发电量的 4.07%。2019 年太阳能发电设备平均利用小时数为 1425h，同比增加 88h。光伏发电量和发电设备利用小时数同比均有所增加，弃光限电情况持续好转，光伏发电运行情况稳中向好。从弃光情况看，2019 年新疆全年弃光电量 10.21 亿 kW·h，较 2018 年同期下降 52.29%；平均弃光率为 7.3%，同比下降 8.2 个百分点。这是自"十三五"以来，新疆弃光率首次下降到 10% 以下，完成国家对新疆光伏发电消纳目标要求。分区域看，除阿勒泰地区、喀什地区、克州弃光率略高于 10% 以外，新疆其他地（州、市）弃光率均在 10% 以下，其中吐鲁番市、乌鲁木齐市光伏发电消纳情况最好，弃光率分别为 4.19%、4.96%。

3. 中部地区

据江西省工信厅统计，2019 年江西省光伏产业实现营业收入 715.2 亿元，同比增长 5.1%，实现利润 37.7 亿元，同比增长 33.2%。2019 年全省电池产量为 6.3GW，组件产量约为 5.5GW。据国家能源局统计，2019 年江西省新增光伏装机容量为 930MW，同比增长 6.9%；其中集中式光伏新增 730MW，分布式光伏新增 200MW。截至 2019 年底，江西省累计光伏装机规模达到 6.3GW，同比增长 17.5%；其中集中式光伏累计达到 3.67GW，分布式累计达到 2.63GW。

4. 北部地区

内蒙古自治区作为我国重要的清洁能源输出基地，风电太阳能光伏发展快速。截至 2021 年年底，全区并网太阳能发电场 432 座，发电设备装机容量达 1412.02 万 kW，年发电量为 211.9 亿 kW·h。同比增加 180.45 万 kW，增长 14.65%。其中，光伏电站总装机容量达 1402.02 万 kW，年发电量为 210.48 亿 kW·h，太阳能热发电并网装机容量达 10 万 kW，年发电量为 1.42 亿 kW·h。

在 1402.02 万 kW 光伏并网装机容量中，分布式光伏并网装机容量为 70.88 万 kW（含户用光伏并网装机容量 5.3501 万 kW），年发电量为 8.15 亿 kW·h。内蒙古 2021 年新纳入补贴的户用光伏规模为 2.9517 万 kW。

1.4 光伏发电长期发展规划

1.4.1 国内外光伏发电的激励政策

1. 国外光伏发展的激励政策

（1）设定光伏发展目标

2020 年 4 月，法国政府发布了新的多年期能源计划（PPE），该计划的目标是到 2023 年实现 20.1GW 可再生能源发电装机容量，到 2028 年实现 44GW 可再生能源发电装机容量。为实现既定目标，政府计划于 2024 年前每年对地面光伏发电项目进行两期招标，每期最高 1GW；每年对屋顶太阳能项目进行三期招标，每期最高 300MW。

2020 年 12 月，德国联邦议院通过《可再生能源法》修订草案。法案强调到 2030 年德国可再生能源发电量须达到全国总发电量的 65%，还规定因新冠肺炎疫情延误的光伏项目可延期完成。

意大利在其《国家能源与气候计划》中设定了到 2030 年 52GW 光伏装机容量的目标，这几乎是其 2019 年光伏总装机容量（20.9GW）的 2.5 倍，政府推出的招标计划有望推动其光伏装机容量向该目标迈进。

（2）制定财政刺激计划

2020 年 7 月，在国际能源署清洁能源转型峰会上，占全球能源消耗和碳排放量 80% 的 40 个发达经济体和新兴经济体部长强调，要让清洁能源技术成为推动经济复苏的重要组成部分。以清洁能源为重点的经济刺激措施将直接或间接为光伏产业发展提供额外的财政支持。

根据惠誉的数据，截至 2020 年 6 月，全球直接财政刺激占 GDP 的比例已经是 2008 年全球金融危机后实施的财政刺激的两倍。随后欧盟发布的经济复苏计划将应对疫情危机与此前的可持续增长战略相连接，预计总额 7500 亿欧元的复苏基金中的 30% 将用于绿色支出，包括减少对化石燃料的依赖等。

受疫情冲击，如何通过实施经济复苏计划实现可持续发展是很多国家都面临的共同问题，越来越多的国家将清洁能源作为恢复经济的引擎，将光伏作为刺激本国经济复苏的手段之一。

（3）延续原有支持政策

1）德国取消太阳能补贴上限。2020 年上半年，德国议会正式批准从《可再生能源法》中取消光伏发电装机补贴上限。德国政府曾在 2012 年规定，要求全国范围内光伏装机容量达到 52GW 后，发电规模 750kW 以内的小型光伏项目将不再获得《可再生能源法》中规定的补贴。此次取消光伏发电装机补贴上限有利于提振产业信心，同时能够为光伏产业带来更多的投资。

2）印度 ISTS 税费豁免延期。2020 年 8 月，印度电力局将原本截止于 2022 年 12 月 31 日的光伏、风电洲际传输系统（ISTS）税费豁免延长至 2023 年 6 月 30 日。这项税费豁免适用于所有光伏、风电和混合互补项目，豁免期为 25 年，同时适用于印度可再生能源部公共部门事业计划第二阶段委托的光伏项目，以及印度国有太阳能公司（SECI）2019 年 6 月发布的相关光伏项目。

2. 国内光伏发展的激励政策

（1）政策综述

从近期宏观发展环境看，我国对光伏发电等可再生能源作为实现能源转型尤其是实现能源供应侧清洁转型重要抓手的战略方向没有变化，且重视程度在加强。有所转变的是发展方式，更加强调高质量发展，实现质量变革、效率变革和动力变革。从光伏发电项目建设政策角度来看，2019 年以来的政策和机制也充分表明推进产业和市场高质量发展这一方向，主要体现在几个方面：接网消纳是光伏项目建设的前置条件，重视土地、场地、屋顶的可利用性和合规性，继续实施光伏发电市场环境监测评价制度，强化实施全额保障性收购制度，控制光伏发电限电率和限电量不超指标规定要求等。

表 1-1 总结了 2019 年 7 月至 2020 年 3 月与光伏发电相关的创新机制以及促进政策调整完善情况，并初步分析这些政策和机制对光伏产业长远发展的潜在影响。

表 1-1　中央政府部门发布的光伏发电相关部分文件

出台时间	文件名称及文号
2019 年 7 月 31 日	国家发展改革委办公厅 国家能源局综合司印发关于深化电力现货市场建设试点工作的意见的通知（发改办能源规〔2019〕828 号）
2019 年 10 月 21 日	国家发展和改革委员会关于深化燃煤发电上网电价形成机制改革的指导意见（发改价格规〔2019〕1658 号）
2020 年 1 月 7 日	国家能源局关于印发光伏发电市场环境监测评价方法及标准（2019 年修订版）的通知
2020 年 1 月 20 日	财政部 国家发展改革委 国家能源局关于促进非水可再生能源发电健康发展的若干意见（财建〔2020〕4 号）
2020 年 1 月 20 日	财政部 国家发展改革委 国家能源局关于印发可再生能源电价附加资金管理办法的通知（财建〔2020〕5 号）
2020 年 2 月 10 日	关于公布可再生能源电价附加资金补助目录（第三批光伏扶贫项目）的通知（财建〔2020〕13 号）
2020 年 2 月 29 日	国家发展改革委办公厅 国家能源局综合司关于印发省级可再生能源电力消纳保障实施方案编制大纲的通知（发改办能源〔2020〕181 号）
2020 年 3 月 5 日	国家能源局关于 2020 年风电、光伏发电项目建设有关事项的通知（国能发新能〔2020〕17 号）
2020 年 3 月 12 日	财政部办公厅关于开展可再生能源发电补贴项目清单审核有关工作的通知（财办建〔2020〕6 号）

（2）电价机制和补贴发放

改革光伏发电电价机制，电价补贴持续退坡。2019 年光伏发电电价和补贴继续退坡，同时在机制上做了变革，将原来的标杆电价改为指导价，且是竞争配置项目的上限。2019 年Ⅰ、Ⅱ、Ⅲ类资源区指导价水平分别为 0.4 元/kW·h、0.45 元/kW·h、0.55 元/kW·h，较 2018 年分别降低 0.1 元/kW·h、0.15 元/kW·h、0.15 元/kW·h，"自发自用、余电上网"的分布式光伏度电补贴水平从之前的 0.32 元/kW·h 降至 0.10 元/kW·h，户用光伏度电补贴从之前的 0.32 元/kW·h 降至 0.18 元/kW·h。2020 年光伏发电电价和补贴继续退坡，根据 2020 年 4 月 2 日国家发展改革委公布的《关于 2020 年光伏发电上网电价政策有关事项的通知》（发改价格〔2020〕511 号）规定，Ⅰ、Ⅰ、Ⅲ类资源区指导价分别为 0.35 元/kW·h、0.40 元/kW·h、0.49 元/kW·h，"自发自用、余电上网"的分布式光伏和户用光伏度电补贴水平分别为 0.05 元/kW·h 和 0.08 元/kW·h。

1.4.2　光伏发电应用分布地图

如图 1-27 所示，截至 2020 年底，全国十大太阳能发电装机省份（自治区）分别是：山东 2272 万 kW、河北 2190 万 kW、江苏 1684 万 kW、青海 1601 万 kW、浙江 1517 万 kW、安徽 1370 万 kW、山西 1309 万 kW、新疆 1266 万 kW、内蒙古 1237 万 kW、宁夏 1197 万 kW。

如图 1-28 所示，至 2021 年 6 月，全国 13 省市光伏发电装机容量超 1000 万 kW，山东光伏发电装机容量最大，为 2606 万 kW，河北、江苏紧随其后，光伏发电装机容量分别为 2365.6 万 kW、1764.6 万 kW。在巨大国内光伏发电项目储备量推动下，2022 年新增光伏装

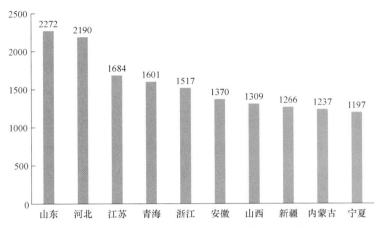

图 1-27 2020 年全国太阳能发电装机容量前十（单位：万 kW）

机规模或将增至 75GW 以上，在 75～90GW 左右。另外，预计 2022—2025 年，我国年均新增光伏装机容量将达到 83～99GW。

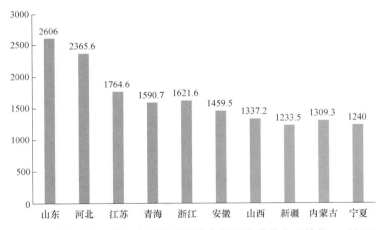

图 1-28 2021 年上半年全国太阳能发电装机容量前十（单位：万 kW）

1.4.3 我国未来光伏发电产能及展望

2020 年，我国正式提出 2030 年前碳达峰、2060 年前碳中和及 2030 年"风光"总装机容量 12 亿 kW 以上的双重目标，我国风电、光伏发电产业迎来了更加广阔的发展空间。这 10 年，风电产业年均新增装机规模预测 5000～6000 万 kW，光伏产业年均新增装机容量 7000～9000 万 kW，2030 年新能源装机规模将达到 17 亿 kW 以上。

近期，中国大陆 31 个省、直辖市、自治区国民经济和社会发展第十四个五年规划和 2035 年远景目标纲要（以下简称"十四五规划"）陆续公布完毕。作为指导省、自治区、直辖市经济发展的最高行动纲领，多省、直辖市、自治区对光伏、储能等新能源发展做出统筹安排。

1. 广东省：大力发展太阳能发电等可再生能源

2020 年 4 月 25 日，《广东省国民经济和社会发展第十四个五年规划和 2035 年远景目标纲要》全文发布，太阳能发电、光伏发电写入这份广东经济未来 5～10 年发展蓝图。

据了解，广东省"十四五规划"表示，大力发展清洁低碳能源。优化能源供给结构，实施可再生能源替代行动，构建以新能源为主体的新型电力系统。大力发展海上风电、太阳能发电等可再生能源，推动省管海域风电项目建成投产装机容量超 800 万 kW，打造粤东千万 kW 级基地，加快 8MW 及以上大容量机组规模化应用，促进海上风电实现平价上网；拓展分布式光伏发电应用，大力推广太阳能建筑一体化，支持集中式光伏与农业、渔业的综合利用。

培育新能源产业集群——引导各地发挥区域优势和特色产业优势，大力发展先进核能、海上风电、太阳能等优势产业，加快培育氢能等新兴产业，推进生物质能综合开发利用，助推能源清洁低碳化转型。开发绿色低碳能源工程——规模化开发海上风电，建设阳江沙扒、珠海金湾、湛江外罗、惠州港口、汕头勒门、揭阳神泉、汕尾后湖等地海上风电场项目；积极发展光伏发电，适度开发风能资源丰富地区的陆上风电。

2. 江苏省：鼓励发展分布式光伏

2020 年 3 月 1 日，《江苏省国民经济和社会发展第十四个五年规划和二〇三五年远景目标纲要》发布。在第二十九章"着力保障能源安全"中，江苏省"十四五规划"提出鼓励发展分布式光伏发电，推动分布式光伏与储能、微电网等融合发展的建议。

江苏省"十四五规划"表示：加快能源绿色转型，全面提高非化石能源占一次能源消费比重；有序推进海上风电集中连片、规模化开发和可持续发展，加快建设陆上风电平价项目，打造国家级海上千万 kW 级风电基地；因地制宜促进太阳能利用，鼓励发展分布式光伏发电，推动分布式光伏与储能、微电网等融合发展，建设一批综合利用平价示范基地。

3. 内蒙古：推进大型煤电、风电场、光伏电站等建设智慧电厂

2021 年 2 月 7 日，《内蒙古自治区国民经济和社会发展第十四个五年规划和 2035 年远景目标纲要》发布。内蒙古"十四五规划"表示，严禁在草原上乱采滥挖、新上矿产资源开发等工业项目，已批准在建运营的矿山、风电、光伏等项目到期退出，新建风电、光伏电站重点布局在沙漠荒漠、采煤沉陷区、露天矿排土场，推广"光伏+生态治理"基地建设模式。内蒙古"十四五规划"称，立足于现有产业基础，加快形成多种能源协同互补、综合利用、集约高效的供能方式；坚持大规模外送和本地消纳、集中式和分布式开发并举，推进风光等可再生能源高比例发展，重点建设包头、鄂尔多斯、乌兰察布、巴彦淖尔、阿拉善等千万 kW 级新能源基地。

4. 浙江省：鼓励发展分布式光伏发电

2021 年 1 月 30 日，浙江省第十三届人民代表大会第五次会议通过《浙江省国民经济和社会发展第十四个五年规划和二〇三五年远景目标纲要》。浙江省"十四五规划"提出：全面提升能源安全保障能力；大力发展可再生能源，安全高效发展核电，鼓励发展天然气分布式能源、分布式光伏发电，有序推进抽水蓄能电站和海上风电布局建设，加快储能、氢能发展，到 2025 年清洁能源电力装机占比超过 57%，高水平建成国家清洁能源示范省。

最后，光伏还写入了国家"十四五"规划。2021 年 3 月 12 日，新华社受权全文播发《中华人民共和国国民经济和社会发展第十四个五年规划和 2035 年远景目标纲要》。其中，第十一章"建设现代化基础设施体系"第三节"构建现代能源体系"提出，加快发展非化石能源，坚持集中式和分布式并举，大力提升风电、光伏发电规模，加快发展东中部分布式

能源，有序发展海上风电，加快西南水电基地建设，安全稳妥推动沿海核电建设，建设一批多能互补的清洁能源基地，非化石能源占能源消费总量比重提高到 20% 左右。

1.5　国内外大型光伏发电站

1.5.1　五大太阳能光伏电站

1. 维拉纽瓦（Villanueva）太阳能电站

维拉纽瓦（Villanueva）太阳能电站位于墨西哥科阿韦拉州维斯卡镇。如图 1-29 所示，该电站是拉丁美洲最大的太阳能项目，面积为 $15km^2$，相当于 2200 个足球场大小。其额定容量为 828MW，总投资 7.1 亿美元，共采用 230 万块光伏电池板，可以为 130 万户家庭供电提供足够的电力。

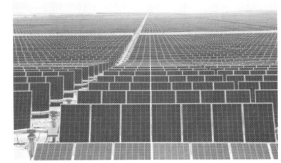

图 1-29　维拉纽瓦太阳能电站

该项目的第一阶段，维拉纽瓦 1 号拥有 427MW 的容量，而第二阶段，维拉纽瓦 3 号具有 327MW 的容量。维拉纽瓦太阳能发电厂采用 NEXTracker 的监督控制和数据采集（SCADA）系统，可增强数据连接性。SCADA 平台允许长期数据存储，同时增加用户体验。它还通过自动跟踪器配置步骤帮助加快调试。该技术先进的独立行架构系统使面板随着项目的进展而连续调试。

2. 龙羊峡太阳能电站

龙羊峡太阳能电站位于中国青海省海南藏族自治州共和县与贵南县交界的黄河干流附近，紧邻龙羊峡大坝，如图 1-30 所示。2013年，龙羊峡太阳能电站一期工程建成，额定容量为 320MW，占地 $9km^2$。2015 年，二期工程建成，额定容量为 530MW，占地 $14km^2$，龙羊峡大坝太阳能电站总容量为 850MW。太阳能电站与水力发电站集成在一起。电站与其中一台水力发电涡轮机相连，通过混合水能和太阳能，依靠水轮发电机组的快速调节能力和水电站水库的调节能力，调整光伏的主动功率输出，实现水电—太阳能混合发电，实现光伏曲线平稳稳定，有效弥补独立光伏电站的不足，

图 1-30　龙羊峡太阳能电站

提高电力系统的安全性和稳定性，使光伏发电成为与水电相媲美的优质电力。

3. 大同太阳能领跑者基地

大同太阳能领跑者基地位于我国山西省大同市采煤沉陷区。大同联合光伏新能源、大同煤矿集团、华电山西能源、金科太阳能控股、英利绿色能源、中国广东核电、中国三峡新能源、国家电力投资等多家公司参与了该项目太阳能电站的建设。

大同太阳能领跑者基地于 2015 年 9 月动工，分 13 个建案，装机量共 1000MW，于 2016 年 6 月 30 日前全数并网。据统计，从 2016 年 7 月到 2017 年 1 月的 7 个月期间，大同太阳能领跑者基地累计发电 8.7 亿 kW·h，相当于每个月发电超过 1.2 亿 kW·h。值得一提的是，如图 1-31 所示，山西大同将太阳能发电站按照国宝大熊猫的样子建设，电站由黑白两色组成，黑色部分由单晶硅光伏电池组成，白色部

图 1-31　大同太阳能领跑者基地

分由薄膜光伏电池以及 N 型双面单晶硅电池组成，从空中鸟瞰，由于光伏电池板本身的颜色差异，整个电站呈现出一只大熊猫的形象，这是世界上首座熊猫外形的光伏电站。

4. 穆拉光伏电站

穆拉光伏电站（见图 1-32）是位于西班牙穆尔西亚州穆拉的一座 494MW 的光伏电站，是目前欧洲最大的光伏发电站。它由眼镜蛇（ACS 集团）建造，于 2019 年 7 月投入使用。该光伏电站的主要特点是：固定 3V 金属结构上的光伏地面装置、多晶光伏模块、内部 30kV 中压配电网络、两个变电站，每个变电站都位于现场，由 132kV 高压地下线路连接。

5. 巴德拉（Bhadla）太阳能发电站

巴德拉（Bhadla）太阳能发电站位于印度拉贾斯坦邦焦特布尔县巴德拉地区，是世界上最大的太阳能电站，如图 1-33 所示，该地区多沙、干燥、干旱，平均温度在 46～48℃之间，经常出现热风和沙尘暴。巴德拉太阳能发电站占地 40km^2，该电站的总额定容量为 2245MW。其中，拉贾斯坦邦可再生能源有限公司（RRECL）通过其子公司拉贾斯坦邦太阳能公园开发有限公司（RSPDCL）建造了 745MW 的项目。

拉贾斯坦邦的索里亚·乌尔贾公司是拉贾斯坦邦政府与 IL&FS 能源开发公司的合资公司，为 1000MW 的太阳能项目开发了基础设施。阿达尼集团公司（Adani Enterprises Ltd.）与拉贾斯坦邦政府之间的另一合资企业则开发了 500MW 的太阳能项目。该电站于 2019 年 3 月建设完成。

图 1-32　穆拉光伏电站

图 1-33　巴德拉太阳能发电站

1.5.2　特色太阳能光伏电站

1. "新喀里多尼亚之心"——世界上最漂亮的太阳能电站

位于南太平洋的新喀里多尼亚岛上的"心形"太阳能发电站——"新喀里多尼亚之心"

颠覆了人们对传统光伏电站的认知。这个美丽而可爱的太阳能发电厂占地 4 英亩（acre，1acre = 4046.856m²），装机容量为 2MW，由 7888 块光伏电池板组成，总发电量能够满足 750 个家庭的用电需求。预计使用寿命为 25 年，将减少约 200 万 t CO_2 排放。

图 1-34　新喀里多尼亚之心

如图 1-34 所示，光伏电厂建成一颗心的形状，其灵感来源于附近自然生成的一片名为"沃之心（Coeur de Voh）"的红树林的形状，这片红树林是新喀里多尼亚的一个重要地标，显示出了大自然的鬼斧神工。"新喀里多尼亚之心"太阳能发电站将成为沃之心红树林的翻版，是新喀里多尼亚岛清洁能源的象征。

2. 太阳星光伏电站——世界最大的太阳能农场发电站

太阳星光伏电站是加利福尼亚州罗萨蒙德附近的一座 579MW（MWAC）光伏电站，由 SunPower 公司建造。如图 1-35 所示，2015 年 6 月完工后，它成为世界上最大的太阳能农场发电站，由 170 万块光伏电池板组成，占地 3200 英亩。与其他类似尺寸的光伏电站相比，太阳星项目使用安装在单轴跟踪器上的较小尺寸大型成型、高功率、高效率、高成本的晶体硅模块。

3. 达拉特旗光伏基地——板上发电，板下修复，板间种植

库布齐沙漠是我国第七大沙漠，面积约为 460 万英亩。库布齐沙漠在内蒙古自治区达拉特旗境内东西长 150km，南北宽 15~20km，面积为 71 万英亩。2017 年，达拉特旗着手在库布齐沙漠谋划建设占地 1.6 万英亩、规模为 200 万 kW 的光伏治沙项目，将沙漠治理与利用有机结合起来，以项目建设带动生态建设。总投资 37.5 亿元的一期 50 万 kW 项目，是国内最早的使用单晶 PERC（钝化发射极和背面电池）双面组件建设的光伏发电项目之一。2018 年 5 月开工建设，同年 12 月实现一次性全容量并网发电。一期光伏电站利用 19.6 万块光伏板拼接成的"骏马图形电站"，面积达 321 英亩，获得了吉尼斯世界纪录认证，如图 1-36 所示。

图 1-35　太阳星光伏电站

图 1-36　库布齐沙漠光伏发电基地

该项目由隆基乐叶供应 960 块 350Wp 单晶 PERC 双面组件，搭配斜单轴跟踪支架使用。据测算，光伏板的遮阴效果能使蒸发量减少 20%~30%，并且光伏组件板还能有效降低风

速，改善植物的生存环境。而地表植被的出现又有助于地表固沙保水，生态改善对太阳能发电同样是有利的。光伏发电治沙大有可为，前景可期。库布齐立体光伏治沙既保护生态环境、输出绿色能源，又促进脱贫增收，取得了良好的经济、社会、生态效益，这一模式正在向乌兰布和沙漠、腾格里沙漠等西部沙区推广。

2021 年是"十四五"规划开局之年，以国内大循环为主体、国内国际双循环相互促进的新发展格局将逐步形成，发电设备行业将把握机遇，坚持创新引领，加大关键核心技术攻关，提高"两链"稳定性和竞争力，持续推进转型升级，践行绿色使命，助力我国电力行业平稳、健康、高质量发展，以优异成绩献礼建党 100 周年。

思考题与习题

1-1 太阳能发电技术是如何发展起来的？它与传统能源发电有何差异性？

1-2 光伏发电的物理基础是什么？实现光电转换的关键是什么？

1-3 光伏发电系统的特点是什么？主要由几个部分构成？

1-4 未来光伏发电的应用前景广泛，请尝试思考未来光伏发电技术能够涉及的领域。

第2章

光伏电池的基本理论及实验

2.1 光伏电池的工作原理

2.1.1 光生伏特效应

光伏电池从本质上来说它是一个半导体 PN 结，光伏电池的工作原理是光生伏特效应。光生伏特效应是当光伏电池表面受到太阳光照射时，半导体 PN 结吸收光子的能量，释放电荷，将光能直接转化成为电能的过程。

如图 2-1 所示，在 PN 结处于平衡状态时，在 PN 结存在着势垒电场，即内电场。该电场的方向由 N 区指向 P 区，阻止 P 区和 N 区多数载流子（即 N 区中的电子和 P 区中的空穴）的扩散运行，但它对两边的少数载流子（N 区中的空穴和 P 区中的电子）却有牵引作用，能把它们迅速拉拽到对方区域。在平衡稳定状态时，少数载流子极少，难以构成电流而输出电能。

当太阳光照射到 PN 结表面时，PN 结吸收的光子能量大于或等于半导体的禁带宽度，就能在 PN 结的内部会产生一定数量的光生载流子，此时 P 区的电子、N 区的空穴以及 PN 结区的电子-空穴对在内电场的作用下发生"漂移"现象。所谓的"漂移"现象就是 PN 结中的载流子在内电场的作用下产生的定向运动现象，即空穴从 P 区向 N 区运动，而电子从 N 区向 P 区运动。由于"漂移"，会在 PN 结附近形成一个光生电场，如图 2-2 所示。光生电场的电场方向与内电场的电场方向刚好相反，这样就会导致 P 区的电势增加，而 N 区的电势减小，因此就会在 PN 结两端产生一定的电势差，从而就会产生一定的电压，这个电压就称为光生电压。

如果将 PN 结外电路短路，则外电路中就会有光电流流过，这个电流称为短路电流。如果将 PN 结两端开路，可以测得 PN 结两端的电压，这个电压就称为开路电压。当外电路有一定的负载连接在 PN 的两端，如果有阳光照射到 PN 结表面，在外电路上就会产生一定的电流 I，此时 PN 结就相当于电源。人们利用光生伏特效应实现发电，并将最基本的发电单元，即一个 PN 结称为光伏电池（PV cell）。多个光伏电池经过合理的串联和并联后组成太阳能光伏阵列，就可以得到能够满足负荷要求的电压等级。光伏电池的工作原理图如图 2-3 所示。不同于干电池、蓄电池这样普通形式的电池能够将能量储存在电池本身中，光伏电池产生的电能只能通过供给负载消耗掉或者储存在蓄电池组中。

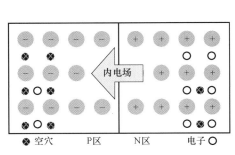

图 2-1 PN 结平衡状态

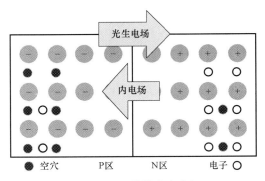

图 2-2 PN 结的光生电场

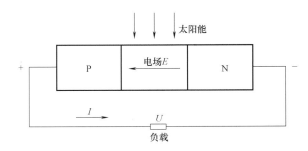

图 2-3 光伏电池的工作原理图

2.1.2 光伏电池的工作过程

从上述半导体光生伏特效应过程的分析可以看出，光伏电池将光能转换成电能的工作过程如图 2-4 所示，若要实现太阳能光伏发电至少应具有以下前提条件：

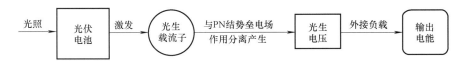

图 2-4 光伏电池工作过程

1）必须有光的照射，可以是单色光、太阳光和模拟光源。

2）入射光子必须具有足够的能量。半导体材料就是依靠内光电效应把光能转化为电能的，实现光电效应的条件是所吸收的光子能量要大于半导体材料的禁带宽度，即

$$h\nu \geq E_{\mathrm{g}} \tag{2-1}$$

式中，$h\nu$ 为光子能量；h 为普朗克常数；ν 为光波频率；E_{g} 为半导体材料的禁带宽度。

3）必须有一个势垒电场存在。在势垒电场的作用下光生载流子电子-空穴对被分离，电子集中在一边，空穴集中在另一边，生成光生电压。

4）被分离的电子和空穴，经电极收集输出到电池体外，形成电流。

2.2 光伏电池的等效电路及数学模型

2.2.1 光伏电池等效电路

1. 理想等效电路

根据前述光伏电池的工作原理，可以把光伏电池看成是一个理想的、能稳定地产生光生电流 I_{ph} 的电流源与一只正向二极管并联，如图 2-5 所示。它表示光伏电池受光照射后产生了一定的光生电流 I_{ph}，其中一部分流过二极管的正向电流称为暗电流 I_d，另一部分为负载电流 I，即光伏电池的输出电流。图 2-5 中，R 为光伏电池的负载电阻；U 为光伏电池的输出电压。

2. 实际等效电路

在恒定光照下，一个处于理想工作状态的光伏电池可以看作是一个恒流源与一只正向二极管的并联回路，但实际上由于电池衬底材料及其金属导线和接触点中存在材料缺陷和欧姆损耗，光伏电池的实际等效电路如图 2-6 所示。图中，I_{sh} 为漏电流；R_s 为串联电阻，主要由电极导体电阻、扩散层横向电阻、基体材料电阻和前后电极与基体材料的接触电阻等组成；R_{sh} 为旁路电阻，主要包括 PN 结内漏电阻、电池边缘漏电阻以及 P 型区和 N 型区各种导电膜的电阻等。在理想情况下，串联电阻 R_s 为零，旁路电阻 R_{sh} 为无穷大。

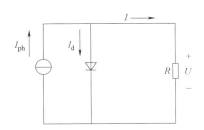

图 2-5 光伏电池理想的等效电路

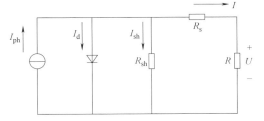

图 2-6 光伏电池实际的等效电路

2.2.2 实际等效电路的数学模型

由图 2-6 所示光伏电池的等效电路可得

$$I = I_{ph} - I_d - I_{sh} \tag{2-2}$$

其中

$$I_d = I_o \left\{ \exp\left[\frac{q(U+IR_s)}{AKT} \right] - 1 \right\} \tag{2-3}$$

式中，I_o 为光伏电池的反向饱和漏电流；q 为单个电子所含电荷量（$q = 1.6 \times 10^{19}$ C）；K 为玻耳兹曼常数（$K = 1.38 \times 10^{23}$ J/K）；A 为光伏电池的二极管理想因子（$A = 1 \sim 2$），用来决定其与理想 PN 结半导体间的差异；T 为光伏电池的温度（以热力学温度表示）。

由图 2-6 可得漏电流 I_{sh} 为

$$I_{sh} = \frac{U+IR_s}{R_{sh}} \tag{2-4}$$

将式（2-3）和式（2-4）代入式（2-2），得到光伏电池的输出电流 I 为

$$I = I_{ph} - I_o \left\{ \exp\left[\frac{q(U+IR_s)}{AKT} \right] - 1 \right\} - \frac{U+IR_s}{R_{sh}} \qquad (2\text{-}5)$$

式中，R_s 为串联电阻，一般小于 1Ω；R_{sh} 为旁路电阻，一般为几千欧。

相对于并联电阻 R_{sh} 而言，串联电阻 R_s 非常小，所以电流在并联电阻上的分流作用通常忽略不计，故式（2-5）可简化为

$$I = I_{ph} - I_o \left\{ \exp\left[\frac{q(U+IR_s)}{AKT} \right] - 1 \right\} \qquad (2\text{-}6)$$

由于单个光伏电池产生的电压很小，因此，在实际应用中，需要通过对许多单元的光伏电池串、并组合，得到期望的电压和电流。据此可得到简化的光伏阵列模块的输出特性方程为

$$I = N_p I_{ph} - N_p I_o \left\{ \exp\left[\frac{q(U+IR_s)}{N_s AKT} \right] - 1 \right\} \qquad (2\text{-}7)$$

式中，N_p、N_s 分别为光伏阵列模块中光伏电池并联和串联个数。

分析光伏电池的工作原理可得

$$I_{ph} = I_{sc} \left[1 + \alpha(T - T_{ref}) \right] \frac{S}{S_{ref}} \qquad (2\text{-}8)$$

$$U_{ocs} = U_{oc} \left[1 + \beta(T - T_{ref}) \right] \qquad (2\text{-}9)$$

式中，α 为光伏电池短路电流温度系数，单位为 A/K；β 为光伏电池开路电压温度系数，单位为 V/K；S 为太阳辐照度；S_{ref} 为参考太阳辐照度（$S_{ref} = 1000W/m^2$）；T 为光伏电池的热力学温度；T_{ref} 为参考温度（$T_{ref} = 298.15K = 25℃$）；U_{ocs}、U_{oc} 分别为光伏电池实际工况和标准测试条件下的开路电压。

当光伏电池处于开路状态时，$I = 0$，$U = U_{oc}$，代入式（2-7）可得

$$I_o = \frac{I_{ph}}{\exp\left(\dfrac{qU_{oc}}{N_s AKT} \right) - 1} \qquad (2\text{-}10)$$

当光伏电池工作在最大功率点时，由式（2-7）可求得

$$R_s = \frac{\dfrac{N_s AKT}{q} \ln\left(\dfrac{N_p I_{ph} - I_m}{N_p I_o} + 1 \right) - U_m}{I_m} \qquad (2\text{-}11)$$

以上是光伏电池的理论模型，式（2-5）是基于光伏电池物理特性得出的基本的解析表达式，被广泛应用于光伏电池的理论分析中。然而，在实际工程应用中，光伏电池理论模型表达式过于复杂，其中的参数 I_o、R_s、R_{sh} 和 A 等，它们不仅与光伏电池的内部结构有关，还与环境温度和太阳辐照度等因素有关，难以定量。而且输出电流 I 是超越方程，计算困难。因此不便于工程应用，一般只做理论分析。

2.2.3 光伏电池工程应用数学模型

1. 工程应用数学模型

在实际工程应用中，光伏电池供应商一般会提供光伏电池短路电流 I_{sc}、开路电压 U_{oc}、

最大功率点电流 I_{m}、最大功率点电压 U_{m}、最大输出功率 P_{m} 等重要技术参数，工程数学模型可利用供应商提供的参数对理论数学模型进行简化，在满足一定精度的条件下，可快速、实用地复现电池的特性。

为了得到简化的光伏电池工程应用数学模型，对式（2-5）理论数学模型做如下近似处理：

1）通常情况下，式（2-5）中 $(U+IR_{\mathrm{s}})/R_{\mathrm{sh}}$ 项远小于光生电流 I_{ph}，故该项可忽略不计。

2）通常情况下，R_{s} 远小于二极管正向导通电阻和 R_{sh}，故 I_{ph} 可近似等于 I_{sc}。

3）开路状态下，$I=0$，$U=U_{\mathrm{oc}}$；最大功率点，$U=U_{\mathrm{m}}$，$I=I_{\mathrm{m}}$。

根据以上条件，光伏电池的数学模型可简化为

$$I=I_{\mathrm{sc}}\left\{1-C_1\left[\exp\left(\frac{U}{C_2 U_{\mathrm{oc}}}\right)-1\right]\right\} \tag{2-12}$$

当光伏电池工作在最大功率点时，$U=U_{\mathrm{m}}$，$I=I_{\mathrm{m}}$，可得

$$I_{\mathrm{m}}=I_{\mathrm{sc}}\left\{1-C_1\left[\exp\left(\frac{U_{\mathrm{m}}}{C_2 U_{\mathrm{oc}}}\right)-1\right]\right\} \tag{2-13}$$

在标准条件下，$\exp\left(\dfrac{U_{\mathrm{m}}}{C_2 V_{\mathrm{oc}}}\right)\gg1$，则可忽略"$-1$"项，由此可解出 C_1 为

$$C_1=\left(1-\frac{I_{\mathrm{m}}}{I_{\mathrm{sc}}}\right)\exp\left(-\frac{U_{\mathrm{m}}}{C_2 U_{\mathrm{oc}}}\right) \tag{2-14}$$

在光伏电池开路状态下，当 $I=0$ 时，$U=U_{\mathrm{oc}}$，并把式（2-14）代入式（2-12），可得

$$I_{\mathrm{sc}}\left\{1-\left(1-\frac{I_{\mathrm{m}}}{I_{\mathrm{sc}}}\right)\exp\left(-\frac{U_{\mathrm{m}}}{C_2 U_{\mathrm{oc}}}\right)\left[\exp\left(\frac{1}{C_2}\right)-1\right]\right\}=0 \tag{2-15}$$

由于 $\exp(1/C_2)\gg1$，忽略式中的"-1"项可得 C_2 为

$$C_2=\left(\frac{U_{\mathrm{m}}}{U_{\mathrm{oc}}}-1\right)\left[\ln\left(1-\frac{I_{\mathrm{m}}}{I_{\mathrm{sc}}}\right)\right]^{-1} \tag{2-16}$$

由式（2-12）~式（2-16）可见，推导的工程应用数学模型只需要输入出厂电池的技术参数 I_{sc}、U_{oc}、I_{m}、U_{m}，就可以得到光伏电池 I-U 特性曲线。

2. 非标准测试条件下的光伏电池输出特性

光伏电池是半导体器件，因此 I-U 特性曲线与外界温度和太阳辐照度有着密切的关系。光伏电池出厂参数是按照地面应用 AM1.5 光谱标准测试，取太阳辐照度 $S_{\mathrm{ref}}=1000\mathrm{W/m^2}$，$T_{\mathrm{ref}}=25℃$ 为参考太阳辐照度和参考电池温度。当太阳辐照度和电池温度不是参考太阳辐照度和参考电池温度时，必须考虑外部环境对光伏电池特性的影响。

设 T 为在任意太阳辐照度 S 下及任意温度 T_{air} 下的光伏电池温度，根据大量实验数据拟合后，得到工程电池温度方程为

$$T(℃)=T_{\mathrm{air}}(℃)+K_1(℃\cdot\mathrm{m^2/W})\cdot S(\mathrm{W/m^2}) \tag{2-17}$$

式中，K_1 为光伏电池温度系数，与光伏电池阵列支架构造有关。对于目前常见的光伏电池阵列支架，$K_1=0.03℃\cdot\mathrm{m^2/W}$。

对于非标准测试条件下的光伏电池输出特性，通过以下两种计算方法。

1）方法一。通过对参考太阳辐照度和参考电池温度下 I-U 特性曲线上任意点 (U,I)

的移动，得到新太阳辐照度和新电池温度下的 I-U 特性曲线上任意点 (U',I')。

$$\Delta T = T - T_{ref} \tag{2-18}$$

$$\Delta I = \alpha \frac{S}{S_{ref}} \Delta T + I_{sc}\left(\frac{S}{S_{ref}} - 1\right) \tag{2-19}$$

$$\Delta U = -\beta \Delta T - R_s \Delta I \tag{2-20}$$

$$I' = I + \Delta I \tag{2-21}$$

$$\alpha = 0.0012 I_{sc}(A/℃) \tag{2-22}$$

$$\beta = 0.005 U_{oc}(V/℃) \tag{2-23}$$

式中，S_{ref}、T_{ref} 分别为参考太阳辐照度和参考电池温度；S、T 分别为太阳辐照度和电池温度的实际值；α 为电流变化温度系数；β 为电压变化温度系数。

则修正后的光伏电池输出特性表达式为

$$I = I_{sc}\left\{1 - C_1 \exp\left[\left(\frac{U - \Delta U}{C_2 U_{oc}}\right) - 1\right]\right\} + \Delta I \tag{2-24}$$

2）方法二。根据参考电池温度和参考太阳辐照度下的 I_{sc}、I_m、U_m、U_{oc} 推算在新的太阳辐照度和电池温度下的 I'_{sc}、U'_{oc}、I'_m、U'_m，再代入工程应用光伏电池数学模型表达式，得到新太阳辐照度和新电池温度下的 I-U 特性曲线。

$$\Delta T = T - T_{ref} \tag{2-25}$$

$$\Delta S = \frac{S}{S_{ref}} - 1 \tag{2-26}$$

$$I'_{sc} = I_{sc} \frac{S}{S_{ref}}(1 + a\Delta T) \tag{2-27}$$

$$U'_{oc} = U_{oc}(1 - c\Delta T)\ln(1 + b\Delta S) \tag{2-28}$$

$$I'_m = I_m \frac{S}{S_{ref}}(1 + a\Delta T) \tag{2-29}$$

$$U'_m = U_m(1 - c\Delta T)\ln(1 + b\Delta S) \tag{2-30}$$

式中，a、b、c 为修正系数，工程应用的典型值为 $a = 0.0025/℃$，$b = 0.5$，$c = 0.00288/℃$，可满足工程精度的要求。

2.3　光伏电池的基本特性

2.3.1　伏安特性

若将硅光伏电池放在暗盒里，把两个电极引出盒外，P 极接"正"，N 极接"负"，随着两端外加电压的增加，通过电池的电流逐渐增加。如将外施电压反接，尽管电压加得很大，通过电池的电流仍然很小，而且，如果反向电压加得超过某一电压值后，通过电池的电流将迅速增大，即反向击穿。这个测试表明，在没有光照时，光伏电池的电流-电压关系和普通二极管相同。

当太阳光照射到电池上时，光伏电池的电压与电流的关系（伏安特性）可表示为二极管在黑暗时的伏安特性与光生电流的叠加，即光照射电池并加上二极管的暗电流，如式

（2-31）所示，光伏电池伏安特性曲线如图 2-7 所示。图中，U_{oc} 为开路电压；I_{sc} 为短路电流；U_{max} 为最大功率点处电压；I_{max} 为最大功率点处电流。

$$I = I_{ph} - I_o \exp\left(\frac{qU}{AKT} - 1\right) \qquad (2\text{-}31)$$

1. 短路电流 I_{sc}

短路电流是指当光伏电池的电压为零时，即 PN 结外电路短路时，流过电池的电流。对于理想的光伏电池来说，短路电流等于光生电流，因此短路电流是光伏电池输出的最大电流值。短路电流的大小取决于以下几个因素：

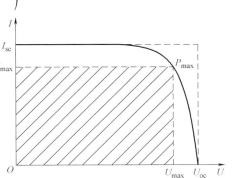

图 2-7　光伏电池伏安特性

1）光伏电池的表面积。

2）光子的数量，即入射光的强度，太阳光的辐照度直接影响光伏电池输出的短路电流 I_{sc} 的大小。

3）入射光的光谱，光伏电池通常使用的是标准为 AM1.5 的大气质量光谱。

4）光伏电池的吸收和反射的光学特性，特别是玻璃覆盖层的光学特性。

5）电池的收集概率，主要取决于电池表面钝化和基区的少量载流子寿命。

在 AM1.5 大气质量光谱下的硅光伏电池，其最大电流密度为 $46mA/cm^2$，实验室测得的数据已经达到 $42mA/cm^2$，而多数商业用光伏电池的短路电流密度在 $28 \sim 35\ mA/cm^2$ 之间。

2. 开路电压 U_{oc}

当光伏电池处于开路状态时，光生电流在电池两边形成的正向偏压，就是开路电压。设 $I = 0$，$I_{ph} = I_{sc}$，则

$$U_{oc} = \frac{AKT}{q} \ln\left[(I_{sc}/I_o) + 1 \right] \qquad (2\text{-}32)$$

忽略串联、并联电阻的影响，I_{sc} 与入射太阳辐照度成正比，在很弱的阳光下，$I_{sc} \ll I_o$，因此

$$U_{oc} = \frac{AKT}{q} \frac{I_{sc}}{I_o} = I_{sc} R' \qquad (2\text{-}33)$$

式中，$R' = \dfrac{AKT}{qI_o}$。

在光照很强时，$I_{sc} \gg I_o$，因此

$$U_{oc} = \frac{AKT}{q} \ln \frac{I_{sc}}{I_o} \qquad (2\text{-}34)$$

由式（2-33）、式（2-34）可见，当光照较弱时，光伏电池的开路电压与太阳辐照度的大小呈线性关系；而当光照较强时，U_{oc} 则与太阳辐照度的对数呈正比关系。

3. 转换效率 η

光伏电池的转换效率是指光伏电池外部回路上连接最佳负载时，最大能量的转换效率 η_{MPP}，即电池的最大功率输出功率与输入功率之比，如式（2-35）所示。

$$\eta = \frac{P_{max}}{P_{in}} \times 100\% = \frac{I_{max} U_{max}}{P_{in}} \times 100\% \qquad (2\text{-}35)$$

式中，P_{in} 为光伏电池的输入功率。

4. 填充因数 FF

最大输出功率与 $(U_{oc}I_{sc})$ 之比称为填充因子，用 FF 表示。

$$FF = \frac{U_{max}I_{max}}{U_{oc}I_{sc}} = \frac{P_{max}}{U_{oc}I_{sc}} \tag{2-36}$$

对于开路电压 U_{oc} 和短路电流 I_{sc} 值一定的某特性曲线来说，填充因子越接近于 1，表明电池效率越高，伏安特性曲线弯曲越大，因此填充因子也称为曲线因子。如图 2-7 所示，填充因子可以看作是 I-U 特性曲线下最大长方形面积与 $U_{oc}I_{sc}$ 乘积之比，它是衡量光伏电池输出特性好坏的重要指标之一。在一定太阳辐照度下，FF 越大，曲线越方，输出功率越高。一般 FF 值在 $0.75 \sim 0.8$ 之间，电池的转换效率也可表示为

$$\eta = \frac{FFU_{oc}I_{sc}}{P_{in}} \times 100\% \tag{2-37}$$

2.3.2 太阳辐照度特性

光伏电池是光电转换装置，因此太阳辐照度对光伏电池特性有着很大的影响。图 2-8 所示为不同太阳辐照度下光伏电池的伏安特性曲线。

由图 2-8 可见，光伏电池的短路电流 I_{sc} 随着太阳辐照度的增强而明显增大，开路电压 U_{oc} 随着太阳辐照度的增强而有所增加，光伏电池的 I_{sc}、U_{oc} 与太阳辐照度 S 的关系可以用图 2-9 所示曲线直观表示。

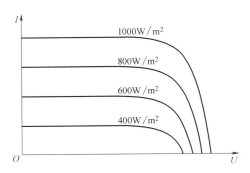

图 2-8 不同太阳辐照度下光伏电池的伏安特性曲线

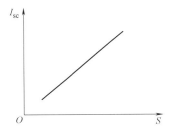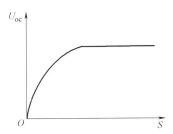

图 2-9 光伏电池的 I_{sc}、U_{oc} 与太阳辐照度的关系

根据图 2-9 进行粗略的量化分析，得到 I_{sc}、U_{oc} 与太阳辐照度的如下关系：

$$\begin{cases} I_{sc} \propto I_{max} \propto S \\ U_{oc} \propto U_{max} \propto \ln S \end{cases} \tag{2-38}$$

因此光伏电池的效率也可近似表示为

$$\eta = \eta_{MPP} \propto \frac{S\ln S}{S} \propto \ln S \tag{2-39}$$

式（2-39）表明，光伏电池的效率与太阳辐照度近似于对数关系，随着太阳辐照度的变化，光伏电池的效率略有变化，表明光伏电池具有良好的"部分负荷特性"，也就是说，它在带有部分负荷时的效率不见得会比它带额定负荷时的效率低多少。实际上也确实是这样，

当太阳辐照度不太低时，光伏电池的效率差不多是一个常数。不过这一结论有一个前提条件，即要求光伏电池的工作点始终保持在它的最大工作点上，这一点必须通过相应的控制手段予以保证。

2.3.3 温度特性

由于半导体基础理论可知，载流子的扩散系数随温度的升高而增大，温度的变化会显著改变光伏电池的输出性能。温度升高时，光生电流 I_{ph} 也随之增加，但 I_o 随温度的升高是指数增大，因而根据式（2-34），光伏电池的开路电压 U_{oc} 随着温度的升高而下降，不同温度下光伏电池伏安特性曲线如图 2-10 所示。

同时，用能带模型也可以解释温度变化对开路电压的影响。开路电压直接和制造电池的半导体材料禁带宽度有关，而禁带宽度会随着温度的变化而发生改变。对于硅材料来说，禁带宽度随着温度的变化率为 $-0.003\mathrm{eV/℃}$，从而导致开路电压的变化率约为 $-2\mathrm{mV/℃}$。也就是说，电池的工作温度每升高 1℃，开路电压下降约 2mV。此外，当温度升高时，$I\text{-}U$ 曲线形态改变，填充因子下降，故光电转换效率随温度的升高而下降。

因此，光伏电池组件的温度对其功率的输出影响较大，所以光伏阵列要安装在通风的地方，以保持凉爽。此外，也不能在同一支撑结构上安装过多的组件。

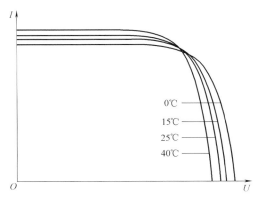

图 2-10 不同温度下光伏电池伏安特性曲线

2.3.4 光谱响应

太阳光谱中，不同波长的光具有不同的能量，所含的光子数目也不相同。因此，光伏电池接受不同波长光照射所激发的载流子数目也不相同。为反映光伏电池的这一特性，引入了光谱响应这一参量。光伏电池在入射光中每一种波长的光能作用下所收集到的光电流，与相对于入射到电池表面的该波长的光子数之比，叫作光伏电池的光谱响应，又称为光谱灵敏度。光伏电池的光谱响应，与光伏电池的结构、材料性能、结深、表面光学特性等因素有关，并且它还随环境温度、电池厚度和辐射损伤的变化而变化。

对于硅光伏电池而言，一般来说，它的光谱响应峰值在波长 $0.8\sim0.9\mu\mathrm{m}$ 范围内，而对于波长小于 $0.35\mu\mathrm{m}$ 的紫外线和波长大于 $1.15\mu\mathrm{m}$ 的红外线则基本没有反应。

2.4 光伏电池在 MATLAB/Simulink 下的建模仿真

2.4.1 MATLAB 介绍

MATLAB 是 matrix&laboratory 两个词的组合，意为矩阵工厂（矩阵实验室），是由美国 MathWorks 公司发布的主要面对科学计算、可视化以及交互式程序设计的高科技计算环境。

它将数值分析、矩阵计算、科学数据可视化以及非线性动态系统的建模和仿真等诸多强大功能集成在一个易于使用的视窗环境中，为科学研究、工程设计以及必须进行有效数值计算的众多科学领域提供了一种全面的解决方案，具有用法简单、灵活、程式结构性强、延展性好等优点，已经逐渐成为科技计算、视图交互系统和程序中的首选语言工具。特别是它在线性代数、数理统计、自动控制、数字信号处理、动态系统仿真等方面表现突出，已经成为科研工作人员和工程技术人员进行科学研究和生产实践的有力武器。

MATLAB 具有以下特点：

（1）以矩阵和数组为基础的运算

MATLAB 以矩阵为基础，不需要预先定义变量和矩阵（包括数组）的维数，可以方便地进行矩阵的算术运算、关系运算和逻辑运算等，而且 MATLAB 有特殊矩阵专门的库函数，可以高效地求解诸如信号处理、图像处理、控制等问题。

（2）语言简洁，使用方便

MATLAB 程序书写形式自由，其函数名和表达更接近书写计算公式的思维表达方式，可以快速地验证工程技术人员的算法。此外，MATLAB 还是一种解释性语言，不需要专门的编译器，可以利用丰富的库函数避开繁杂的子程序编程任务，压缩了一切不必要的编程工作。

（3）强大的科学计算机数据处理能力

MATLAB 是一个包含大量计算算法的集合。其拥有 600 多个工程中要用到的数字运算函数，可以方便地实现用户所需要的各种计算功能。函数中所使用的算法都是科研和工程计算中的最新研究成果，而且经过了各种优化和容错处理。

（4）强大的图形处理功能

MATLAB 具有非常强大的以图形化显示矩阵和数组的能力，同时它能给这些图形增加注释并且可以对图形进行标注和打印。

（5）应用广泛的模块集合——工具箱

MATLAB 包含两个部分：核心部分和各种可选的工具箱。核心部分有数百个核心内部函数。工具箱可分为两类：功能性工具箱和学科性工具箱。功能性工具箱主要用于扩充其符号计算功能、图标建模仿真功能、文字处理功能及与硬件实时交互功能，能用于多种学科。而学科性工具箱的专业性比较强，如 control toolbox、signal processing toolbox、communication toolbox 等。这些工具箱都是由该领域内学术水平很高的专家编写的，用户无须编写自己学科范围内的基础程序，可直接进行高、精、尖的研究。

（6）可扩展性强，具有方便的应用程序接口

MATLAB 有着丰富的库函数，在进行复杂的数学运算时可以直接调用，而且用户还可以根据需要方便地编写和扩充新的函数库。通过混合编程，用户可以在 MATLAB 环境中调用其他用 Fortran 或者 C 语言编写的代码，也可以在 C 语言或者 Fortran 语言中调用 MATLAB 的库函数。

（7）源程序的开放性

除了内部函数以外，所有 MATLAB 的核心文件和工具箱文件都是可读可改的源文件，用户可对源文件做修改以及加入自己的文件构成新的工具箱。

（8）实用的程序接口和发布平台

用户可以编写和 MATLAB 进行交互的 C 或 C++语言程序。另外，MATLAB 网页服务还允许在 Web 应用中使用自己的 MATLAB 数学和图形程序。

2.4.2　Simulink 介绍

Simulink 是 MathWorks 公司推出一个用于对动态系统进行多域建模和模型设计的平台。它提供了一个交互式的图形环境，以及一个自定义模块库，并可针对特点应用加以扩展，可应用于控制系统设计、信号处理、通信和图像处理等众多领域。Simulink 是 MATLAB 的重要组成部分，它提供一个动态系统建模、仿真和综合分析的集成环境。在该环境中，无需大量书写程序，只需通过简单、直观的鼠标操作，就可构造出复杂的系统模型，选择仿真参数和数值算法，启动仿真程序对系统进行仿真，并设置不同的输出方式来观察仿真结果。Simulink 是一个能够对动态系统进行建模、仿真和分析的软件包，它支持连续的、离散的或二者混合的线性和非线性系统，也支持具有多种采样速率的多速率系统。由于 Simulink 完全集成于 MATLAB，在 Simulink 下计算的结果可保存到 MATLAB 的工作空间中，因而就能使用 MATLAB 所具有的众多分析、可视化及工具箱工具操作数据。

利用 Simulink 进行系统仿真，最大的优点是易学、易用，并能依托 MATLAB 提供的丰富的仿真资源，它具有如下特点：

1）建立动态系统的模型并进行仿真。Simulink 是一种图形化的仿真工具，用于对动态系统建模和控制规律的研究制定。由于支持线性、非线性、连续、离散、多变量和混合式系统结构，Simulink 几乎可分析任何一种类型的真实动态系统。

2）以直观的方式建模。利用 Simulink 可视化的建模方式，可迅速地建立动态系统的框图模型。只需在 Simulink 元件库中选出合适的模块并拖放到 Simulink 建模窗口，鼠标单击连接就可以了。Simulink 标准库拥有的模块超过 150 种，可用于构成各种不同种类的动态系统。模块包括输入信号源、动力学元件、代数函数和非线性函数、数据显示模块等。Simulink 模块可以被设定为触发和使能的，能用于模拟大模型系统中存在条件作用的子模型的行为。

3）增添定制模块元件和用户代码。Simulink 模块库是可定制的，能够扩展以包容用户自定义的系统环节模块。用户也可以修改已有模块的图标，重新设定对话框，甚至换用其他形式的弹出菜单和复选框。Simulink 允许用户把自己编写的 C、Fortran、Ada 代码直接植入 Simulink 模型中。

4）快速、准确地进行设计模拟。Simulink 优秀的积分算法给非线性系统仿真带来了极高的精度。先进的常微分方程求解器可用于求解刚性的和非刚性的系统、具有事件触发或不连续状态的系统和具有代数环的系统。Simulink 的求解器能确保连续系统或离散系统的仿真高速、准确进行。同时，Simulink 还为用户准备了一个图形化的调试工具，以辅助用户进行系统开发。

5）分层次地表达复杂系统。Simulink 的分级建模能力使得体积庞大、结构复杂的模型构建也简便易行。根据需要，各种模块可以组织成若干子系统。在此基础上，整个系统可以按照自顶向下或自底向上的方式搭建。子模型的层次数量完全取决于所构建的系统，不受软件本身的限制。为方便大型复杂结构系统的操作，Simulink 还提供了模型结构浏览的功能。

6）交互式的仿真分析。Simulink 的示波器可以动画和图形显示数据，运行中可调整模型参数进行 What-if 分析，能够在仿真运算进行时监视仿真结果。这种交互式的特征可帮助用户快速评估不同的算法，进行参数优化。

1. Simulink 仿真环境

Simulink 仿真环境包括 Simulink 模块库和 Simulink 仿真平台。以 MATLAB R2018a 为例，如图 2-11 所示，在 MATLAB 命令窗口中输入"simulink"再按<Enter>键，或单击工具栏中的 Simulink 图标，可打开 Simulink 模块库浏览器窗口，如图 2-12 所示。

图 2-11　MATLAB 命令窗口打开 Simulink 模块库浏览器窗口

Simulink 模块库包括标准模块库和专业模块库两大类。标准模块库是 MATLAB 中最早开发的模块库，包括了连续系统、非连续系统、离散系统、信号源、显示等各类子模块库。由于 Simulink 在工程仿真领域的广泛应用，因此各领域专家为满足需要，又开发了诸如通信系统、数字信号处理、电力系统、模糊控制、神经网络等 20 多种专业模块库。

从 MATLAB 窗口进入 Simulink 仿真平台的方法有以下两种：

1）单击 MATLAB 菜单栏中的"主页"→"新建"→"Simulink"→"Simulink Model"→"Blank Model"。

2）单击 MATLAB 菜单栏中的"主页"→"Simulink"按钮→"Blank Model"。

2. Simulink 系统建模

Simulink 系统建模的过程和具体操作步骤一般如下：

1）分析待仿真系统，确定待建模型的功能需求和结构。

2）启动模块库浏览器窗口，选择菜单栏中的"主页"→"新建"→"Simulink"→"Simu-

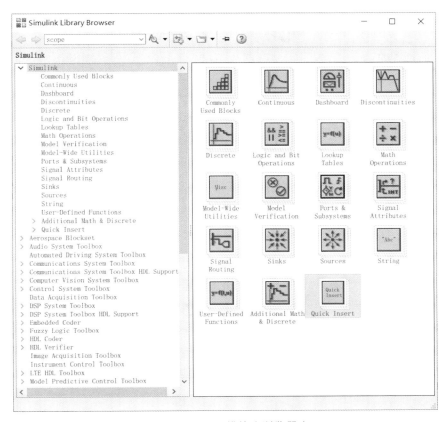

图 2-12 Simulink 模块库浏览器窗口

link Model"→"Blank Model" 命令，新建一个模型文件。

3）在模块库浏览器窗口中找到模型所需的各模块，并分别将其拖曳到新建的仿真平台窗口中。

4）将各模块适当排列，并用信号线将其正确连接。有几点需要注意：① 建模之前应对模块和信号线有一个整体、清晰和仔细的安排，这样在建模时会省下很多不必要的麻烦；② 模块的输入端只能和上级模块的输出端相连接；③ 模块的每个输入端必须要有指定的输入信号，但输出端可以空置。

5）对模块和信号线重新标注。

6）依据实际需要对相应模块设置合适的参数值。

7）如有必要，可对模型进行子系统建立和封装处理。

8）保存模型文件。

2.4.3 光伏电池建模

根据 2.2 节分析，在 MATLAB/Simulink 中搭建光伏电池的物理模型和工程模型，仿真模型分别如图 2-13 和图 2-14 所示。光伏电池的参数参照无锡尚德公司生产的 STP150S-24/Ac 型光伏阵列技术参数，STP150S-24/Ac 型光伏组件由 6×12 片 （125mm×125mm） 单晶硅光伏电池组成，其技术参数见表 2-1。

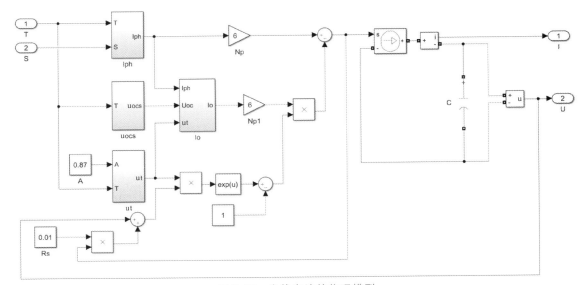

图 2-13　光伏电池的物理模型

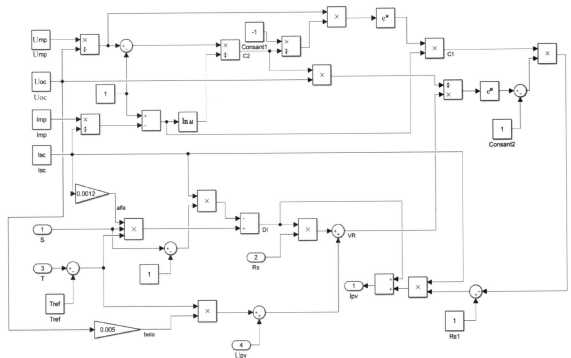

图 2-14　光伏电池的工程模型

表 2-1　STP150S-24/Ac 型光伏阵列技术参数

技术参数	数　值	技术参数	数　值
开路电压 U_{oc}/V	43.2	短路电流 I_{sc}/A	4.87
峰值电压 U_{mp}/V	34.4	峰值电流 I_{mp}/A	4.36
峰值功率 P_m/W	150	短路电流温度系数/K^{-1}	0.055%
开路电压温度系数/(mV/K)	-155	峰值功率温度系数/K^{-1}	-0.48%

注：测试条件为太阳辐照度 1000W/m²，电池结温 298K，太阳辐射光谱 AM1.5。

光伏电池的物理模型如式（2-7）~式（2-10），由于 STP150S-24/Ac 型光伏组件是由 6×12 片单晶硅光伏电池串联组成，故取 $N_p = 1$，$N_s = 72$。

为使电池的模型简洁易懂，可将 I_{ph}、I_o、U_{ocs} 以及 $q/(N_s AKT)$ 项以"子系统"的形式分别表示，最后通过组合来形成电池的最终模型。详细的建模步骤如下所述：

1）新建一个空白的 $*.slx$ 模型文件，即在 MATLAB 主界面的工具栏中选择"新建"→"Simulink"→"Simulink Model"→"Blank Model"，显示 Simulink 仿真平台。将文件保存并命名，如图 2-15 所示。

图 2-15　新建 $*.slx$ 模型文件

2）Simulink 仿真平台界面如图 2-16 所示，单击图中窗口对应的图标，打开 Simulink Library Browser 窗口（即模块库窗口），即可查找仿真模型图中所需的各个模块。

3）以物理电池模型仿真图中 I_{ph} 子系统为例介绍如何建立子系统。首先根据 I_{ph} 的数学模型式（2-7），选择两个输入模块，单击 Commonly Used Blocks，选择 In1 模块拖曳到仿真平台窗口中，如图 2-17 所示。其次，单击 Commonly Used Blocks，选择一个输出模块，将 Out1 模块拖曳到仿真平台窗口中，如图 2-18 所示。然后，选择两个 sum 模块，将 sum 模块拖曳到仿真平台窗口中，如图 2-19 所示，并双击其中一个 sum 模块，将 list of signs 中默认的"++"修改成"+−"，如图 2-20 所示。选择两个 Constant 模块、两个 Gain 模块和一个 Product 模块，分别拖曳到仿真平台窗口，如图 2-21 所示。接着，将各模块排列好，并将其用信号线正确连接，修改各模块标签名称，如图 2-22 所示。最后，创建 I_{ph} 子系统并进行封装处理。选中图 2-22 中所有模块和信号线，单击选中框右下角图标，如图 2-23 所示，选择 Create Subsystem 对应的图标进行封装处理，模型自动转换成子系统。图 2-24 为 I_{ph} 子系统封装图。

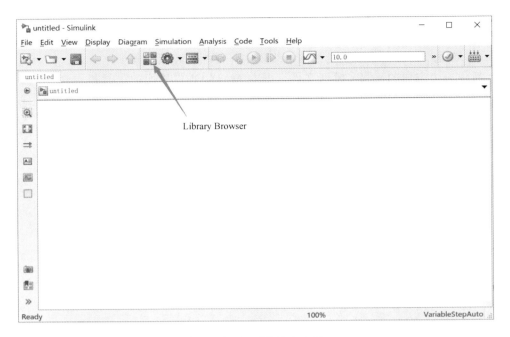

图 2-16　打开模块库窗口

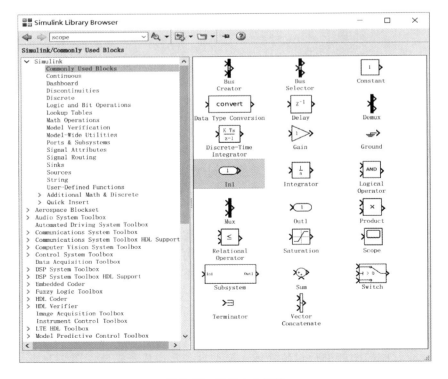

图 2-17　选择 In1 模块

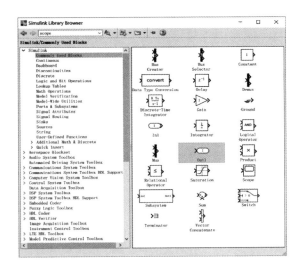

图 2-18　选择 Out1 模块

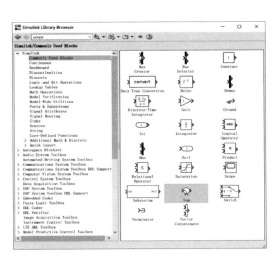

图 2-19　选择 sum 模块

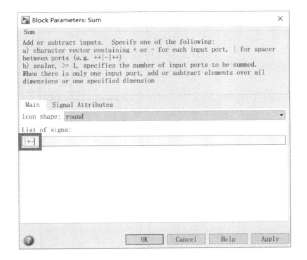

图 2-20　修改 sum 模块参数

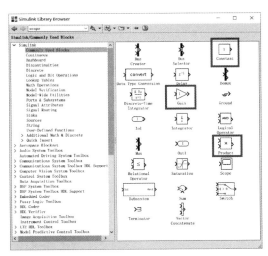

图 2-21　选择 Constant、Gain、Product 模块

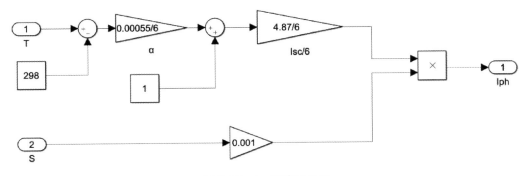

图 2-22　I_{ph} 模块展开图

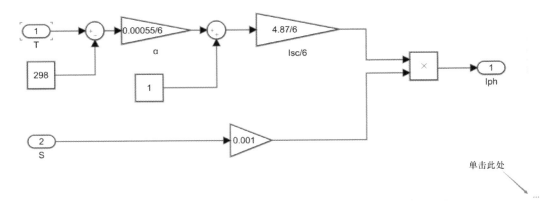

图 2-23　选择对应图标

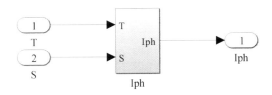

图 2-24　I_{ph} 子系统封装图

4）其他子系统中的各个模块可在 Simulink 的各个菜单下找到，也可以通过搜索模块名称直接拖拽或右击添加到 ∗.slx 模块文件，具体添加途径及封装过程将不再一一列出。U_{ocs}、U_t 和 I_o 各个子系统的展开图如图 2-25～图 2-27 所示。

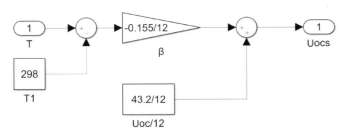

图 2-25　U_{ocs} 子系统展开图

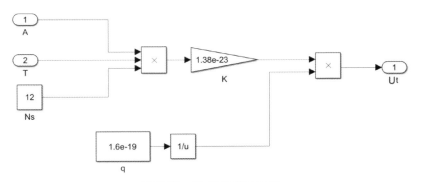

图 2-26　U_t 子系统展开图

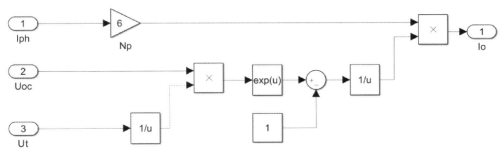

图 2-27　I_o 子系统展开图

5）各个子系统搭建并封装完毕后，根据图 2-13 添加电容模块和电压、电流测量模块。在 "Simscape" → "Power systems" → "Specialized technology" → "Fundamental blocks" → "elements" 中选取 Three-phase Parallel RLC Branch（三相并联 RLC）模块，双击可改变其 Branch Type 为 C；在 "Simscape" → "Power systems" → "Specialized technology" → "Fundamental blocks" → "Measurements" 中，选取 Voltage Measurement（电压测量）和 Current Measurement（电流测量）模块。各个模块添加完毕后进行封装，并添加 XY Graph 模块，观测光伏电池的输出特性。光伏电池物理模型的最终封装模块如图 2-28 所示。

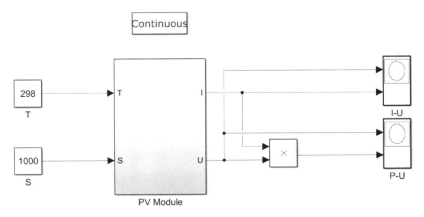

图 2-28　光伏电池物理模型封装图

6）添加 powergui 模块，并进行模型参数设置。光伏电池的参数见表 2-1，取光伏电池的二极管理想因子 A 为 0.87，串联电阻 R_s 的值为 0.01。在相同光照、不同温度条件下以及在相同温度不同光照条件下进行仿真，光伏电池的输出特性仿真结果如图 2-29 所示。图 2-29a、b 是太阳辐照度为 $1000W/m^2$，环境温度分别为 0℃、15℃、25℃，40℃下光伏电池的 $U-I$ 和 $P-U$ 特性曲线；图 2-29c、d 是环境温度为 25℃，太阳辐照度分别为 $400W/m^2$、$600W/m^2$、$800W/m^2$、$1000W/m^2$ 下光伏电池的 $U-I$ 和 $P-U$ 特性曲线。由 $U-I$ 特性曲线可以看出，当电压低于一定值时，电流近似不变；当输出电压接近开路电压时电流迅速下降。由 $P-U$ 特性曲线可以看出，当外界条件改变时，光伏电池的输出特性将随之改变，其输出功率及最大功率点亦相应改变，并且对于一定的太阳辐照度和环境温度，光伏电池的输出功率存在唯一的最大点。

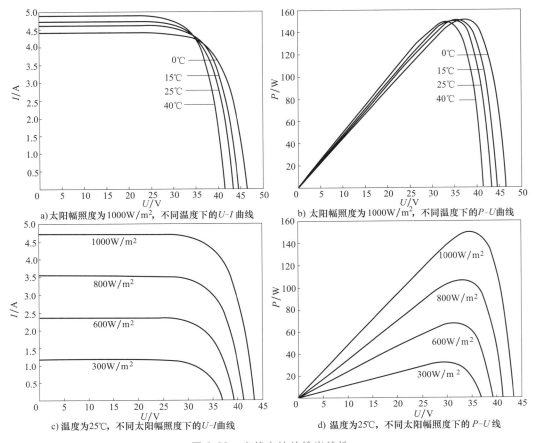

a) 太阳幅照度为1000W/m²，不同温度下的U-I曲线

b) 太阳幅照度为1000W/m²，不同温度下的P-U曲线

c) 温度为25℃，不同太阳幅照度下的U-I曲线

d) 温度为25℃，不同太阳幅照度下的P-U线

图 2-29   光伏电池的输出特性

2.5   光伏电池板跟踪控制

由于地球自转和公转的原因，太阳入射光线与光伏电池板的夹角总是变化的，也就是说，基于光伏电池板固定安装的最大功率跟踪控制并不是完全意义上的最大功率输出，只有当太阳的入射光线与光伏电池板表面呈 90° 角时，才能达到真正意义上的最大功率输出。因此，为了实现光伏电池的最大功率跟踪，光伏电池板需要能精确地进行追日，光伏电池板对日的跟踪控制将大大提高太阳能的接收率，进而提高发电量，降低发电成本。

众所周知，太阳从东方升起西方落下，在这 180° 的运动轨迹中，地面上的光伏电池可吸收太阳光，并且这种周而复始的运动轨迹不会随着季节的变化而变化，采光效果取决于光伏电池所在地区的纬度 φ、太阳赤纬角 δ、太阳的日照时间 T_s、太阳高度角 α、放置光伏电池的方位角 γ 及倾斜角 β 等参数，只有通过相关计算才可得到某地某时太阳光线在光伏电池上的最佳入射角。因此，为了实现光伏电池的最大功率跟踪，首先需要了解太阳的运行轨迹规律，研究如何有效地增加日照时间、选择最佳的日照角度，使光伏电池能够在不同的日照时间、不同的季节均与太阳保持一个最佳入射位置。为达到这个目的，需使用机械装置不断改变光伏电池板的角度，使其不论在什么时间均能保持正向面对太阳直至日落，使太阳光线总能垂直照射到光伏电池板上。

2.5.1　天体坐标及相关角度介绍

1. 天球坐标

天球坐标可标定太阳相对地球所处位置。天球是人们站在地球表面仰望天空，假想在无限远方的四周包拢的一个大球体，太阳就是在这个天球表面上做周期运动的。天球坐标根据参考坐标的定义不同又分为三种不同的坐标系：赤道坐标系、地平坐标系和黄道坐标系。

（1）赤道坐标系

赤道坐标系是一种与地理坐标系相对应的天体坐标系。由于天球就像是套在地球外面的一个大的同心球，所以赤道坐标系上大部分物理量都由地理坐标系上物理量直接通过延长或平行放大等方式获得，只是针对地球表面定义不同而已，如赤道-天赤道、南北极-南北天极、地轴-天轴、纬度-赤纬角等，如图 2-30 所示。在赤道坐标系中，太阳所在位置 S_θ 常用时角 θ_h 和太阳赤纬角 δ 来标定。

太阳赤纬角 δ 定义为地心与太阳的连线与天赤道平面之间的夹角，也可定义为太阳直射地球点的纬度，随着春分、夏至、秋分和冬至太阳赤纬角的变化如图 2-31 所示。当太阳直射赤道时，对应 $\delta = 0°$；太阳直射北回归线时，$\delta = 23.44°$；太阳直射南回归线时，$\delta = -23.44°$。

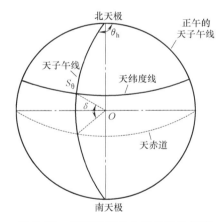

图 2-30　赤道坐标系太阳位置的标定

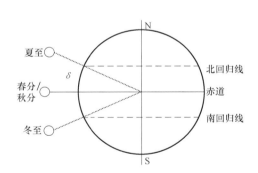

图 2-31　地球上太阳赤纬角的变化

太阳时角 θ_h（简称时角）定义为太阳所在位置 S_θ 的子午线与正午时分的子午线之间的夹角。太阳正午时刻的时角 θ_h 被定义为 0°，上午的 θ_h 为负值，下午的 θ_h 为正值。一昼夜太阳时 $H_s = 24h$。太阳时 H_s 与太阳时角 θ_h 之间的对应关系是：每一太阳时 H_s 对应 15°太阳时角，则一昼夜 θ_h 变化范围为 ±180°。

（2）地平坐标系

地平坐标系是以地球上任意观察点为坐标的一种天体坐标系。它以地球上任意观察者头顶上方为天顶，以观察者的脚底下方与天顶相反的对称点为天底，经过地心 O 作与天顶、天底间连线相垂直的圆平面称为真地平面，真地平面的圆周线为地平线，如图 2-32 所示。在地平坐标系中，太阳所在位置 S_θ 常用太阳天顶角 θ_z 和太阳方位角 γ_s 或太阳高度角 α 和太阳方位角 γ_s 来标定。

太阳高度角 α 定义为太阳光照射地面的连线与地平面的交角，即观测点的地平面到太阳的仰角，简称太阳高度。太阳位于天顶时，$\alpha = 90°$，称为直射；$\alpha < 90°$，称为斜射；太阳位于地平线时，$\alpha = 0°$；当计算出 $\alpha > 90°$ 时，则取其补角。

太阳天顶角 θ_z 定义为地平面观察点到太阳中心连线 $S_\theta O$ 与地平面法线之间的夹角。太阳天顶角 θ_z 总是与太阳高度角 α 互为余角，即 $\theta_z + \alpha = 90°$。

太阳方位角 γ_s 定义为地面观察点到太阳中心连线 $S_\theta O$ 到地平面投影线与地心到正南连线与之间的夹角。太阳方位角变化范围为 $\pm 180°$，以正南方的 γ_s 设为 $0°$，太阳向西旋转（顺时针方向）为正值，向东旋转（逆时针方向）为负值。

（3）黄道坐标系

黄道坐标系是以地球绕太阳运行轨道面无限扩展与天球相交所成的黄道为主要参照的另一种天球坐标系。在黄道坐标系中，太阳所在位置 S_θ 常用黄纬和黄经这两个具有相互垂直关系的角度或圆弧标定，如图 2-33 所示。黄道坐标系常用于研究太阳系内各种天体的运动。

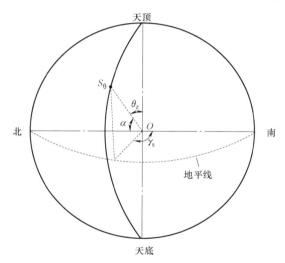

图 2-32　地平坐标系及太阳位置的标定

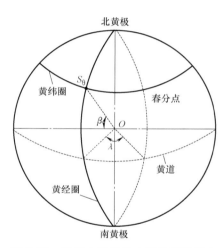

图 2-33　黄道坐标系及太阳位置的标定

2. 太阳日照变量的计算公式

太阳方位角 γ_s、太阳高度角 α、太阳升、落时的方位角 A 和时角 θ_{h0}，以及正午太阳高度 α_0 的太阳日照变量的计算公式如式（2-40）~式（2-47）所示。

（1）计算任意条件下的太阳方位角 γ_s

$$\sin\gamma_s = \frac{\cos\delta\sin\theta_h}{\cos\alpha} \tag{2-40}$$

或

$$\cos\gamma_s = \frac{\sin\alpha\sin\varphi - \sin\delta}{\cos\alpha\cos\varphi} \tag{2-41}$$

式中，φ 为地球纬度角。

（2）计算任意时间的太阳高度角 α

$$\sin\alpha = \sin\varphi\sin\delta + \cos\varphi\cos\delta\cos\theta_h \tag{2-42}$$

（3）计算太阳升、落时的方位角 A 和时角 θ_{h0}

将日出、日落时太阳高度角 $\alpha = 0°$ 的条件代入式（2-41）和式（2-42）即可得到太阳升、落的方位角 A 和时角 θ_{h0}，即

$$\cos A = \frac{-\sin\delta}{\cos\varphi} \tag{2-43}$$

$$\cos\theta_{h0} = -\tan\varphi\tan\delta \tag{2-44}$$

由于 $\cos\theta_{h0} = \cos(-\theta_{h0})$，故式（2-44）有正、负两个解，则 $\theta_{h日出} = -\theta_{h0}$，$\theta_{h日落} = \theta_{h0}$。

（4）计算正午太阳高度角 α_0

将正午时分太阳时角 $\theta_{h0} = 0°$ 的条件代入式（2-42）可得

$$\sin\alpha_0 = \sin\varphi\sin\delta + \cos\varphi\cos\delta \tag{2-45}$$

$$\alpha_0 = 90° \pm (\varphi - \delta) \tag{2-46}$$

式中，括号前正负的标定原则为：太阳位于天顶以北取负，太阳位于天顶以南取正。若计算出的 $\alpha_0 > 90°$，则

$$正午的太阳高度角 = 180° - \alpha_0 \tag{2-47}$$

2.5.2　光伏电池板与太阳间的相关角度

1. 光伏电池板的方位角 γ

光伏电池板的方位角 γ 是指光伏电池板垂直面与正南方向的夹角，并定义正南方向 $\gamma = 0°$，向东偏移为负角度，向西偏移为正角度。要想白天每个时刻都获得最大太阳辐射能量，可移动光伏电池板方位角，使得光伏电池板平面始终随着太阳所在方位的变化不断变化。而固定安装的光伏电池板，其安装方位角应正对于阳光最强的中午或稍晚时分太阳所在的方位。在北半球地区，如果方位角偏离正南 30°，光伏发电量会减少 10%～15%；偏离正南 60°，光伏发电量会减少 20%～30%。

2. 太阳光入射角 θ

太阳光入射角 θ 是指太阳光线与光伏电池板表面法线之间的夹角。从任意角度入射到光伏电池板表面的太阳光可分解为两部分：垂直分量和水平分量，如图 2-34a 所示，其中只有垂直分量（与法线重合部分）的辐射可以被有效吸收，而平行分量对于获取太阳能量毫无价值，所以希望太阳光入射角越小越好。由图 2-34b 可以看出，对于同一个照射平面，太阳光的入射角 θ 与太阳的高度角 α 成反比，故太阳的入射角会随着太阳一天中不同时刻的升降高度变化而变化，也会随着太阳一年中不同季节的正午高度角的变化而变化。

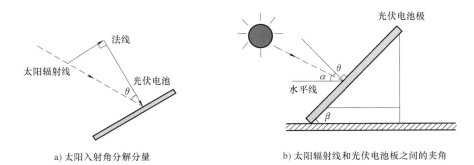

a）太阳入射角分解分量　　　　　　　b）太阳辐射线和光伏电池板之间的夹角

图 2-34　太阳辐射线和光伏电池板之间的夹角示意图

3. 光伏电池板的倾斜角（仰角）β

光伏电池板的倾斜角是指光伏电池板平面与地面水平的夹角，如图 2-34b 所示。为使得太阳光的辐射尽可能多地被有效吸收，应使太阳光的辐射线与光伏电池板的法线完全重合，即太阳入射角 $\theta = 0°$。

由于光伏电池板的倾斜角 β 和太阳高度角 α 都是对于地平线定义的夹角，故此时光伏电池板的倾斜角正好与太阳高度角互余，即

$$\beta = 90° - \alpha \tag{2-48}$$

然而，太阳高度角是随时间的推移和季节的变化而变化的，且地理纬度不同的地区太阳高度角也不同。为保证光伏电池板平面能随时垂直于太阳辐射线，光伏电池理想的倾斜角应随着季节的变化而变化，且纬度越高的地区，相应的最佳倾斜角就越大。

4. 光伏电池板各种角度的计算

设正午时分的太阳时角 $\theta_h = 0°$，将式（2-48）代入式（2-46），即可得到安装的光伏电池板最佳倾斜角 β 的计算公式为

$$\beta = |\varphi - \delta| \tag{2-49}$$

式中，φ 为观测点地区的纬度；δ 为太阳赤纬角，可按照光伏电池板使用时段的平均值计算。

综合以上太阳和光伏电池板角度间的关系，可得到任意条件下的太阳光在光伏电池板上的入射角 θ，其计算公式为

$$\cos\theta = \cos\beta\sin\varphi\sin\delta + \cos\beta\cos\varphi\cos\theta_h + \sin\beta\sin\gamma\sin\theta_h +$$
$$\sin\beta\sin\varphi\cos\delta\cos\theta_h\cos\gamma - \sin\beta\cos\gamma\sin\delta\cos\delta \tag{2-50}$$

或

$$\cos\theta = \cos\theta_z\cos\beta + \sin\theta_z\sin\beta\cos(\gamma_s - \gamma) \tag{2-51}$$

因位于北半球的光伏电池板常设为面向正南方（$\lambda = 0°$），式（2-51）可简化为

$$\cos\theta = \sin(\varphi - \beta)\sin\delta + \cos(\varphi - \beta)\cos\delta\cos\theta_h \tag{2-52}$$

若将光伏电池板平铺到水平面上（$\beta = 0°$），则由式（2-51）和式（2-52）可得到

$$\cos\theta = \cos\theta_z = \sin\varphi\sin\delta + \cos\varphi\cos\delta\cos\theta_h \tag{2-53}$$

2.5.3 光伏电池板跟踪

在不同的季节、不同的时间，光伏电池板的入射角和方位总是变化的，在上午偏早和下午偏黄昏的两个时间段里，太阳光会近似平行地照射到光伏电池板上，若电池板以固定角度安装，光伏的转换效率相当低。为了提高光伏电池板的太阳能利用率，增加光伏电池的光电转换效率和能量存储效率，不仅可以通过研究光伏系统逆变器的控制算法提高太阳能的利用效率，还可通过借助机械传动装置和相应的检测手段进行物理跟踪，根据一天内太阳所在方位的变化，随时变更光伏电池板采光面的方位和角度，尽量使光伏电池板的采光面随时正向面对太阳，使其接受太阳光垂直照射的时间增加，提高采集的太阳辐照度。但是，引入太阳光机械跟踪系统，需要增加辅助的机械传动机构和相关的传感器及相关的控制装置，使得太阳能光伏发电整体系统的建设成本提高，其利与弊和成本核算是设计者需要面对和解决的一大难题。

1. 太阳光机械追踪的模式

太阳能光伏电池板跟踪模式的分类可根据跟踪参量不同、旋转轴的不同、旋转轴数量的不同、跟踪系统支撑架结构的不同来定义。根据跟踪对象不同可分为方位角跟踪和仰角跟踪；根据跟踪转轴向的不同又可分为极轴跟踪、赤道轴跟踪、纬度跟踪和水平跟踪；根据旋转轴数不同可分为单轴跟踪和双轴跟踪；根据跟踪系统支撑架结构的不同又可分为框架式、轴架式和旋转台式三种。

下面主要分析单轴跟踪和双轴跟踪的优缺点。

（1）单轴跟踪

单轴跟踪只有一根旋转轴，通过控制这根旋转轴改变电池板的方位，使更多的太阳光线垂直电池板入射，提高太阳能的利用率。按主轴的放置方位划分，可分为两种：倾斜角轴向和水平轴向。水平轴向按轴摆放的方向不一样又可分为东西水平轴向和南北水平轴向，而倾斜角轴向只有南北地轴式，如图 2-35 所示。

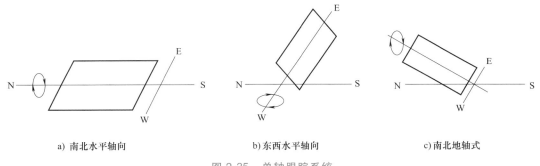

a) 南北水平轴向　　　　　　b) 东西水平轴向　　　　　　c) 南北地轴式

图 2-35　单轴跟踪系统

1）南北水平轴向跟踪。旋转轴南北水平放置，自东向西绕旋转轴跟踪太阳角度变化。这种方式在夏天可捕捉较多的太阳能，但是冬天就较差。

2）东西水平轴向跟踪。旋转轴东西水平放置，与地面平行，在南北方向绕转轴跟踪太阳赤纬角。这种方式在正午时可实现受光面与阳光垂直，但早晚却不能。与南北水平轴方式比较，这种方式捕捉阳光在夏季不如前者，而在冬季则优于前者。

3）南北地轴式跟踪。南北地轴式一般沿南北轴向有一定的夹角。当倾斜角与当地的纬度相等时，就称为极轴跟踪，南北地轴式通常采用极轴跟踪方法。太阳与地球的相对运动中涉及的角度变量很多，既不是纯东西方向，也不是纯南北方向，若采用上述两种跟踪方式其控制角度是非线性的，计算公式比较复杂。而地球的地轴相对于太阳的方向永远不会变化。若以地轴平行的极轴作为光伏电池跟踪太阳方位角的对称分界线，把光伏电池板的自身转轴及转速和地球的自转相统一，就可以使其在方位角跟踪上的变量线性化，直接抵消地球自转的影响，使得光伏电池板始终跟踪太阳同步移动。东西方向绕旋转轴匀速跟踪太阳运动。仅仅只有春分、秋分这两天太阳光线才会垂直入射光伏电池板，然而其余时间的入射角度将在 $-23.45°$ 和 $+23.45°$ 之间变化。

上述三种跟踪方式原理类似，都是光伏电池板绕旋转轴转动，转动方向按旋转轴的放置位置不同有东西方向转动和南北方向转动，东西方向转动用来跟踪太阳方位角，南北方向转动用来跟踪太阳高度角。单轴跟踪控制系统结构示意图如图 2-36 所示。通过根据天文算法计算太阳位置角度与传感器检测到的组件角度的比较值，产生跟踪控制信号，驱动电动机带动跟踪机构绕太阳进行俯仰运动。这类跟踪方式结构简单，控制容易，可在太阳辐照度大和光照相当稳定的地方实施。但这种类型的跟踪模式，有一个最大的缺点就是除了在正午的时候，其他时候不能保证电池板的光学辐射表面垂直接收太阳光，从而大大降低了光的吸收效率，造成了能量的流失，影响了整个光伏发电系统的效率。

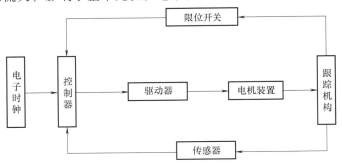

图 2-36　典型单轴跟踪控制系统结构图

（2）双轴跟踪

双轴跟踪设有两根轴，两个自由度，能够在方位角和高度角上跟踪太阳，弥补了单轴跟踪只能在一个方向跟踪太阳的不足之处，并且跟踪精度高。目前双轴跟踪的方法有很多，但实际应用中主要使用以下两种：极轴式双轴跟踪机构、高度角-方位角式双轴跟踪机构。

1）极轴式双轴跟踪。跟踪机构建立在赤道坐标系下，如图 2-37 所示。有两根轴：极轴和赤纬轴。光伏电池板绕极轴跟踪太阳时角，绕赤纬轴做俯仰运动跟踪太阳赤纬角。这种跟踪方式目前并不常用，原因是光伏电池板自身的重量不通过极轴轴线，导致极轴支撑装置设计比较困难。

2）高度角-方位角式跟踪。跟踪部分有两根转动轴，即方位轴和俯仰轴，如图 2-38 所示。方位轴垂直于地面，光伏电池板绕方位轴跟踪太阳时角变化。俯仰轴与地面平行，光伏电池板绕俯仰轴做俯仰运动，用于跟踪太阳高度角的变化。这种跟踪机构应用比较普及，其主要原因是其跟踪精度高，受天气季节变化影响较小，而且电池板自身的重量由垂直轴支撑，在很大程度上优化了支撑结构的设计，也使设计变得简单实用。这种方式的缺点是受跟踪系统机械影响比较大，在系统长期运行或者外力影响造成机械误差后，会造成跟踪偏差变大，影响了跟踪精度。

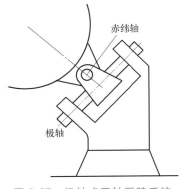

图 2-37　极轴式双轴跟踪系统

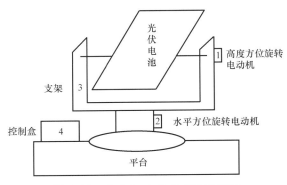

图 2-38　高度角-方位角式跟踪系统

图 2-39 所示为典型的双轴跟踪控制系统的结构示意图，控制器分别计算水平与垂直两个方向的运动控制信号，驱动两个电动机分别进行太阳高度角和方位角的跟踪。

2. 光伏电池板跟踪的控制方式

在太阳能跟踪控制系统中，控制系统按照输出端是否存在反馈可以划分为以下三类：开环控制、闭环控制和混合控制。不存在反馈的称为开环控制，存在反馈的称为闭环控制，开环与闭环控制方式同时使用的称为混合控制。开环控制方式一般为时钟跟踪，即视日运行轨迹跟踪。闭环控制

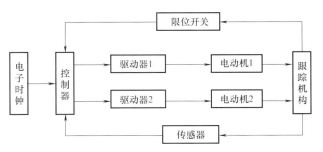

图 2-39　典型的双轴跟踪控制系统结构示意图

方式使用传感器跟踪，常用的传感器有光电池、光敏电阻、光电管等，因此也称光电跟踪。混合控制则为视日运行轨迹跟踪与光电跟踪相结合。下面对这三种跟踪方式的优缺点进行分析和比较。

（1）视日运行轨迹跟踪

视日运行轨迹跟踪原理如下：依据天体运行规律，太阳运行的轨迹可以通过数学公式来估算。通过观测地点的经纬度信息和当前时间可以确定太阳的位置，编写视日运行轨迹算法程序，计算出当前的太阳高度角和方位角的理论值。然后，根据理论值控制器计算出跟踪机构应该转过的角度，再由控制系统发出控制信号控制步进电动机和电动推杆的转动，使光伏电池板与太阳光线趋于垂直，实现对太阳位置的跟踪。

视日运行轨迹跟踪方式属于开环式主动跟踪，这种控制方法简单方便，不受多云、阴天及外部环境的影响，可靠性强，能实现对太阳的全天候连续跟踪；缺点是利用天文计算公式计算出来的太阳角度会有累积误差，运行过程中无法自己消除，需要人为校正。要想达到高精度跟踪要求，不仅对机械部件的加工精度有严格要求，而且对跟踪装置安装位置的准确度也有很高的要求。因此，安装时要求跟踪装置的中心南北线与观测点的地理南北线要重合，还要用水平准直仪调整跟踪装置的底部使其与地平面保持水平。另外，跟踪精度还取决于输入信息（如经纬度、当前时间等）的准确性。

视日运行轨迹跟踪方式的跟踪装置可以分为单轴和双轴两大类，其跟踪原理基本一致。图 2-40 为视日运行轨迹跟踪方式的双轴跟踪装置的原理框图。

（2）光电跟踪

光电跟踪的原理如下：光电传感器对光照非常敏感，一旦光信号发生改变，其输出控制信号也会发生变化。一天中，太阳位置不断发生变化，当太阳入射光线偏离跟踪装置主光轴时，引起

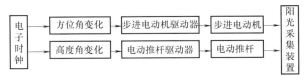

图 2-40　视日运动轨迹跟踪原理框图

光电传感器输出电信号的变化，这一变化信号经放大、比较、处理等过程得到输出信号。然后，控制器根据信号处理电路的输出信号发出控制信号驱动步进电动机运转，改变跟踪装置位置。如此反复转动，直到光电探测器能够再次对准太阳。

与视日运行轨迹跟踪比较，光电跟踪的最大优点是可以通过反馈消除误差，精度高，结

构设计较为方便；缺点是受天气环境变化影响大，遇到多云或阴雨天会使跟踪控制系统失效，还可能使跟踪机构发生误转动，从而影响跟踪效果。

光电跟踪的跟踪装置可分为单轴和双轴两大类，跟踪原理类似，光电跟踪的原理框图如图 2-41 所示。光电跟踪系统一般由光电传感器、信号处理电路和跟踪执行机构三部分组成。目前应用较多的光电探测器主要有三种：基于挡板的四象限光敏电阻探测器、四象限光电探测器和光电位敏探测器。

（3）视日运行轨迹跟踪与光电跟踪相结合

通过以上讨论可知，视日运行轨迹跟踪的主要缺陷在于安装时需要精确定位，运行时会存在累积误差，且不能自行消除误差，往往需要定期人

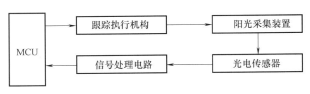

图 2-41　光电跟踪的原理框图

为调整跟踪误差。而光电跟踪受环境影响较大，特别是在多云或阴雨天气时，跟踪器很难与太阳光线垂直，某些情况下会出现丢跟踪、误跟踪和往复跟踪等现象，从而无法保证跟踪精度。如果把这两种跟踪方式相结合，就能弥补各自的缺陷，获得比较满意的效果。因此，在视日运行轨迹跟踪的基础上，为其加装高精度的传感器装置，即当视日运行轨迹跟踪装置运行时，加装的传感器实时定位。视日运行轨迹跟踪与光电跟踪相结合的混合控制在运行过程中，以程序控制为主，利用传感器信号的瞬时反馈，使程序对误差进行不断修正，这样在任何天气状态下，系统都能够实现可靠的跟踪控制，但是这种方式过程复杂，成本价格高。

图 2-42 为视日运行轨迹跟踪与光电跟踪相结合的原理图。跟踪装置启动后，首先进入视日运行轨迹跟踪方式，通过计算得到太阳高度角和方位角的值，接着驱动跟踪装置对准太阳。然后读取光敏电阻的四路输出电压值判断是否进入光电跟踪方式，如果大于设定阈值，则为晴天，进行光电跟踪；如果小于设定阈值，则为阴天，放弃此次光电跟踪，跟踪系统可在两种模式间自动切换。此种跟踪方式不仅受外界环境影响小，而且能自身修正累积误差，使系统运行更加稳定，提高了系统的跟踪精度。

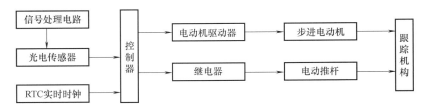

图 2-42　视日运行轨迹跟踪与光电跟踪相结合的原理图

3. 太阳光机械跟踪系统

太阳光机械跟踪装置是由机械结构和控制系统共同组成的装置。

（1）跟踪系统的机械结构

太阳光机械跟踪的机械结构装置是支撑光伏电池板，并带动其跟踪太阳运动而旋转移动的装置。其主要由支撑机构和传动机构组成。

1）太阳跟踪系统的支撑机构常见的有框架式、轴架式和旋转台式三种。前两种形式是将光伏电池板安装在可进行太阳时角跟踪的轴向移动固定框架或轴架上。其特点是结构简

单、价格便宜、安装方便。它们主要适用于支撑单轴跟踪的小功率光伏电池阵列，同时也可额外附带简单的季节性仰角调节功能。而旋转台式是在一个较大的可进行时角跟踪的旋转台上，安装可进行仰角跟踪的光伏电池板。它适用于支撑大功率的双轴跟踪光伏电池阵列，缺点是结构复杂、造价较高。

2）太阳跟踪系统的机械传动机构部分包括转向轴承、齿轮传动、加速机构及传动动力系统。因为带动光伏电池板跟踪太阳的转动速度极低，十几个小时才旋转半个圆周，而且要求定位精准，故传动动力系统大多采用直流电动机或步进电动机，并配有大速比的减速机构，也可以只是一个简单的旋动手柄。转向轴承安装在光伏电池板与传动机构的连接部位，主要采用类似万向节的双向轴承结构，或蜗轮、蜗杆结构。一般与光伏电池板相连的是可动转轴，与机架相连的是不可动的轴承。如果是单轴跟踪系统，只需用一套轴承，双轴跟踪系统则需要两套轴承系统。具体轴承的安装方式各有不同，但大体的机械结构工作原理是一样的，都是通过传动动力系统驱动转轴连同光敏传感器、光伏电池板或聚光板一起转动，以便改变光伏电池的采光面角度跟踪太阳光照位置，最终实现最大功率输出。

（2）跟踪系统的控制流程

光伏电池机械跟踪控制系统大多由光伏电池、光敏传感器、数据处理与控制器、电动机与驱动电路、机械传动机构五部分组成，如图 2-43 所示。其中，光伏电池包括光伏电池板、支架，以及为提高采光率而配置的反光板或聚光板。

由图 2-43 可知，光敏传感器采集太阳与光伏电池板之间水平和垂直方向的位置偏差信号和发光强度信号，并反馈给数据处理及控制器，经过数据处理和放大，根据太阳光照规律判断出下一步光伏电池板的移动角度，并向电动机与驱动电路发出相应的控制命令，随后再触发相关的开关电路，使电动机带动机械传动机构，以缓慢的速度把光伏电池板移动到准确的理想定位上去，从而实现跟踪太阳光照的目的。

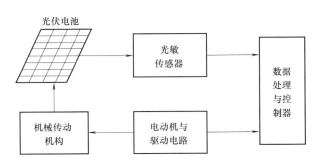

图 2-43　光伏机械跟踪系统的组成框图

为了节省驱动能量，电动机一般选择耗电量小的直流电动机或步进电动机，并要求自动跟踪系统除了能跟踪太阳之外，还能通过光敏传感器检测的发光强度高低来判断天色的变化，控制电动机间歇性工作，即在清晨发光强度达到一定量值后才开始跟踪，发光强度低于某一量值时停止跟踪，到了夜间系统可自动关闭主回路电源。跟踪系统每天的具体控制流程如图 2-44 所示。清晨太阳升起，当光敏传感器采集的发光强度达到能使得光伏电池输出有效功率的量值时，启动跟踪系统开始跟踪搜索太阳的准确位置，电动机及传动系统带动光伏电池板逐渐对准太阳，随后电动机停止工作，进入监测等待状态，当太阳偏离一个特定角度后再次启动跟踪过程。这一监测等待时间的长短可以由定时器来决定（图 2-44 中 A 通道），也可以由数据处理预设值与反馈检测数据之间的偏差达到某一定值来决定（图 2-44 中 B 通道）。就这样，跟踪→等待→跟踪→等待，周而复始，直到傍晚光敏传感器采集的发光强度降得很低了，即意味着太阳已经落山，系统退出跟踪状态，电动机带动光伏电池板由面向西方返回到面向东方的初始位置，然后将整个系统停机，关断主回路电源，只为传感器和定时器等控制子系统留一个弱电维持电源即可，等待第二天的到来。对于性能完善的控制系统，还应具备在恶劣条件下的自适应调节能力，如遇到光伏电池温度过高，系统能自动偏离最佳角度，降低其太阳辐照度或聚光度，避免烧毁光伏电池；如遇天空有厚云浓雾，系统能自动转为暂停等待状态，避免误动作；如遇到破坏性大风和雷电天气，系统能自动断电停机，避免机电故障。

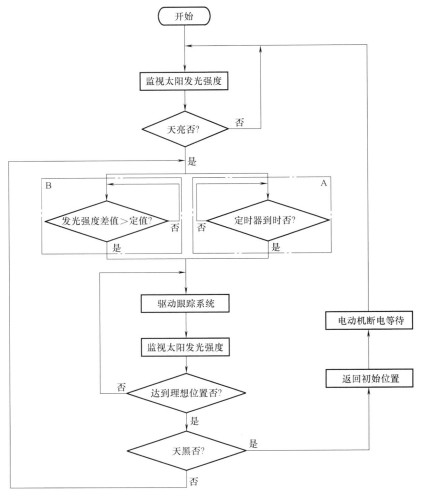

图 2-44　机械跟踪控制系统的控制流程

2.6　光伏电池伏安特性测试实验

1. 实验目的

1）测试单个光伏电池板的开路电压和短路电流。

2）测试单个光伏阵列的输出特性。

3）测试光伏电池板串并联的输出特性。

2. 实验原理

1）光伏电池的工作原理与数学模型。

2）光伏电池的输出特性。

3）光伏电池的串并联数学模型和输出特性。

3. 实验器材

无锡尚德公司生产的 STP150S-24/Ac 型光伏电池板两块、太阳能功率表 TM-207 一块、表面温度计一只、万用表一只、滑动变阻器一个、导线若干、斜口钳一把、螺钉旋具一套。

4. 实验步骤

1）计算本地光伏电池板安装的最佳方位角和最佳倾斜角并将电池板固定安装。

2）将万用表调到直流电压档，万用表直接接在光伏电池板的正负极，红表笔接正极，黑表笔接负极，测得光伏电池的开路电压。再将万用表调到直流电流档，直接接在光伏电池板的正负极，红表笔接正极，黑表笔接负极，测得光伏电池的短路电流。

3）按照实验原理图（见图 2-45）接线，改变 R 电阻值，分别测量并记录流过 R 的电流 I 和两端电压 U，并绘制 I-U 特性曲线和 P-U 特性曲线。

4）将两块光伏电池板串联，改变 R 电阻值，分别测量并记录 I、U，并绘制 I-U 特性曲线和 P-U 特性曲线。

5）将两块光伏电池板并联，改变 R 电阻值，分别测量并记录 I、U，并绘制 I-U 特性曲线和 P-U 特性曲线。

5. 实验注意事项

在测量数据之前，对实验电路、实验装置进行检查与调试。

1）检查光伏电池板是否有破损，实验时要将光伏电池板安装牢固。

2）对万用表、太阳能功率表进行调零校验，选择适合的测量量程。

3）接线完成后，检查线路是否存在短路或断路。

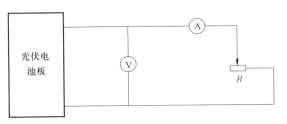

图 2-45　光伏电池测量实验接线图

6. 实验数据记录与处理

按照实验步骤完成实验，并填写表 2-2～表 2-4。

温度 $T =$ ＿＿＿℃，$S =$ ＿＿＿ W/m^2。

表 2-2　单个电池板伏安特性

I/A							
U/V							
P/W							

表 2-3　串联情况下的伏安特性

I/A							
U/V							
P/W							

表 2-4 并联情况下的伏安特性

I/A							
U/V							
P/W							

2.7 光伏电池太阳辐照度和温度特性测试实验

1. 实验目的

1）了解太阳能功率表的使用。

2）掌握太阳辐照度对光伏电池输出特性的影响。

3）掌握温度对光伏电池输出特性的影响。

2. 实验原理

1）光伏电池的太阳辐照度特性。

2）光伏电池的温度特性。

3. 实验器材

无锡尚德公司生产的 STP150S-24/Ac 型光伏电池板一块、太阳能功率表 TM-207 一块、表面温度计一只、万用表一只、滑动变阻器一个、导线若干、斜口钳一把、螺钉旋具一套。

4. 实验步骤

1）计算本地光伏电池板安装的最佳方位角和最佳倾斜角并将电池板固定安装。

2）将万用表调到直流电压档，万用表直接接在光伏电池板的正负极，红表笔接正极，黑表笔接负极，测得光伏电池的开路电压。再将万用表调到直流电流档，直接接在光伏电池板的正负极，红表笔接正极，黑表笔接负极，测得光伏电池的短路电流。

3）在太阳辐照度稳定在 S，光伏电池表面温度在 T 时，按照实验原理图（见图 2-45）接线，改变 R 的阻值，分别测量并记录此时光伏电池的输出电流 I 和电压 U，并绘制 $I\text{-}U$ 特性曲线和 $P\text{-}U$ 特性曲线。

4）太阳辐照度发生变化，光伏电池表面温度在不变时，多次测试不同太阳辐照度下，光伏电池的输出电流 I 和电压 U，反复重复步骤 2）~3）。

5）太阳辐照度不变，光伏电池表面温度变化时，多次测试不同温度下，光伏电池的输出电流 I 和电压 U，反复重复步骤 2）~3）。

5. 实验注意事项

在测量数据之前对实验线路、实验装置进行检查与调试。

1）检查光伏电池板是否有破损，实验时要将光伏电池板安装牢固。

2）对万用表、太阳能功率表进行调零校验，选择适合的测量量程。

3）接线完成后，检查线路是否存在短路或断路。

6. 实验数据记录与处理

按照实验步骤完成实验，并填写表 2-5。

温度 $T = $ ____℃，$S = $ ____ W/m^2。

表 2-5 单电池板的伏安特性

I/A							
U/V							
P/W							

2.8 光伏电池局部遮挡输出特性及实验测试

光伏组件作为光伏发电系统的基本单元，在均匀光照下，光伏组件的输出呈现单峰值特性。但光伏组件处于复杂太阳辐照度条件时，如被周围建筑物、树木、乌云及鸟的排泄物遮挡时，光伏组件中一部分光伏电池就会处于阴影状态，从而使光伏系统效率严重降低，并容易发生热斑效应而损坏电池。所谓热斑效应是指当光伏电池组件接收不均匀光照即光伏电池组件出现阴影时，一部分光伏电池将不再提供能量给负载，相反会成为电路中的负载，消耗其他正常光伏电池产生的功率，这种功率的消耗产生热量，当这种热量积累太久达到一定上限就会烧毁光伏电池及其封装材料，使整个光伏电池失效，造成不可恢复损害。

为了防止热斑效应，通常在光伏电池上并联一个旁路二极管。旁路二极管可以有效地解决光伏电池被遮挡引起的热斑效应，当与旁路二极管并联的光伏电池被遮挡时，光伏电池带负压，这时候如果产生的负压大于旁路二极管的导通电压，旁路二极管将导通，从而使得被遮挡部分光伏电池短路，电流将从旁路二极管流通，从而有效地解决电池过热导致的热斑效应。

2.8.1 局部阴影条件下光伏阵列的模型

1. 双二极管模型

由于光伏阵列部分阴影情况下会发生的热斑效应，考虑到反向雪崩效应的光伏电池双二极管的等效电路模型如图 2-46 所示。

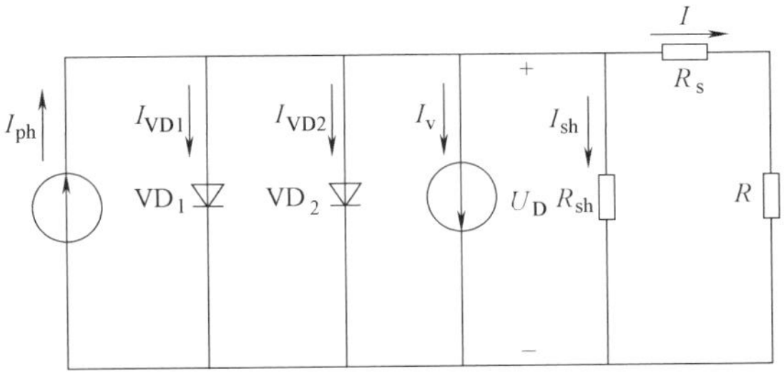

图中，I_{ph} 为光生电流，I_{VD1} 是流过二极管 VD_1 的电流，I_{VD2} 是流过二极管 VD_2 的电流，I_v 为反向雪崩击穿电流，U_D 为 R_{sh} 的端电压，R_s 和 R_{sh} 为电池等效串联电阻和并联电阻。

图 2-46 双二极管的等效电路

由等效电路模型可得光伏电池的数学模型为

$$I = I_{ph} - I_{VD1} - I_{VD2} - I_v - I_{sh} \quad (2-54)$$

其中，

$$I_{VD1} = I_{o1}\left(e^{\frac{qU_D}{n_1 KT}} - 1\right) = I_{o1}\left[e^{\frac{q(U+IR_s)}{n_1 KT}} - 1\right] \quad (2-55)$$

$$I_{VD2} = I_{o2}\left(e^{\frac{qU_D}{n_2 KT}} - 1\right) = I_{o2}\left[e^{\frac{q(U+IR_s)}{n_2 KT}} - 1\right] \quad (2-56)$$

$$I_v = \alpha(U+IR_s)\left(1 - \frac{U+IR_s}{U_{br}}\right)^{-\beta} \quad (2-57)$$

式中，I_{o1}、n_1 分别为二极管 VD_1 的反向饱和电流和品质因子；I_{o2}、n_2 分别为二极管 VD_2 的反向饱和电流和品质因子；U_{br} 为雪崩击穿电压；α、β 为雪崩击穿特征常数；T 为绝对温度；q 为单位电子电荷；K 为玻耳兹曼常数。

图 2-47 为 n 个光伏电池串联支路、m 条并联形成的光伏组件。当光伏组件中各个光伏电池单元的特性完全相同时，n 个光伏电池串联支路形成的等效电路如图 2-47a 所示，$n \times m$ 个光伏电池的等效电路如图 2-47b 所示。

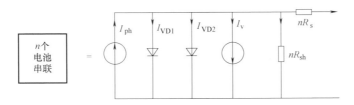

a）n 个光伏电池串联

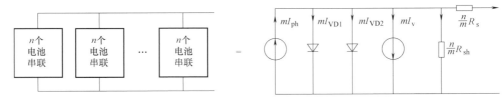

b）$n \times m$ 个光伏电池串并联的光伏组件电路模型

图 2-47　$n \times m$ 个光伏组件的等效电路

根据电路串、并联关系，可得光伏组件的一般数学模型为

$$I = mI_{ph} - mI_{o1}\left[e^{\frac{q(U/n + IR_s/m)}{n_1 KT}} - 1 \right] - mI_{o2}\left[e^{\frac{q(U/n + IR_s/m)}{n_2 KT}} - 1 \right] -$$
$$m\frac{(U/n + IR_s/m)}{R_{sh}} - m\alpha(U/n + IR_s/m)\left[1 - \frac{(U/n + IR_s/m)}{R_{br}} \right]^{-\beta} \tag{2-58}$$

当光伏组件被遮挡到一定程度时，外电流大于光生电流，此时有可能造成反向雪崩击穿现象，该模型考虑了这一可能性，符合部分阴影条件下的光伏电池模型的电气特性。

2. 以光伏电池工程模型为基础的光伏阵列的模型

由 2.2.2 节可知，光伏电池工程用数学模型如式（2-12）~式（2-16）所示。

光伏阵列是由若干光伏电池板根据负载容量大小要求，通过串并联的方式组成的较大功率的装置。因此，光伏阵列和单个电池板之间有如下关系：

$$U_a = N_s U \tag{2-59}$$

$$I_a = N_p I \tag{2-60}$$

$$P_a = N_t P \tag{2-61}$$

式中，U、I、P 分别为单个光伏电池板的输出电压、输出电流、输出功率；N_s 和 N_p 分别为光伏电池板的串联数目和并联数目；N_t 为光伏阵列总的光伏电池板数，则 $N_t = N_s N_p$；U_a、I_a、P_a 分别为光伏阵列的输出电压、输出电流、输出功率。

同一光照下光伏阵列的数学模型可以用式（2-62）描述。

$$I = N_p I_{sc}\left\{ 1 - C_1 \exp\left[\left(\frac{U}{N_s C_2 U_{oc}} \right) - 1 \right] \right\} \tag{2-62}$$

当光伏阵列工作于局部阴影条件时，模型式（2-62）不再适用。为便于建立该情况下光伏阵列的数学模型，做如下相关定义：

1）单串阵列中具有相同光照和温度的电池板称为子串，如图 2-48a 所示。

2）将具有相同遮挡模式的单串阵列并联在一起称之为子阵列，如图 2-48b 所示。

3）不同局部阴影情况下，光伏阵列可由若干不同的子阵列组成，如图 2-48c 所示。

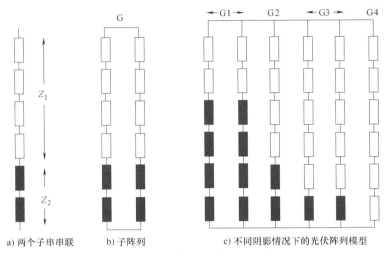

a) 两个子串串联　　　b) 子阵列　　　c) 不同阴影情况下的光伏阵列模型

图 2-48　光伏阵列模型示意图

本节假设选取只有两个子串串联的单串阵列为基本单元建立光伏阵列的数学模型，正常光照的子串称为 Z_1（串联个数为 N_{s1}），被遮挡的子串称为 Z_2（串联个数为 N_{s2}），在非均匀太阳辐照度下，子串 Z_1 产生的电流 I_{sc1} 不等于子串 Z_2 产生的电流 I_{sc2}，并且 $I_{sc1} > I_{sc2}$。在温度、光照和阵列格局确定的条件下，光伏阵列工作在特性曲线的什么位置由负载阻抗决定。当外界负载很小时，组件工作在大电流条件下，Z_1 迫使 Z_2 流过比 I_{sc2} 更大的电流，此时 Z_2 对应的旁路二极管导通，对 Z_2 起到旁路的作用，大于 I_{sc2} 的电流从旁路二极管流过。在这种情况下，只有组件 Z_1 对外输出功率，而组件 Z_2 及其对应的旁路二极管成为 Z_1 的负载。随着外接负载不断增大，组件将工作在小电流条件下，组件的电流小于或等于 Z_2 产生的光生电流，其对应的旁路二极管开始形成反向偏压，此时有阴影的光伏组件 Z_2 处于最大功率点。

综上所述，由两个子串串联的单串阵列电流方程可以用如下分段函数表示，如式（2-63）。

$$
I = \begin{cases}
I_{sc1}\left\{1 - C_1 \exp\left[\left(\dfrac{U}{N_{s1} C_2 U_{oc}}\right) - 1\right]\right\}, & I_{sc2} \leqslant I \leqslant I_{sc1} \\[4mm]
I_{sc2}\left\{1 - C_1 \exp\left[\left(\dfrac{U}{N_{s2} C_2 U_{oc}}\right) - 1\right]\right\}, & 0 \leqslant I \leqslant I_{sc2}
\end{cases}
\tag{2-63}
$$

根据串并联电路特点可知，多串阵列输出电流是各支路输出电流之和，各支路的输出电压因并联而相等，所以多串阵列输出电压通常取支路电压的最小值。因此，图 2-48c 所示任意遮挡情况下阵列的数学模型为

$$\begin{cases} I_a = \sum_{x=1}^{N_p} I_x \\ U_a = \min\{U_x\} \end{cases} \tag{2-64}$$

式中，I_x 和 U_x 分别为由式（2-63）计算得出的单串阵列的输出电流和输出电压。

2.8.2 局部阴影条件下光伏阵列输出特性

1. 局部阴影下单串阵列的输出特性

根据上述光伏阵列数学模型搭建一个规模为 6 个电池板串联的光伏阵列，光伏阵列的工作温度设为 $T = 25℃$，考虑仅有一种阴影、有两种阴影及三种阴影对光伏阵列输出特性的影响，阴影覆盖如图 2-49 所示。建立的局部阴影条件下的光伏阵列仿真模型，如图 2-50 所示。

当单串光伏阵列工作在不同阴影模式覆盖时，其 $I\text{-}U$ 特性曲线和 $P\text{-}U$ 特性曲线

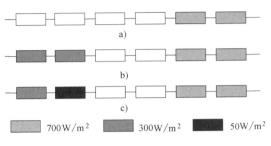

图 2-49　单串阵列局部阴影示意图

分别如图 2-51 和图 2-52 所示。由图 2-51 可知，当单串阵列因为一种阴影遮挡而多出一个太阳辐照度时，阴影部分的输出特性会有一段下降的过程，输出功率降低，如图 2-52 所示，从而导致 $I\text{-}U$ 特性曲线多出一级下降阶梯，$P\text{-}U$ 特性曲线多出一个峰值。因此，单串阵列上存在几种太阳辐照度时，其 $I\text{-}U$ 特性曲线就呈现几级台阶，$P\text{-}U$ 特性曲线就存在几个峰值。

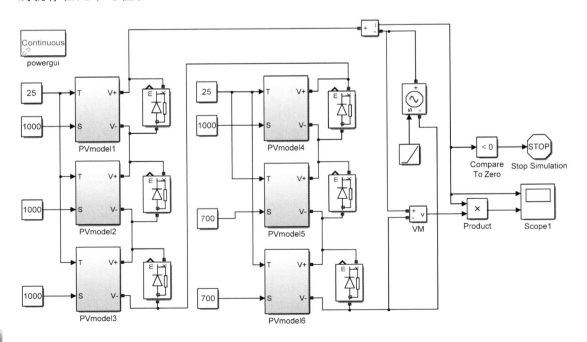

图 2-50　光伏阵列仿真模型

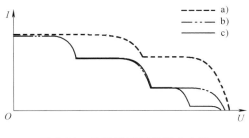

图 2-51 几种阴影覆盖模式光伏
组件 *I-U* 特性曲线

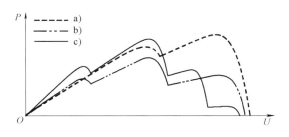

图 2-52 几种阴影覆盖模式光伏组件
P-U 特性曲线

2. 存在局部阴影的多串阵列的输出特性

在单串阵列输出特性的研究基础上，扩展并联支路，研究多串阵列的输出特性。搭建一个规模为 6×6 的光伏阵列，阴影覆盖模式及每个阴影下的太阳辐照度如图 2-53a~c 所示。

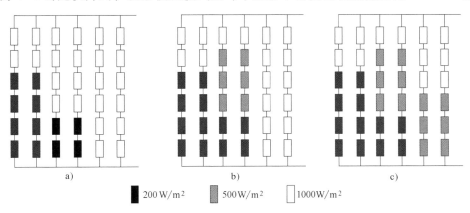

图 2-53 多串阵列的三种阴影覆盖模式

当光伏阵列分别被图 2-53a 所示的阴影模式覆盖时，其 *I-U* 特性曲线和 *P-U* 特性曲线分别如图 2-54 所示。由图 2-54 可以看出，其 *I-U* 特性曲线呈现 3 个阶梯，*P-U* 特性曲线存在 3个峰值。

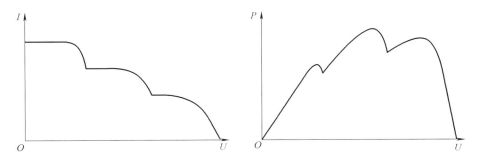

图 2-54 遮挡模式图 2-53a 下光伏阵列 *I-U* 特性曲线及 *P-U* 特性曲线

当光伏阵列被图 2-53b 所示的阴影模式覆盖时，其 *I-U* 特性曲线和 *P-U* 特性曲线分别如图 2-55 所示。由图 2-55 可以看出，其 *I-U* 特性曲线呈现 4 个阶梯，*P-U* 特性曲线存在 4 个峰值。

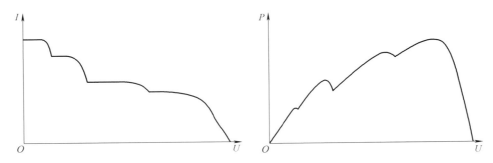

图 2-55 遮挡模式图 2-53b 下光伏阵列 *I-U* 特性曲线及 *P-U* 特性曲线

当光伏阵列分别被图 2-53c 所示的阴影模式覆盖时，其 *I-U* 特性曲线和 *P-U* 特性曲线分别如图 2-56 所示。由图 2-56 中可以看出，其 *I-U* 特性曲线呈现 5 个阶梯，*P-U* 特性曲线存在 5 个峰值。

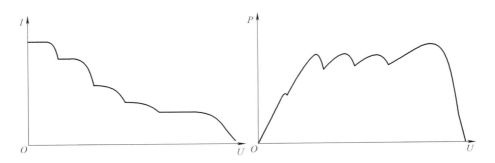

图 2-56 遮挡模式图 2-53c 下光伏阵列 *I-U* 特性曲线及 *P-U* 特性曲线

对比以上三种多串阵列的输出特性，局部阴影分布的不同会对多串阵列的输出特性产生很大的影响，而且这种影响具有高度非线性、时变不确定的复杂性和随机性，不容易掌握其变化规律，并预先判断。在多串阵列仿真实验中，输出功率峰值的数量不再像单串阵列那样只取决于接收不同太阳辐照度的数量，局部阴影下多串阵列的输出特性是由子阵列数量、太阳辐照度、遮挡模式和阵列布局等多种因素共同决定的。

2.8.3 局部阴影条件下光伏阵列输出特性的实验测试

1. 实验目的
1）了解热斑效应。
2）掌握光伏电池板在局部阴影下的 *I-U* 特性曲线和 *P-U* 特性曲线输出特性。
2. 实验原理
1）局部阴影条件下光伏阵列的数学模型。
2）局部阴影条件下光伏阵列的输出特性。
3. 实验器材
无锡尚德公司生产的 STP150S-24/Ac 型光伏电池板一块、太阳能功率表 TM-207、表面温度计、万用表、滑动变阻器、导线若干、斜口钳、螺钉旋具、白纸、黑色薄膜、牛皮纸。

4. 实验步骤

1）计算本地光伏电池板安装的最佳方位角和最佳倾斜角并将电池板固定安装。

2）按照实验原理图（见图 2-45）接线，在图 2-57a 的遮挡模式一下，测试光伏电池的输出特性。用白纸遮挡光伏电池板 1/3 面积，测试白纸遮挡区域的太阳辐照度以及无遮挡区域的太阳辐照度，改变 R 电阻值，分别测量并记录此时光伏电池的输出电流 I 和电压 U，并绘制 I-U 特性曲线和 P-U 特性曲线。

3）在图 2-57b 的遮挡模式二下，测试光伏电池的输出特性。使用黑色薄膜以及白纸各遮挡光伏电池板 1/3 面积，测试黑色薄膜遮挡区域的太阳辐照度、白纸遮挡区域以及无遮挡区域的太阳辐照度，改变 R 电阻值，分别测量并记录此时光伏电池的输出电流 I 和电压 U，并绘制 I-U 特性曲线和 P-U 特性曲线。

4）在图 2-57c 的遮挡模式三下，测试光伏电池的输出特性。使用白纸遮挡光伏电池板 1/3 面积，黑色薄膜和牛皮纸各遮挡光伏电池板 1/3 面积的一半，剩余 1/3 面积为未遮挡区域，测试各个区域的太阳辐照度，改变 R 电阻值，分别测量并记录此时光伏电池的输出电流 I 和电压 U，并绘制 I-U 特性曲线和 P-U 特性曲线。

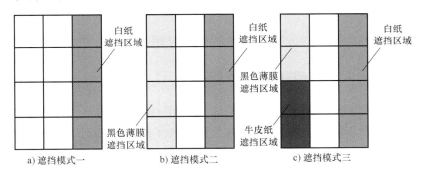

图 2-57 遮挡模式示意图

5. 实验注意事项

在测量数据之前对实验线路、实验装置进行检查与调试。

1）检查光伏电池板是否有破损，实验时要将光伏电池板安装牢固。

2）对万用表、太阳能功率表进行调零校验，选择适合的测量量程。

3）接线完成后，检查线路是否存在短路或断路。

6. 实验数据记录与处理

按照实验步骤完成实验，并填写表 2-6~表 2-8。

温度 $T = \underline{\quad}$ ℃，未遮挡区域 $S = \underline{\quad}$，W/m^2，白纸遮挡区域 $S = \underline{\quad}$ W/m^2。

表 2-6 遮挡模式一下电池板伏安特性

I/A							
U/V							
P/W							

温度 $T = \underline{\quad}$ ℃，未遮挡区域 $S = \underline{\quad}$ W/m^2，黑色薄膜遮挡区域 $S = \underline{\quad}$ W/m^2，白纸

遮挡区域 $S =$ _____ W/m^2。

表 2-7　遮挡模式二下电池板伏安特性

I/A								
U/V								
P/W								

温度 $T =$ ____℃，未遮挡区域 $S =$ ____ W/m^2，黑色薄膜遮挡区域 $S =$ ____ W/m^2，白纸遮挡区域 $S =$ ____ W/m^2，牛皮纸遮挡区域 $S =$ ____ W/m^2。

表 2-8　遮挡模式三下电池板伏安特性

I/A								
U/V								
P/W								

思考题与习题

2-1　光伏电池的工作原理是什么？简述光伏电池的工作过程。

2-2　画出光伏电池的等效电路。

2-3　光伏电池的数学模型与工程应用模型有何异同？

2-4　影响光伏电池短路电流与开路电压的因素有哪些？

2-5　串联与并联情况下，光伏电池的输出电压和电流有什么变化？为什么？

2-6　利用 MATLAB/Simulink 仿真软件搭建 2.4.3 节所介绍的两种光伏电池模型，并仿真各自的伏安特性曲线。

2-7　温度不变、太阳辐照度变化时，光伏电池的输出特性有什么变化？为什么？

2-8　太阳辐照度不变、温度变化时，光伏电池的输出特性有什么变化？为什么？

2-9　光伏电池板安装的倾斜角选择的原则是什么？

2-10　分别计算南京地区 6 月 20 日上午 9 时、中午 12 时、下午 3 时的太阳高度角。

2-11　什么是光伏组件的热斑效应？如何防止热斑效应？

2-12　局部阴影对单串阵列光伏电池的输出特性有哪些影响？

2-13　局部阴影下多串阵列的输出特性与哪些因素有关？

2-14　建立 2.8.2 节图 2-50 所示光伏阵列仿真模型，仿真单串阵列不同局部阴影情况下的输出特性。

2-15　分别建立 2.8.2 节图 2-53 所示多串阵列的三种阴影覆盖模式下光伏阵列仿真模型，仿真不同模式下多串阵列的输出特性。

2-16　分析 2.8.3 节实验中不同遮挡模式下，光伏电池输出特性的变化。

2-17　为什么要进行光伏电池板跟踪？

2-18　光伏电池板跟踪模式的分类有哪些？简述之。

2-19　光伏电池板跟踪控制方式有哪些？对比分析优缺点。

第3章

光伏发电最大功率点追踪及实验

3.1 DC-DC 变换器原理及数学模型

光伏发电系统除前述章节介绍的光伏电池板外，通常还包含 DC-DC 变换器以调节输出电压，匹配供电负荷的需求。常用的 DC-DC 变换器包含 Boost 变换器、Buck 变换器以及 Buck-Boost 变换器。本节以 Boost 变换器为例，介绍其基础工作原理与数学模型。

3.1.1 Boost 电路的工作原理

Boost 电路的拓扑结构如图 3-1 所示。Boost 电路有电感电流连续和电感电流断续两种工作模式。以电感电流连续模式为例对 Boost 电路进行分析计算，Boost 电路电流连续时一个开关周期内相继经历两个开关状态，相应的电路如图 3-2 所示。

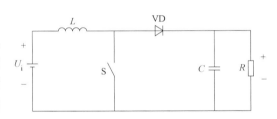

图 3-1 Boost 电路拓扑

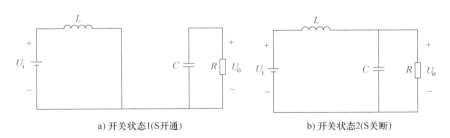

a) 开关状态1(S开通)　　　　　　　b) 开关状态2(S关断)

图 3-2 Boost 电路电感电流连续时的开关状态

S 开通时，电路处于开关状态 1，如图 3-2a 所示，此时电感上的 $U_L = U_i$。S 关断时，电路处于开关状态 2，此时 $U_L = U_o - U_i$。Boost 电路电感 L 两端的电压在一个开关周期 T_s 内的平均值 U_L 为

$$U_L = \frac{U_i t_{on} - (U_o - U_i) t_{off}}{T_s} \tag{3-1}$$

由于在稳态条件下，电感两端的电压在一个开关周期内的平均值为零，因此可以得到

Boost 升压电路的输入电压 U_i 和输出电压 U_o 之间的关系为

$$\frac{U_o}{U_i} = \frac{t_{off}+t_{on}}{t_{off}} = \frac{T_s}{t_{off}} \tag{3-2}$$

3.1.2　Boost 电路的数学模型

下面以自动控制原理、电路原理、电力电子学的知识为基础，建立 Boost 电路的数学模型。假设电路中的开关器件均为理想元件。Boost 电路的工作状态可划分为开关 S 导通与开关 S 关断两个阶段进行分析。

阶段 1：开关 S 导通。

开关 S 导通时 Boost 电路的拓扑结构如图 3-3 所示，电容 C 与电阻 R 形成放电回路。根据 KVL 对回路 II 列电压方程得

$$RC\frac{dU_C(t)}{dt}+U_C(t)=0 \tag{3-3}$$

这是一阶齐次微分方程，假设开关闭合前后瞬时电容两端的电压为 U_k，即

$$U_C(0_+)=U_C(0_-)=U_k \tag{3-4}$$

式中，$U_C(0_-)$、$U_C(0_+)$ 分别代表开关闭合前后瞬时电容两端的电压。

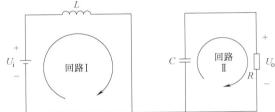

图 3-3　开关 S 导通时 Boost 电路的拓扑结构

设式（3-3）的通解为 $U_C(t)=Ae^{pt}$，可得

$$(RCp+1)Ae^{pt}=0 \tag{3-5}$$

相应的特征方程为

$$RCp+1=0 \tag{3-6}$$

特征根为

$$p=-\frac{1}{RC} \tag{3-7}$$

将式（3-4）代入 $U_C(t)=Ae^{pt}$，则可求得积分常数 $A=U_k$。这样，求得满足初始值的微分方程式（3-3）的解为

$$U_C(t)=U_k e^{-\frac{1}{RC}t} \tag{3-8}$$

根据 KVL 对回路 I 列电压方程得：$U_i=L\frac{dI_L}{dt}$，假设开关闭合前后瞬时流过电感的电流为 I_k，即 $I_L(0_+)=I_L(0_-)=I_k$，$I_L(0_-)$、$I_L(0_+)$ 分别代表开关闭合前后电感中的电流。则开关闭合后，电感中流过的电流为

$$I_L=I_k+\frac{U_i}{L}t \tag{3-9}$$

阶段 2：开关 S 关断。

开关 S 关断时 Boost 电路的拓扑结构如图 3-4 所示，根据 KVL 对回路 I 列电压方程得

$$L\frac{dI_L}{dt}+U_C(t)=U_i \tag{3-10}$$

根据 KCL 对节点 I 列电流方程得

$$I_L(t) = I_C(t) + I_R(t) = C\frac{dU_C(t)}{dt} + \frac{U_C(t)}{R} \quad (3\text{-}11)$$

将式（3-11）代入式（3-10）得

$$LC\frac{d^2 U_C(t)}{d^2(t)} + \frac{L}{R}\frac{dU_C(t)}{dt} + U_C(t) = U_i \quad (3\text{-}12)$$

式（3-12）为二阶齐次微分方程，相应的特征方程为

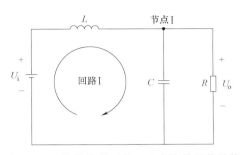

图 3-4　开关 S 关断时 Boost 电路的拓扑结构

$$LCs^2 + \frac{L}{R}s + 1 = 0 \quad (3\text{-}13)$$

可求解得到

$$\Delta = \left(\frac{L}{R}\right)^2 - 4LC \quad (3\text{-}14)$$

不同电路元器件参数条件下，Δ 的取值存在三种情况：$\Delta > 0$，$\Delta = 0$，$\Delta < 0$。Δ 取值的不同，式（3-12）的解形式也不同，也就是说电容两端电压 $U_C(t)$，即电路的输出电压 U_o 的数学模型也会随着 Δ 取值的变化而变化。由式（3-14）知，Δ 的值和电路中的电感 L、电容 C 和电阻 R 的参数有关。针对上述三种情况，分别对电路进行求解。

（1）$\Delta > 0$

此时式（3-12）有两个不相等的实数解 s_1 和 s_2，分别为

$$s_1 = \frac{-\dfrac{L}{R} + \sqrt{\left(\dfrac{L}{R}\right)^2 - 4LC}}{2LC} \quad (3\text{-}15)$$

$$s_2 = \frac{-\dfrac{L}{R} - \sqrt{\left(\dfrac{L}{R}\right)^2 - 4LC}}{2LC} \quad (3\text{-}16)$$

二阶电路的阶跃响应由自由分量和强制分量两部分组成，方程的解可表示为

$$U_C(t) = U_{cf}(t) + U_{ct}(t) \quad (3\text{-}17)$$

式中，$U_{cf}(t)$、$U_{ct}(t)$ 分别为电压的强制分量与自由分量。

由于电路的激励函数在 $t > 0$ 时是一个常数 U_i，则可设电压 $U_C(t)$ 的强制分量 $U_{cf}(t)$ 为一常数 K，即

$$U_{cf}(t) = K \quad (3\text{-}18)$$

将式（3-18）代入式（3-12）得

$$K = U_i \quad (3\text{-}19)$$

又由于 $\Delta > 0$ 时，电压的自由分量可表示为

$$U_{ct}(t) = K_1 e^{s_1 t} + K_2 e^{s_2 t} \quad (3\text{-}20)$$

合并电压的强制分量与自由分量，式（3-12）的通解可表示为

$$U_C(t) = U_i + K_1 e^{s_1 t} + K_2 e^{s_2 t} \quad (3\text{-}21)$$

因为电容两端的电压在有限激励情况下不会发生突变，所以在开关断开前后瞬时电容两

端的电压应当是相等的，假设开关断开前后瞬时电容两端的电压为 U'_k，即

$$U_\mathrm{C}(0_+) = U_\mathrm{C}(0_-) = U'_\mathrm{k} \tag{3-22}$$

式中，$U_\mathrm{C}(0_-)$、$U_\mathrm{C}(0_+)$ 分别代表开关断开前后瞬时电容 C 两端的电压。

同样的，流经电感的电流在有限激励情况下不会发生突变，所以在开关闭合前后瞬时流经电感的电流应当是相等的，假设开关断开前流过电感的电流为 I'_k，则由式（3-11）可得

$$I_\mathrm{L}(0_+) = C \left. \frac{\mathrm{d}U_\mathrm{C}(t)}{\mathrm{d}t} \right|_{t=0_+} + \frac{U_\mathrm{C}(t)}{R} = I_\mathrm{L}(0_-) = I'_\mathrm{k} \tag{3-23}$$

式中，$I_\mathrm{L}(0_-)$、$I_\mathrm{L}(0_+)$ 分别表示开关断开前后瞬时电感中的电流。结合式（3-20）可得

$$\left. \frac{\mathrm{d}U_\mathrm{C}(t)}{\mathrm{d}t} \right|_{t=0_+} = \frac{I'_\mathrm{k}}{C} - \frac{U'_\mathrm{k}}{RC} \tag{3-24}$$

因此，由式（3-21）和式（3-24）可以得到

$$\begin{cases} K_1 + K_2 = U'_\mathrm{k} - U_\mathrm{i} = m_\mathrm{k} \\ s_1 K_1 + s_2 K_2 = \dfrac{I'_\mathrm{k}}{C} - \dfrac{U'_\mathrm{k}}{RC} = n_\mathrm{k} \end{cases} \tag{3-25}$$

解得

$$\begin{cases} K_1 = \dfrac{s_2 m_\mathrm{k} - n_\mathrm{k}}{s_2 - s_1} \\ K_2 = \dfrac{s_1 m_\mathrm{k} - n_\mathrm{k}}{s_1 - s_2} \end{cases} \tag{3-26}$$

故 Boost 电路在 $\Delta > 0$ 时，电容两端电压 $U_\mathrm{C}(t)$ 的表达式为

$$U_\mathrm{C}(t) = U_\mathrm{i} + \frac{s_2 m_\mathrm{k} - n_\mathrm{k}}{s_2 - s_1} \mathrm{e}^{s_1 t} + \frac{s_1 m_\mathrm{k} - n_\mathrm{k}}{s_1 - s_2} \mathrm{e}^{s_2 t} \tag{3-27}$$

（2）$\Delta = 0$

此时式（3-12）有两个相等的实数解 s_1 和 s_2，为

$$s_1 = s_2 = -\frac{1}{2RC} = -\sigma \tag{3-28}$$

同 $\Delta > 0$ 的情况一样，电容两端电压 $U_\mathrm{C}(t)$ 由强制分量 $U_\mathrm{cf}(t)$ 和自由分量 $U_\mathrm{ct}(t)$ 组成，即

$$U_\mathrm{C}(t) = U_\mathrm{cf}(t) + U_\mathrm{ct}(t) = U_\mathrm{i} + (K_1 + K_2 t) \mathrm{e}^{-\sigma t} \tag{3-29}$$

根据前面的分析，对于 $t = 0$ 时刻，基于式（3-21）和式（3-24），可得

$$\begin{cases} K_1 = U'_\mathrm{k} - U_\mathrm{i} = m_\mathrm{k} \\ -\sigma K_1 + K_2 = \dfrac{I'_\mathrm{k}}{C} - \dfrac{U'_\mathrm{k}}{RC} = n_\mathrm{k} \end{cases} \tag{3-30}$$

解得

$$\begin{cases} K_1 = m_\mathrm{k} \\ K_2 = n_\mathrm{k} + \sigma m_\mathrm{k} \end{cases} \tag{3-31}$$

故 Boost 电路在 $\Delta > 0$ 时，电容两端电压 $U_\mathrm{C}(t)$ 的表达式为

$$U_\mathrm{C}(t) = U_\mathrm{i} + m_\mathrm{k} \mathrm{e}^{-\sigma t} + (n_\mathrm{k} + \sigma m_\mathrm{k}) t \mathrm{e}^{-\sigma t} \tag{3-32}$$

（3）$\Delta<0$

此时式（3-12）有两个互为共轭的复数解 s_1 和 s_2，分别为

$$\begin{cases} s_1 = \dfrac{-\dfrac{L}{R}-\mathrm{j}\sqrt{4LC-\left(\dfrac{L}{R}\right)^2}}{2LC} = -\alpha-\mathrm{j}\beta \\ s_2 = \dfrac{-\dfrac{L}{R}+\mathrm{j}\sqrt{4LC-\left(\dfrac{L}{R}\right)^2}}{2LC} = -\alpha+\mathrm{j}\beta \end{cases} \tag{3-33}$$

同前面两种情况类同，电容两端的电压 $U_C(t)$ 由强制分量 $U_{cf}(t)$ 和自由分量 $U_{ct}(t)$ 组成，即

$$U_C(t) = U_i + K_1 \mathrm{e}^{(-\alpha+\mathrm{j}\beta)t} + K_2 \mathrm{e}^{(-\alpha-\mathrm{j}\beta)t} \tag{3-34}$$

K_1、K_2 互为共轭，设 $K_1 = A+\mathrm{j}B$，$K_2 = A-\mathrm{j}B$，A、B 为常数，代入式（3-34）可得

$$U_C(t) = U_i + 2\mathrm{e}^{-\alpha t}(A\cos\beta t - B\sin\beta t) \tag{3-35}$$

同样，对于 $t=0$ 时刻，基于式（3-21）和式（3-24），可得

$$\begin{cases} 2A = U_k' - U_i = m_k \\ -2\alpha A - 2\beta B = \dfrac{I_k'}{C} - \dfrac{U_k'}{RC} = n_k \end{cases} \tag{3-36}$$

解得

$$\begin{cases} A = \dfrac{m_k}{2} \\ B = -\dfrac{\alpha m_k + n_k}{2\beta} \end{cases} \tag{3-37}$$

故 Boost 电路在 $\Delta<0$ 时电容两端的电压 $U_C(t)$ 的表达式为

$$U_C(t) = U_i + 2\mathrm{e}^{-\alpha t}\left(\frac{m_k}{2}\cos\beta t + \frac{\alpha m_k + n_k}{2\beta}\sin\beta t\right) \tag{3-38}$$

综上所述，Boost 电路在输入电压为 U_i 的情况下，开关 S 断开时，电容两端的电压 $U_C(t)$ 的数学模型为

$$U_C(t) = \begin{cases} U_i + \dfrac{s_2 m_k - n_k}{s_2 - s_1}\mathrm{e}^{s_1 t} + \dfrac{s_1 m_k - n_k}{s_1 - s_2}\mathrm{e}^{s_2 t}, \Delta>0 \\ U_i + m_k \mathrm{e}^{-\sigma t} + (n_k + \sigma m_k)t\mathrm{e}^{-\sigma t}, \Delta=0 \\ U_i + 2\mathrm{e}^{-\alpha t}\left(\dfrac{m_k}{2}\cos\beta t + \dfrac{\alpha m_k + n_k}{2\beta}\sin\beta t\right), \Delta<0 \end{cases} \tag{3-39}$$

3.2 DC-DC 变换器在 MATLAB/Simulink 下的建模仿真

由于 DC-DC 开关电源具有高效率、高功率密度和高可靠性等优点，越来越广泛地应用于通信、计算机、工业设备和家用电器等领域。DC-DC 开关变换器的分析和设计已经成为研究的重点。但由于 PWM（脉宽调制）开关变换器是一个强非线性时变电路，要准确找到

其解析解相当困难，目前常用的分析方法有状态空间平均法、基于 MATLAB/Power System Blockset 的方法等。

3.2.1 状态空间平均法

1. 状态空间平均法

直流变换是电力电子技术的一个重要分支，目前已经广泛应用在生产和生活的各个领域。而且在实际的使用过程中，对直流变换器提出了更高的要求，如更高的效率、更宽的输入和输出电压范围、更小的电磁干扰等，所以在其设计过程中，需要更加准确的数学模型，以方便对其输出特性进行更加准确的控制。由于直流变换器的非线性、时变性等特点，很难应用传统的经典控制理方法建立其数学模型。所以需要寻求新的方法来解决，其中的状态空间平均法就是一种较为简便、准确的建模方法。

状态空间平均法是平均法的一阶近似，它实质上是根据线性 RLC 元件、独立电源和周期性开关组成的原始网络，以电容电压和电感电流为状态变量，按照功率开关器件"ON"和"OFF"两种状态，利用时间平均，得到一个周期内平均状态变量，将一个非线性、时变、开关电路转变为一个等效的线性、时不变、连续电路，因而可决定其小信号传递函数，建立状态空间平均模型。

2. 状态空间平均法建模条件

状态空间平均法的一个突出优点是，在模型建立后可以利用线性电路和古典控制理论对 DC-DC 变换器进行稳态和小信号分析。但是对系统进行建模时须满足以下三个假设条件。

1）交流小信号的频率 f_g 应远远小于开关频率 f_s（低频假设）。

2）变换器的转折频率 f_0 远远小于开关频率 f_s（小纹波假设）。

3）电路中各交流分量的幅值必须远远小于相应的直流分量（小信号假设）。

在实际的 DC-DC 变换器中，开关频率较高，容易满足低频假设、小纹波假设和小信号假设。忽略开关频率与其边频带，开关频率谐波与其边带，引入开关周期平均算子，有

$$\left[x(t) \right]_{T_s} = \frac{1}{T_s} \int_t^{t+T_s} x(t) \, \mathrm{d}t \tag{3-40}$$

式中，$x(t)$ 为变换器某变量；T_s 为开关周期。

3. 状态空间平均法建模过程

步骤 1：分阶段列写状态方程并求出平均量。

设开关 S 占空比为 d，在 $0 \leq t \leq dT_s$ 时间段内，开关 S 导通，此时电路拓扑的工作模式对应有如下状态方程：

$$K \frac{\mathrm{d}x(t)}{\mathrm{d}t} = A_1 x(t) + B_1 u(t) \tag{3-41}$$

$$y(t) = C_1 x(t) + E_1 u(t) \tag{3-42}$$

当变换器满足低频和小纹波假设时，可近似认为状态变量与输入变量在一个开关周期基本维持不变，可以用其开关周期平均算子代替。由此可得

$$x(dT_s) = x(0) + (dT_s) K^{-1} \{ A_1 [x(t)]_{T_s} + B_1 [u(t)]_{T_s} \} \tag{3-43}$$

$$y(t) = C_1 [x(t)]_{T_s} + E_1 [u(t)]_{T_s} \tag{3-44}$$

在 $dT_s \leq t \leq T_s$ 时间段内，开关 S 关断，类似可得状态方程如式（3-43）、式（3-44）所

示，式中 $d' = 1 - d$。

$$\boldsymbol{x}(T_s) = \boldsymbol{x}(dT_s) + (d'T_s)\boldsymbol{K}^{-1}\left\{\boldsymbol{A}_2[x(t)]_{T_s} + \boldsymbol{B}_2[u(t)]_{T_s}\right\} \tag{3-45}$$

$$\boldsymbol{y}(t) = \boldsymbol{C}_2[x(t)]_{T_s} + \boldsymbol{E}_2[u(t)]_{T_s} \tag{3-46}$$

整理式（3-43）~式（3-46）可得

$$\boldsymbol{x}(T_s) = x(0) + T_s\boldsymbol{K}^{-1}[d(t)\boldsymbol{A}_1 + d'(t)\boldsymbol{A}_2][x(t)]_{T_s} + T_s\boldsymbol{K}^{-1}[d(t)\boldsymbol{B}_1 + d'(t)\boldsymbol{B}_2][\boldsymbol{u}(t)]_{T_s} \tag{3-47}$$

由欧拉公式知

$$\frac{\mathrm{d}[\boldsymbol{x}(t)]_{T_s}}{\mathrm{d}t} = \frac{\boldsymbol{x}(T_s) - \boldsymbol{x}(0)}{T_s} \tag{3-48}$$

由此可得状态空间平均方程，如式（3-49）所示。

$$\begin{cases} \boldsymbol{K}\dfrac{\mathrm{d}[\boldsymbol{x}(t)]_{T_s}}{\mathrm{d}t} = [d(t)\boldsymbol{A}_1 + d'(t)\boldsymbol{A}_2][\boldsymbol{x}(t)]_{T_s} + [d(t)\boldsymbol{B}_1 + d'(t)\boldsymbol{B}_2][\boldsymbol{u}(t)]_{T_s} \\ [\boldsymbol{y}(t)]_{T_s} = [d(t)\boldsymbol{C}_1 + d'(t)\boldsymbol{C}_2][\boldsymbol{x}(t)]_{T_s} + [d(t)\boldsymbol{E}_1 + d'(t)\boldsymbol{E}_2][\boldsymbol{u}(t)]_{T_s} \end{cases} \tag{3-49}$$

步骤 2：求静态工作点并分离扰动。

令 $[\boldsymbol{x}(t)]_{T_s}$ 的导数为零，得到静态工作点如式（3-50）所示。

$$\begin{cases} \boldsymbol{0} = \boldsymbol{AX} + \boldsymbol{BU} \\ \boldsymbol{Y} = \boldsymbol{CX} + \boldsymbol{EU} \end{cases} \tag{3-50}$$

式中，$\boldsymbol{A} = D\boldsymbol{A}_1 + D'\boldsymbol{A}_2$；$\boldsymbol{B} = D\boldsymbol{B}_1 + D'\boldsymbol{B}_2$；$\boldsymbol{C} = D\boldsymbol{C}_1 + D'\boldsymbol{C}_2$；$\boldsymbol{E} = D\boldsymbol{E}_1 + D'\boldsymbol{E}_2$。$D$ 和 D' 分别为 d 和 d' 的稳态值。

基于式（3-50），可推导得式（3-51）。

$$\begin{cases} \boldsymbol{X} = -\boldsymbol{A}^{-1}\boldsymbol{BU} \\ \boldsymbol{Y} = (-\boldsymbol{CA}^{-1}\boldsymbol{B} + \boldsymbol{E})\boldsymbol{U} \end{cases} \tag{3-51}$$

在得到静态解后，再施加较小的扰动，建立其小信号模型，具体的扰动如下：

$$\begin{cases} [\boldsymbol{u}(t)]_{T_s} = \boldsymbol{U} + \hat{\boldsymbol{u}}(t)，\quad [\boldsymbol{x}(t)]_{T_s} = \boldsymbol{X} + \hat{\boldsymbol{x}}(t) \\ [\boldsymbol{y}(t)]_{T_s} = \boldsymbol{Y} + \hat{\boldsymbol{y}}(t)，\quad [d(t)]_{T_s} = D + \hat{d}(t) \end{cases} \tag{3-52}$$

扰动较小，代入状态方程式（3-49），消去直流量，可得

$$\begin{cases} \boldsymbol{K}\dfrac{\mathrm{d}\hat{\boldsymbol{x}}(t)}{\mathrm{d}t} = \boldsymbol{A}\hat{\boldsymbol{x}}(t) + \boldsymbol{B}\hat{\boldsymbol{u}}(t) + [(\boldsymbol{A}_1 - \boldsymbol{A}_2)\boldsymbol{X} + (\boldsymbol{B}_1 - \boldsymbol{B}_2)\boldsymbol{U}]\hat{d}(t) + \\ \qquad\qquad (\boldsymbol{A}_1 - \boldsymbol{A}_2)\hat{\boldsymbol{x}}(t)\hat{d}(t) + (\boldsymbol{B}_1 - \boldsymbol{B}_2)\hat{\boldsymbol{u}}(t)\hat{d}(t) \\ \hat{\boldsymbol{y}}(t) = \boldsymbol{C}\hat{\boldsymbol{x}}(t) + \boldsymbol{E}\hat{\boldsymbol{u}}(t) + [(\boldsymbol{C}_1 - \boldsymbol{C}_2)\boldsymbol{X} + (\boldsymbol{E}_1 - \boldsymbol{E}_2)\boldsymbol{U}]\hat{d}(t) + \\ \qquad\qquad (\boldsymbol{C}_1 - \boldsymbol{C}_2)\hat{\boldsymbol{x}}(t)\hat{d}(t) + (\boldsymbol{E}_1 - \boldsymbol{E}_2)\hat{\boldsymbol{u}}(t)\hat{d}(t) \end{cases} \tag{3-53}$$

步骤 3：线性化。

忽略式（3-53）中的二阶小的交流分量，得到直流变换器的小信号交流模型为

$$\begin{cases} \boldsymbol{K}\dfrac{\mathrm{d}\hat{\boldsymbol{x}}(t)}{\mathrm{d}t} = \boldsymbol{A}\hat{\boldsymbol{x}}(t) + \boldsymbol{B}\hat{\boldsymbol{u}}(t) + [(\boldsymbol{A}_1 - \boldsymbol{A}_2)\boldsymbol{X} + (\boldsymbol{B}_1 - \boldsymbol{B}_2)\boldsymbol{U}]\hat{d}(t) \\ \hat{\boldsymbol{y}}(t) = \boldsymbol{C}\hat{\boldsymbol{x}}(t) + \boldsymbol{E}\hat{\boldsymbol{u}}(t) + [(\boldsymbol{C}_1 - \boldsymbol{C}_2)\boldsymbol{X} + (\boldsymbol{E}_1 - \boldsymbol{E}_2)\boldsymbol{U}]\hat{d}(t) \end{cases} \tag{3-54}$$

4. Boost 变换器的状态空间平均法建模

基于图 3-1 所示的拓扑电路，可以写出 Boost 电路开通和关断状态方程。因为每一个开关周期都是非常短暂的，所以在一个开关周期内，基于状态空间平均法可得到两个阶段下有关输出电压和开关频率的非线性状态方程。

步骤 1：分阶段列写状态方程，求解平均值。

在 $0 \leqslant t \leqslant dT_s$ 时间段内，开关管 S 导通，二极管 VD 截止，电源给电感 L 充磁，电容 C 给负载 R 供电。此时，电路的状态方程为

$$\begin{cases} L\dfrac{dI_L(t)}{dt} = U_i(t) \\ C\dfrac{dU_o(t)}{dt} = -\dfrac{U_o(t)}{R} \end{cases} \tag{3-55}$$

在 $dT_s \leqslant t \leqslant T_s$ 时间段内，开关管 S 关断，二极管 VD 导通，电感 L 释放磁场能，电源和电感共同给负载 R 供电，并给电容 C 充电。此时的状态方程为

$$\begin{cases} L\dfrac{dI_L(t)}{dt} = U_i(t) - U_o(t) \\ C\dfrac{dU_o(t)}{dt} = -\dfrac{U_o(t)}{R} + I_L(t) \end{cases} \tag{3-56}$$

基于式（3-55）与式（3-56），取状态空间均值，可得矩阵方程为

$$\begin{bmatrix} \dfrac{d[I_L(t)]_{T_s}}{dt} \\ \dfrac{d[U_o(t)]_{T_s}}{dt} \end{bmatrix} = \begin{bmatrix} 0 & -\dfrac{d'}{L} \\ \dfrac{d'}{C} & -\dfrac{1}{RC} \end{bmatrix} \begin{bmatrix} [I_L(t)]_{T_s} \\ [U_o(t)]_{T_s} \end{bmatrix} + \begin{bmatrix} \dfrac{1}{L} \\ 0 \end{bmatrix} [U_i(t)]_{T_s} \tag{3-57}$$

步骤 2：分离扰动并线性化。

引入小信号扰动，消去稳态分量和二次项分量，得到交流小信号状态方程为

$$\begin{bmatrix} \dfrac{d\hat{I}_L}{dt} \\ \dfrac{d\hat{U}_o}{dt} \end{bmatrix} = \begin{bmatrix} 0 & -\dfrac{D'}{L} \\ \dfrac{D'}{C} & -\dfrac{1}{RC} \end{bmatrix} \begin{bmatrix} \hat{I}_L \\ \hat{U}_o \end{bmatrix} + \begin{bmatrix} \dfrac{U_o}{L} \\ -\dfrac{I_L}{C} \end{bmatrix} \hat{d}(t) + \begin{bmatrix} \dfrac{1}{L} \\ 0 \end{bmatrix} \hat{U}_i \tag{3-58}$$

得到平均化的 Boost 电路状态方程如式（3-58）所示，式（3-59）给出其简化形式，并由此得到基于状态空间的仿真模型如图 3-5 所示。

$$\begin{bmatrix} \dfrac{dI_L}{dt} \\ \dfrac{dU_o}{dt} \end{bmatrix} = \begin{bmatrix} 0 & -\dfrac{1-d}{L} \\ \dfrac{1-d}{C} & -\dfrac{1}{RC} \end{bmatrix} \begin{bmatrix} I_L \\ U_o \end{bmatrix} + \begin{bmatrix} \dfrac{1}{L} \\ 0 \end{bmatrix} U_i \tag{3-59}$$

3.2.2 基于 MATLAB/Power System Blockset 的方法

Power System Blockset 为 Simulink 中的一个模块库，它提供了电力系统和电力电子电路仿真时所需要的丰富元件。其基本建模思想是使用模块中直接给出的电学元器件根据实际电

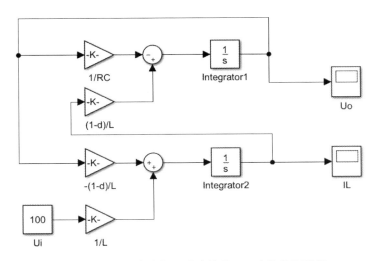

图 3-5　基于状态空间平均法的 Boost 电路仿真模型

路进行建模，仿真模型与实际电路相似。该模型中信号物理概念比较清晰，电压信号可以用 Voltage Measurement 模块从器件两端测得，而电路的电流信号可以用 Current Measurement 模块串入电路中测得。在含有晶闸管、门极关断晶闸管（GTO）、金属-氧化物-半导体场效应晶体管（MOSFET）、绝缘栅双极型晶体管（IGBT）的仿真模型中，在进行仿真时，必须使用刚性积分算法，通常使用 Odel5s 以获得最好的仿真速度。进行建模仿真时，可以根据需要对开关管的寄生电容和电感进行赋值。使用 Power System Blockset 建立 Boost 电路模型，如图 3-6 所示。

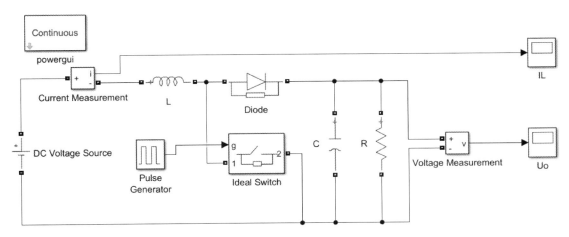

图 3-6　基于 Power System Blockset 的 Boost 电路仿真模型

3.3　Boost 变换器参数设计

当 Boost 升压电路运行在电感电流连续模式时，Boost 升压电路的各元器件参数设计要求如下：

1. 储能电感设计

Boost 升压电路工作于连续导电模式下，系统稳态时需满足电感伏秒平衡原则，即

$$U_i dT_s = (U_o - U_i)(1-d)T_s \tag{3-60}$$

式中，U_i 为光伏电池的输入电压；U_o 为 Boost 电路的输出电压；T_s 为开关管的开关周期；d 为占空比。基于 Boost 电路的基本工作特性，可以得到

$$\frac{U_o}{U_i} = \frac{1}{1-d} \tag{3-61}$$

忽略变换器的功率损耗，经 DC-DC 变换后变流器的输出电流 I_o 与光伏电池输出的平均电流 I_i 之间的关系可表示为

$$\frac{I_o}{I_i} = 1-d \tag{3-62}$$

对应实际运行状态，电感中的电流在整个工作周期内存在电流增长与下降两种工作状态，其电流纹波大小及对应定义的电流纹波系数为

$$\Delta I_L = \frac{U_i dT_s}{L} \tag{3-63}$$

$$\alpha = \frac{\Delta I_L}{I_i} \tag{3-64}$$

综合上述各式，可以构建电感 L 取值与电流纹波系数间的数学关系表达式为

$$L = \frac{(1-d)^2 dU_o^2 T_s}{\alpha P_o} \tag{3-65}$$

当开关占空比 $d = 1/3$，此时对应同等电流纹波水平，电感 L 需要取的值最大，为

$$L_{max} = \frac{4U_o^2 T_s}{27\alpha P_o} \tag{3-66}$$

为了满足电流纹波的要求，电感取值需满足 $L \geqslant L_{max}$，一般选取纹波系数在 $0.1 \sim 0.3$ 之间。

2. 输入电容设计

当 Boost 变换器工作时，开关管的开通和关断会使得输入电压产生与变换器开关频率相一致的纹波。为减小输入电压纹波，要在光伏电池的输出端并联输入滤波电容 C。输入电容大小与电压纹波间的关系可表示为

$$C = \frac{D}{8L\beta f_s^2} \tag{3-67}$$

式中，β 为输入电压纹波系数，一般取 0.5%。

对应最大开关占空比，C 的极大值为

$$C_{max} = \frac{D_{max}}{8\beta L f_s^2} \tag{3-68}$$

3. 输出电容设计

当 Boost 电路工作在连续导电模式下，稳态时由电容的安秒平衡原理和电容的电压电流关系可推出

$$\Delta U_o = \frac{P_o d T_s}{C_1 U_o} \qquad\qquad (3-69)$$

输出电压纹波系数定义为 $\lambda = \Delta U_o / U_o$，对应的输出电容取值应满足以下条件：

$$C_1 \geqslant \frac{P_o d_{max} T_s}{\lambda U_o^2} \qquad\qquad (3-70)$$

4. 二极管选择要求

二极管的功能是隔离，即在开关管关断时，二极管的正极电压低于负极电压，二极管反偏截止，输出端电容对负载放电不受电感充电过程影响。在功率开关管关断时，光伏阵列和电感储存的能量叠加在一起通过二极管向负载供电，为了减小损耗，要求二极管正向压降尽可能小。

3.4　光伏发电系统最大功率点追踪技术

在光伏发电系统中，光伏电池的利用率除了与光伏电池的内部特性有关，还受工作环境如太阳辐照度、负载和温度等因素的影响。光伏电池的输出特性在太阳辐照度及环境温度变化时，具有明显的非线性特征，在一定的太阳辐照度和温度下，光伏电池的输出功率只有在某一输出电压值时才能达到最大值。寻求光伏电池的最优工作状态，实现最大功率点追踪（MPPT），可以提高系统整体效率。对于光伏发电系统而言，MPPT 运行不仅可以向负载提供更多的电能，也有助于延长光伏系统的运行寿命。

现有研究已提出多种光伏发电系统 MPPT 运行控制方案，这些方案可大致归类为离线控制、在线控制以及混合控制方案。离线法基于光伏电池的数学模型设计控制方案，其控制效果受电池建模精度影响。在线法可在不依赖于光伏系统建模的条件下，实现光伏系统的 MPPT 控制。混合法通过结合离线控制与在线控制，实现两者的优势互补，其控制系统结构相对复杂。离线法与在线法控制的本质区别在于控制方案的设计是否直接依赖于光伏系统模型的构建。可结合传感器需求、算法运算负担与收敛性能、有效调控区间以及硬件设备辅助等方面，对 MPPT 控制方案的可行性进行评估。现代智能控制技术也逐步被应用于光伏系统的 MPPT 控制，进一步提升了光伏发电系统的运行效率。

3.4.1　MPPT 基本原理

根据电路理论，当光伏电池的输出阻抗和负载阻抗相等时，光伏电池能输出最大的功率。由此可见，光伏电池的 MPPT 过程就是使光伏电池的输出阻抗与负载阻抗相匹配的过程。在实际应用中，光伏电池的输出阻抗受环境因素的影响，需要通过控制方法实现对负载阻抗的实时调节，并使其跟踪光伏电池的输出阻抗，以实现电池的 MPPT 控制。在光照均匀的情况下，光伏电池的输出功率是单峰值曲线，此时需求取 P-U 特性曲线的极值点，在该点处有

$$\frac{dP_{max}}{dU_{max}} = 0 \qquad\qquad (3-71)$$

式中，P_{max}、U_{max} 分别为最大功率点的输出功率和输出电压。

图 3-7 所示为一个简单的光伏应用系统，负载由一个电阻 R 和一个占空比为 d 的 PWM 信号控制的开关组成。该系统运行参数满足以下条件：

$$U_o = U_i d \tag{3-72}$$

$$\frac{\mathrm{d}U_i}{\mathrm{d}d} = -\frac{U_o}{d^2} \tag{3-73}$$

$$\frac{\mathrm{d}P}{\mathrm{d}d} = \frac{\mathrm{d}P}{\mathrm{d}U_i}\frac{\mathrm{d}U_i}{\mathrm{d}d} \tag{3-74}$$

将式（3-73）代入式（3-74），可得

$$\frac{\mathrm{d}P}{\mathrm{d}d} = -\frac{\mathrm{d}P}{\mathrm{d}U_i}\frac{U_o}{d^2} \tag{3-75}$$

在最大功率点时，由光伏电池的特性可知

$$\frac{\mathrm{d}P_{max}}{\mathrm{d}U_i} = 0 \tag{3-76}$$

由此可得

$$\frac{\mathrm{d}P_{max}}{\mathrm{d}d} = 0 \tag{3-77}$$

由此可以通过占空比变化来实现输出功率的变化，即找出了最大功率点处的占空比就找到了最大功率点。

假定电池的温度不变，光伏电池的特性曲线如图 3-8 所示。图中，特性曲线 I、II 对应不同太阳辐照度下光伏电池的 I-U 特性曲线，A、B 分别为特性曲线 I、II 的光伏电池最大输出功率点。当光伏电池工作在 A 点时，光照突然加强，由于负载没有改变，光伏电池的工作点将转移到 A' 点。从图 3-8 可以看出，为了使光伏电池在特性曲线 I 仍能输出最大功率，就要使光伏电池工作在特性曲线 I 上的 B 点，也就是说必须对光伏电池的外部电路进行控制使其负载特性曲线由 I 变为负载曲线 II，实现与光伏电池的功率匹配，从而使光伏电池输出最大功率。

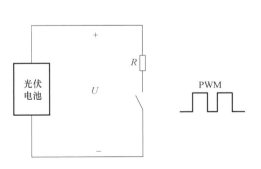

图 3-7　简单光伏应用系统

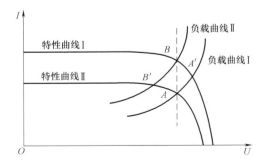

图 3-8　MPPT 工作示意图

3.4.2　离线 MPPT 控制方法

离线控制法基于光伏系统的数学模型，结合系统运行物理量的测量值（开路电压、短路电流、温度、太阳辐照度等），计算得到 MPPT 的控制信号，比较典型的控制方法包括开

路电压法与短路电流法等。

1. 开路电压法

开路电压法（Open Circuit Voltage，OCV）是在 20 世纪 80 年代提出的一种 MPPT 控制策略，也是最简单的一种光伏阵列最大功率点追踪方法。在温度一定的情况下，不同太阳辐照度下光伏阵列的最大功率点几乎分布在同一条垂直线的两侧，这说明电池的最大功率点近似对应于某个电压值的附近。忽略温度对最大功率点的影响，在不同太阳辐照度下光伏阵列的开路电压 U_{oc} 发生改变时，光伏阵列的最大功率点电压 U_{mpp} 也近似地随之成比例变化。因此，在忽略温度影响的情况下，最大功率点处的电压与开路电压存在着近似线性关系，即

$$U_{mpp} = KU_{oc} \tag{3-78}$$

式中，K 为比例常数，取值范围为 $0.71 \sim 0.80$。

恒定电压法本质上为一开环的 MPPT 控制算法，可以近似地看作对输出电压进行稳压控制，其控制容易、实现快速且最为方便。在实际工程应用中，主要应用在简单的光伏发电系统，如小型太阳能草坪灯、独立太阳能照明系统等。但该算法忽略了温度对光伏阵列输出功率的影响，当温度发生较大变化时，采用该算法会使得光伏阵列的输出功率偏离最大功率点，产生较大的功率损耗。针对该问题，可采用分段求最大功率点电压的算法，在各段中比例常数 K 独立设置，从而使最大功率追踪控制效果受温度与太阳辐照度的影响较小。开路电压法存在的另一个较大的问题在于需要定期断开负荷以检测开路电压，这会造成发电量的损失。为此，针对工作状态与自身特性接近的光伏发电系统整体，可通过检测单个电池的开路电压以估算系统整体的 MPPT 运行点。该方案的优势在于可以规避光伏系统整体的切出，但其有效性受限于受检测光伏电池与光伏系统整体运行状态的相似程度。

2. 短路电流法

短路电流法（Short Circuit Current Method，SCC）也是典型的离线 MPPT 控制方案，其控制思路与开路电压法类似，即光伏电池板的短路电流 I_{sc} 与最大功率点电流 I_{mpp} 之间同样存在近似线性相关关系，可用下式进行描述：

$$I_{mpp} = KI_{sc} \tag{3-79}$$

式中，K 为比例常数，取值范围为 $0.8 \sim 0.9$。

与开路电压法类似，短路电流法的应用同样要求定期切除负荷以测量短路电流。虽然短路电流法相较开路电压法更为精确，MPPT 控制效率更高，但是短路电流测量所需投入的硬件设备成本更高。对于连接至 Boost 变流器的光伏系统，可通过变流器内部的开关通断以获取短路电流。为避免负荷的定期切除，可通过测量温度与太阳辐照度等参数以近似估算短路电流，通过牺牲追踪精度以改善光伏系统的供电能力。

短路电流法与开路电压法具有类似的优缺点，即控制方案实现简单，以及控制精度受外部运行环境参数变化影响较大。

3.4.3　在线 MPPT 控制方法

在线 MPPT 控制方法又称无模型 MPPT 控制方法，通过向光伏系统的电压、电流以及变流器开关信号占空比等参数施加扰动，基于输出功率的变化，确定 MPPT 控制信号，通过分析扰动后的输出功率响应，确定控制信号的调整方向，因而区别于离线 MPPT 控制方案给出的固定控制信号。在线 MPPT 的控制通常以振荡形式逐步逼近 MPPT 对应的最优控制信号。

典型在线 MPPT 控制方法包括：扰动观察法、极值搜索控制方法与电感增量法等。

1. 扰动观察法

（1）扰动观察法的基础原理

扰动观察法（Perturbation and Observation，P&O），又称爬山法，是最常用的跟踪方法之一。其基本原理是向光伏电池的输出电压施加扰动，判断其输出功率的变化，根据输出功率的变化趋势决定下一次扰动方向。如此反复，直到光伏电池达到最大功率点。

如图 3-9 中的 P-U 特性曲线所示，作为单峰值曲线，若增大参考电压，同时输出功率也变大，则可判定此时工作点在最大功率点的左侧，下一次的扰动方向不变。同理可判断在其他情况下扰动的方向。具体过程如下：

1）如图 3-9 中 A、B 点，当增大参考电压，同时 $P_B > P_A$，则可判定此时工作点在最大功率点左侧，下一次的扰动方向不变；若减小参考电压，同时 $P_B > P_A$，则可判定此时工作点在最大功率点左侧，下一次扰动方向应该朝反方向。

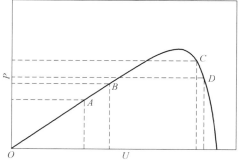

图 3-9 扰动观察法原理图

2）如图 3-9 中 C、D 点，当增大参考电压，同时 $P_D < P_C$，则可判定此时工作点在最大功率点右侧，下一次的扰动方向应该朝相反方向；若减小参考电压，同时 $P_D < P_C$，则可判定此时工作点在最大功率点右侧，下一次的扰动方向不变。

由上述可知，扰动观察法需要通过不断的扰动来追寻最大功率点，扰动观察法的流程图

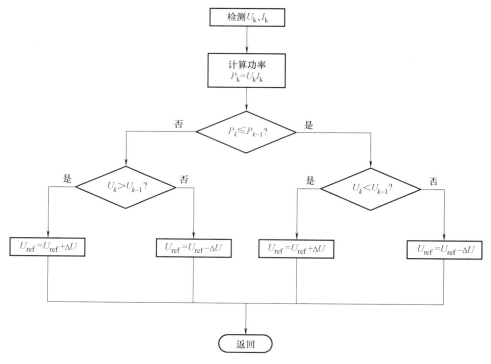

图 3-10 扰动观察法流程图

如图 3-10 所示。由于控制过程中是通过扰动步长 ΔU 的值逼近最大功率点，因此 ΔU 的选择对最大功率点控制的影响较大。具体表现如下：

1）ΔU 较大时，该控制方法对日照变化跟踪很快，但是由于光伏电池特性不对称，输出功率会在最大功率点附近产生振荡现象。

2）ΔU 较小时，可减弱或消除光伏电池输出功率的振荡，但对于日照变化的跟踪速度变慢，并且容易造成误判。

因此，实际中要先进行试验后才选定扰动步长 ΔU，通常扰动观察法根据扰动步长可分为定步长和变步长两类。

（2）扰动观察法中的振荡现象

当电压变化采用恒定步长时，在最大功率点附近会存在振荡现象，具体情况分析如下：

情况 1：电压发生变化后，工作点刚好位于最大功率点处，那么工作点在会在 P_1、P_2、P_3 三点之间振荡，如图 3-11 所示。

对应电压扰动，工作点从 P_1 移动到 P_2，刚好达到最大功率点。由于电压增加、功率变大，则电压会继续向右扰动，从 P_2 工作点到达 P_3 工作点，此时电压增加、功率减小，则下一次的电压向左扰动，工作点从 P_3 移动到 P_2。此时电压减小、功率增加，工作点又回到 P_1。因此工作点会在 P_1、P_2、P_3 这 3 点之间反复振荡，造成能量损失。

情况 2：电压扰动后，工作点在最大功率点右侧，可能出现以下三种场景，如图 3-12 所示。

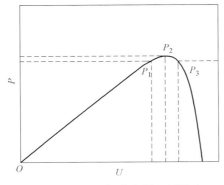

图 3-11　P&O 振荡分析示例图 1

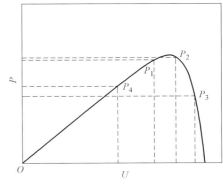

图 3-12　P&O 振荡分析示例图 2

1）若电压扰动后，最大功率点由左边的 P_1 工作点变到右侧的一个点，且前后两点的功率相等，则工作状态会在两点之间振荡。

2）若电压扰动后，工作点从 P_1 移动到右侧 P_2，且 $P_2 > P_1$，由于电压扰动增加，功率变大，扰动方向不变，继续向右增加扰动电压，工作点移动到 P_3。此时电压增加，功率减小，则扰动电压减小，回到 P_2 工作点。此时电压减小，功率增大，则继续减小电压，回到左侧 P_1 点，如此反复，工作点会在 P_1、P_2、P_3 这三点之间往复振荡。

3）若电压扰动后，工作点从 P_1 移动到 P_3，且 $P_3 < P_1$，由于电压增加，功率减小，下一次扰动电压减小，工作点从 P_3 回到 P_1。此时电压减小，功率增大，则继续减小电压到达 P_4，这时电压减小，功率减小，则增大电压，工作点回到 P_1。如此反复，工作点会在 P_1、P_3、P_4 这三点之间振荡。

定步长扰动观察法的振荡现象会增加系统的损耗。为解决振荡问题，可以采用变步长的扰动观察法。

（3）扰动观察法的误判情况

讨论扰动观察法的振荡问题是在假设外界条件恒定的前提下，但实际上外界条件如温度、太阳辐照度等是变化的，比如太阳辐照度会因时间、云层等原因剧烈变化，这时光伏阵列的 P-U 特性曲线也会对应发生很大的变化，进而造成扰动观察法的误判问题。误判分析如图 3-13 所示。

从图 3-13 可以看出，当太阳辐照度不变，电压扰动向右增加，即从 U_a 到 U_b，功率增大，$P_b>P_a$，那么扰动方向不变，电压继续向右扰动；当太阳辐照度在电压为 U_b 的时刻突然减小，功率减小，$P_c<P_b$，接下来的电压扰动方向会因此改变，向左减小电压。如果太阳辐照度不断减小，电压随之不断向左移动，导致工作点离最大功率点越来越远，从而

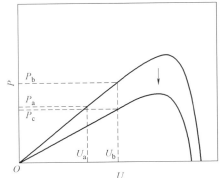

图 3-13　扰动观察法的误判分析

失去对最大功率点的跟踪能力，这就是扰动观察法中的误判现象。对于扰动观察法出现的误判故障可通过增加扰动频率或减小扰动步长 ΔU 来解决。

通过以上分析可知，扰动观察法的优点是控制简单、容易实现，需要检测的参数少，对参数检测的精度要求不高，在日照变化不是很剧烈的情况下具有较好的 MPPT 控制效果；缺点是电压初始值和步长对跟踪精度和速度有较大的影响，具体表现为寻找最大功率点中的振荡和误判现象。

（4）扰动观测法的改进

定步长的扰动观察法由于存在振荡和误判问题，使系统不能准确地跟踪到最大功率点，造成能量损失。为了解决定步扰动观察法中 MPPT 的快速性和稳定性的问题，可以采用变步长的扰动观察法，其基本思想为：在远离 MPPT 的区域内，采用较大的电压扰动步长以提高跟踪速度，减少光伏电池在低功率输出区的时间；在 MPPT 附近区域内，采用较小的扰动步长，以保证跟踪精度。下面以最优梯度法及其改进的方法为例进行介绍。

1）最优梯度法。最优梯度法（Optimal Gradient Method）是以最优下降法为基础的无约束最优化问题的计算方法，基本思路是将目标函数的负梯度方向作为每步迭代的搜索方向，逐步逼近函数最小值，定义如下：

假设目标函数 $f(\boldsymbol{x})$ 连续且在 $\boldsymbol{x}_k$ 点附近可一阶微分，则令 $\boldsymbol{g}_k=\nabla f(\boldsymbol{x}_k)\neq0$。将 $f(x)$ 用泰勒级数展开，可以得到

$$f(\boldsymbol{x})=f(\boldsymbol{x}_k)+\boldsymbol{g}_k^{\mathrm{T}}(\boldsymbol{x}-\boldsymbol{x}_k)+\mathrm{o}(\|\boldsymbol{x}-\boldsymbol{x}_k\|) \tag{3-80}$$

令 $\boldsymbol{x}-\boldsymbol{x}_k=\alpha_k\boldsymbol{d}_k$，则式（3-79）可转换为

$$f(\boldsymbol{x}_k+\alpha_k\boldsymbol{d}_k)=f(\boldsymbol{x}_k)+\alpha_k\boldsymbol{g}_k^{\mathrm{T}}\boldsymbol{d}_k+\mathrm{o}(\|\alpha_k\boldsymbol{d}_k\|) \tag{3-81}$$

式中，α_k 为增量系数，是一个非负值的常数。

由式（3-81）可知，如果 $\boldsymbol{d}_k$ 满足 $\boldsymbol{g}_k^{\mathrm{T}}\boldsymbol{d}_k<0$，则 $f(\boldsymbol{x}_k+\alpha_k\boldsymbol{d}_k)<f(\boldsymbol{x}_k)$，此时迭代方向为下降方向，在 α_k 一定的情况下，$\boldsymbol{g}_k^{\mathrm{T}}\boldsymbol{d}_k$ 越大，$f(\boldsymbol{x})$ 在 $\boldsymbol{x}_k$ 位置的下降速度越快。根据 Cauchy-

Schwartz 不等式：

$$|\boldsymbol{g}_k^{\mathrm{T}}\boldsymbol{d}_k| \leq \|\boldsymbol{d}_k\|\|\boldsymbol{g}_k\| \tag{3-82}$$

当且仅当 $\boldsymbol{d}_k = -\boldsymbol{g}_k^{\mathrm{T}}$ 时，$-\boldsymbol{g}_k^{\mathrm{T}}\boldsymbol{d}_k$ 达到最小，$-\boldsymbol{g}_k$ 是最优梯度方向，称以 $-\boldsymbol{g}_k$ 为最优梯度方向的方法为最优梯度法，迭代演算法为

$$\boldsymbol{x}_{k+1} = \boldsymbol{x}_k - \alpha_k\boldsymbol{g}_k \tag{3-83}$$

光伏阵列的 P-U 特性曲线为非线性函数，而最大功率点跟踪的问题可以看作求解 P-U 特性曲线的最大值。因此，可将最优梯度法应用于光伏阵列的 MPPT 中，将负梯度方向变为正梯度方向，便可通过迭代逐渐逼近 P-U 特性曲线的最大值，对应于正梯度方向，迭代演算法相应修改为

$$\boldsymbol{x}_{k+1} = \boldsymbol{x}_k + \alpha_k\boldsymbol{g}_k \tag{3-84}$$

将自变量 x 替换为光伏阵列的输出电压 U，则有

$$U_{k+1} = U_k + \alpha_k g_k \tag{3-85}$$

式中，α_k 为增量系数，该值为恒正，以确保迭代方向与梯度方向相同。

$$g_k = \nabla P(U_k) = \frac{\mathrm{d}P(U)}{\mathrm{d}U}\bigg|_{U=U_k} \tag{3-86}$$

式中，U 是光伏阵列的输出电压；$P(U)$ 是以 U 作为唯一变量的光伏阵列输出功率函数，为非线性函数，且为连续可一阶微分函数。

最优梯度法通过计算梯度 g_k 来确定搜索方向，若 $g_k>0$，则表示此时搜索方向沿 U 轴的正方向趋近于最大稳定功率；若 $g_k<0$，则表示搜索方向沿 U 轴的负方向趋近于最大功率点。采用最优梯度法的最大功率点跟踪可以有效地预防由于光照强度和温度的突变带来的误判，保证系统的稳定性和可靠性。

利用最优梯度法进行光伏阵列的最大功率点跟踪，需要实时计算梯度 g_k 来确定下一步的搜索方向，而从梯度计算公式可以看出，该算法的计算量很大，运算过程烦琐，影响到控制系统的响应速度，并且需要检测外部环境的变化，如太阳辐照度和温度值，在硬件电路上需要额外的太阳辐照度传感器和温度传感器，增加了控制系统的成本。为了减少梯度计算量，降低硬件电路复杂度，可采用改进的最优梯度法即近似梯度法来计算。

2) 近似梯度法。首先根据光伏阵列当前周期的工作点电压和输出电流，分别记为 U_k 和 I_k。按照特定的步长 α_k 采样下一个周期的工作点电压和输出电流值，分别记为 U_{k+1} 和 I_{k+1}，近似梯度值的计算公式为

$$g_k = \frac{U_{k+1}I_{k+1} - U_kI_k}{U_{k+1} - U_k} \tag{3-87}$$

若 $g_k>0$，说明当前工作点位于最大功率点左侧，应增加工作点电压，增加步长为 $\alpha_k g_k$（设 α_k 为常数，恒正）；若 $g_k<0$，说明当前工作点位于最大功率点右侧，应减小工作点电压，减小的步长为 $\alpha_k g_k$，迭代公式为

$$U_{k+2} = U_{k+1} + \alpha_k g_k \tag{3-88}$$

由上述分析得到该算法的流程图如图 3-14 所示。

近似梯度法将复杂的连续域求导近似到离散域一阶差分法求解，大大减少了计算量，设备上仅需要电流和电压传感器设备，避免了复杂的光照和温度传感装置，对于近似带来的误差可以通过调整初始化步长来改善，初始步长越小，近似梯度越精确。近似最优梯度法的步

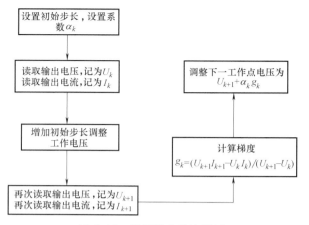

图 3-14　近似梯度法流程图

长大小与 $\mathrm{d}P/\mathrm{d}U$ 的值成正比，即在开始最大
功率跟踪时，由于 $\mathrm{d}P/\mathrm{d}U$ 变化很大，而采用
较大的步长满足 MPPT 的快速性要求；而当
接近最大功率点时，由于 $\mathrm{d}P/\mathrm{d}U$ 变化很小，
而采用较小的步长满足 MPPT 的稳定性要求。
但该方法在太阳辐照度变化较快时，仍然存
在误判问题。

（5）仅需测量电流的扰动观察法

前述扰动观察法需要测量光伏电池的电
流与电压。通过控制方案的优化设计，可以
仅通过测量电流实现 MPPT 控制。对于如图

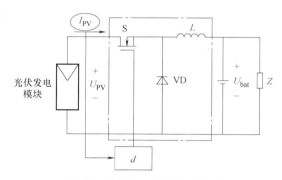

图 3-15　仅需测量光伏系统电流
的扰动观察控制方案

3-15 所示的光伏系统，其数学模型可表示为式（3-89）。

$$I_{\mathrm{PV}}(U_{\mathrm{PV}},I_{\mathrm{PV}})=I_{\mathrm{L}}-I_{\mathrm{o}}\left\{\exp\left[\frac{q(U_{\mathrm{PV}}+I_{\mathrm{PV}}R_{\mathrm{s}})}{mKT}\right]-1\right\}-\frac{U_{\mathrm{PV}}+I_{\mathrm{PV}}R_{\mathrm{s}}}{R_{\mathrm{sh}}} \tag{3-89}$$

式中，I_{PV}、U_{PV} 分别为光伏系统的电流与电压；R_{s}、R_{sh} 分别为光伏电池的寄生串联与并联
电阻；q 为单个电子所含电荷量（$q=1.6\times10^{19}\mathrm{C}$）；$m$ 为结常数；K 为玻耳兹曼常数（$K=$
$1.38\times10^{33}\mathrm{J/K}$）；$I_{\mathrm{o}}$、$I_{\mathrm{L}}$ 分别为反向饱和电流与光电流。

图 3-15 中光伏电池经 Buck 变换器与负载连接，其数学模型可表示为

$$\begin{cases} U_{\mathrm{bat}}=\dfrac{T_{\mathrm{on}}}{T}U_{\mathrm{PV}} \\[2mm] P_{\mathrm{in}}=U_{\mathrm{PV}}I_{\mathrm{PV}}=U_{\mathrm{bat}}\dfrac{I_{\mathrm{PV}}}{d}=U_{\mathrm{bat}}P^{*} \end{cases} \tag{3-90}$$

式中，P_{in} 为输出变换器的光伏系统输出功率；U_{bat} 为电池电压；d 为开关信号占空比。

可以看出，在电池电压固定的条件下，光伏系统输出功率正比于 P^{*}，即光伏系统电流
除以开关信号占空比得到的值，因而两者共同享有同一最大功率运行点。在每一个控制周期
内，假定光伏电池电压恒定，此时光伏系统的输出电压正比于变换器开关信号的占空比，因

而此时可通过调节占空比实现电压的扰动控制。光伏系统是否处于最大功率运行点处以及开关信号占空比的调节方向，则可通过对比扰动前后 P^* 值大小变化分析得到。可以看出，该方案不需要通过测量光伏系统输出电压即可实现系统的 MPPT 运行。

2. 电导增量法

电导增量法（Incremental Conductance Method，INC）通过比较光伏阵列的瞬时电导与电导变化量的方法来完成的最大功率点追踪。由光伏阵列的输出特性可知，$P\text{-}U$ 特性曲线是一条连续可导的单峰值曲线，在最大功率点处，功率对电压的导数为零。也就是说，最大功率点就是满足 $\mathrm{d}P/\mathrm{d}U = 0$ 的点。

光伏阵列的输出功率可表示为

$$P = UI \tag{3-91}$$

两端对 U 求导，将 I 作为 U 的函数，可得

$$\frac{\mathrm{d}P}{\mathrm{d}U} = \frac{\mathrm{d}(UI)}{\mathrm{d}U} = I + U\frac{\mathrm{d}I}{\mathrm{d}U} = 0 \tag{3-92}$$

对式（3-91）处理得式（3-92），此时满足获得光伏阵列最大功率点的条件。

$$\frac{\mathrm{d}I}{\mathrm{d}U} = -\frac{I}{U} \tag{3-93}$$

在温度、太阳辐照度一定的前提下，电导增量法实际是通过比较光伏阵列的瞬时电导变化量的方法来决定参考电压变化的方向，由图 3-16 可知，瞬时电导变化量有以下三种情况：

1）当光伏阵列的工作点位于最大功率点左侧，$\mathrm{d}P/\mathrm{d}U>0$，即 $\mathrm{d}I/\mathrm{d}U>-I/U$，参考电压应向增大方向变化。

2）当光伏阵列的工作点位于最大功率点右侧，$\mathrm{d}P/\mathrm{d}U<0$，即 $\mathrm{d}I/\mathrm{d}U<-I/U$ 参考电压应向减小方向变化。

3）当光伏阵列的工作点位于最大功率点处，$\mathrm{d}P/\mathrm{d}U = 0$，参考电压保持不变，此时光伏阵列工作在最大功率点上。

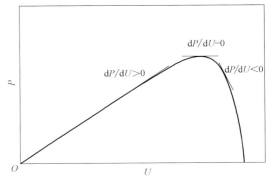

图 3-16 电导增量法的工作原理

基于上述分析，电导增量法 MPPT 算法的流程如图 3-17 所示。

电导增量法的优点是下一时刻参考电压的变化方向完全取决于在该时刻瞬时电导与电导变化量的大小关系，而与前一时刻的工作点电压以及功率的大小无关，不会出现扰动观察法中的误判，因而能够适应太阳辐照度快速变化的情况，而且该方法的电压波动较小，并具有较高的控制精度。

其缺点主要是，电导增量法中需要反复进行微分运算，系统的计算量较大，需要高速的运算控制器；而且对传感器精度要求非常高，否则会出现误判断的情况。因此使用传统的电导增量法进行控制的系统成本比较高，模型计算过程也相对复杂，控制效率不高。

3. 极值搜索控制法

极值搜索控制法（Extremum Seeking Control，ESC）应用于光伏发电系统 MPPT 的控制，

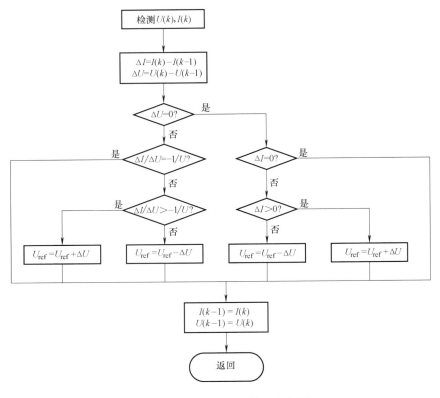

图 3-17　电导增量法算法流程图

其目标在于在光伏电池板与外部负载存在扰动与不确定的场景下，实现系统运行状态到 MPPT 运行点的快速追踪。图 3-18 为极值搜索控制法的框图。

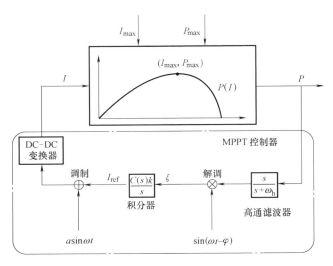

图 3-18　基于极值搜索控制法的 MPPT 控制框图

图中，I_{ref} 为未知的最大功率点电流值 I_{max} 初值；I_{max} 为对应光伏发电系统最大功率输出 P_{max} 的电流；a、ω、φ 分别为注入正弦扰动信号的幅值、频率以及相位偏移；ξ 为解调信号；ω_h 为高通滤波器的截止频率；k 为积分环节的正值自适应增益；$C(s)$ 为补偿环节的传递函数。

通过向电流参考值 I_{ref} 中注入小幅的正弦电流扰动 $\Delta I = a\sin\omega t$，会在功率输出中产生纹波，其幅值与相位角大小取决于当前运行点与最大功率点的相对位置。如图 3-18 所示，正弦电流扰动叠加至电流参考值，应用至光伏系统。如果生成的电流纹波与功率纹波同相位，此时输出功率落在最大功率运行点左侧区域，此时输出电流小于最大功率电流 I_{mpp}，控制器对应增加电流参考值以追踪 MPPT 运行点。若电流与输出功率的纹波不同相，输出功率落在最大功率运行点右侧区域，此时电流参考值大于最大功率电流 I_{mpp}，控制器对应减小电流以追踪 MPPT 运行点。输出功率的纹波可经由高通滤波器得到，通过乘以 $\sin(\omega t - \varphi)$ 实现解调，此时输出信号的正负可反映当前运行点相对最大功率点的位置。该信号经过积分器得到电流参考值的调整量。当达到 MPPT 运行点时，纹波的幅值会变得很小，且输出功率的纹波频率是电力纹波频率的两倍。

类似地，可以通过向光伏系统电压中注入小幅值正弦纹波分量，对应检测输出功率纹波与电压纹波间的相位对应关系，实现光伏系统的 MPPT 运行。

与极值搜索控制法原理类似，纹波控制（Ripple Correlation Control，RCC）同样可应用于光伏系统的 MPPT 控制。当光伏阵列连接至变换器时，变换器开关的通断会在光伏阵列的输出电压与电流中产生纹波，进而在输出功率中形成纹波。纹波控制通过对光伏电压输出功率对时间的偏导以及电压/电流的偏导进行关联性分析，通过纹波控制使输出功率对时间的偏导降至 0 以追踪最大功率运行点。

极值搜索控制法的优势主要在于：①光伏系统的功率优化问题可明确地采用正弦扰动下的动态自适应反馈控制率加以解决，因而可保证控制算法在最大功率运行点处的收敛性；②不需要对模型参数的不确定性进行模型描述。其不足体现在：①控制系统的安装与运行较为复杂；②控制系统中需要分析较小幅值的振荡信号。

3.4.4 混合式 MPPT 控制算法

混合式 MPPT 控制算法的设计思路是通过综合离线式与在线式 MPPT 控制各自的优势，从而进一步提升追踪最大功率点的效率。混合式 MPPT 的控制信号由两部分构成，各分量通过独立的控制算法生成。其中一部分是基于简化离线控制算法得到的固定控制参数，该参数由光伏电池板给定的工作外部环境所确定，代表光伏系统的稳态运行值。该部分控制信号用于快速响应工作环境变化，追踪近似 MPPT 运行点。另外一部分信号通过在线 MPPT 控制算法生成，用于追踪稳态运行点，以实现准确的 MPPT 控制。区别于离线控制生成的控制信号，在线控制不侧重于快速响应环境参数变化，而是着眼于减少稳态控制误差。混合式 MPPT 控制方案设计思路如图 3-19 所示。

对于混合式 MPPT 控制算法，在外部环境参数变化较大的情况下，采用离线算法快速调

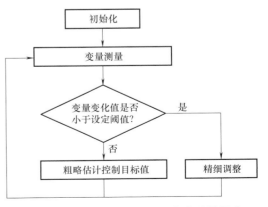

图 3-19　混合式 MPPT 控制方案设计思路

整控制基准值；当外部环境参数较小时，采用在线算法实现更为精准的 MPPT 控制。例如，可在温度固定的条件下，利用开路电压估算 MPPT 运行点，在此基础上，通过采用扰动观察法去追踪确切的最大输出功率值。由于离线控制算法已经确定了 MPPT 的近似运行点，扰动观察法所施加扰动的幅值与频率可控在较小值，从而改善 MPPT 控制的暂态与稳态响应。

3.4.5 基于智能控制算法的 MPPT

随着智能控制算法的逐步发展，其在光伏发电系统的 MPPT 控制中逐步得到了应用。智能控制算法应用的优势主要体现在：①其控制方案设计不依赖于受控系统的精确数学建模；②可应用于控制非线性系统，实现自适应控制；③对于光伏发电系统的参数变化以及负荷扰动具有较强的控制鲁棒性。本节以模糊控制与人工神经网络算法为例，介绍其在光伏发电系统 MPPT 控制中的应用。此外，光伏发电 MPPT 常用的智能控制算法还有粒子群算法、遗传算法、差分进化算法等。

（1）基于模糊理论的 MPPT 控制

模糊控制是以模糊集合理论为基础的一种新兴的控制手段，它是模糊系统理论与自动控制技术相结合的产物，特别适用于数学模型未知的、复杂的非线性系统。而光伏发电系统正是一个强非线性系统，光伏电池的工作情况也很难以用精确的数学模型描述出来，因此采用模糊控制的方法来进行光伏电池的最大功率点跟踪是非常合适的。将模糊控制引入到光伏发电系统的 MPPT 控制中，系统能快速响应外部环境变化，并能减轻最大功率点附近的功率振荡。本节以模糊控制器为例，简要介绍了模糊控制在 MPPT 控制中的应用。

1）基本原理。引入模糊控制，首先应当确定模糊逻辑控制器的输入和输出变量。

与传统最大功率跟踪控制方法一样，模糊控制系统也是将采样得到的数据经过运算，判定出工作点与最大功率点之间的位置关系，自动校正工作点电压值，使工作点趋于最大功率点。所以可以定义模糊逻辑控制器的输出变量为工作点电压的校正量 dU。输入变量则分别为光伏电池 P-U 特性曲线上连续采样的两点连线的斜率值 E 以及单位时间斜率的变化值 CE，即

$$E(k) = \frac{P(k) - P(k-1)}{I(k) - I(k-1)} \tag{3-94}$$

$$CE(k) = E(k) - E(k-1) \tag{3-95}$$

式中，$P(k)$ 和 $I(k)$ 分别为光伏电池的输出功率和输出电流的第 k 次采样值。

根据图 3-20 对 MPPT 的逻辑控制规则进行如下分析：

① $E(k) < 0$，$CE(k) \geq 0$ 时，P 由左侧向 P_{mpp} 靠近；则 dU 应为正，以继续靠近最大功率点。

② $E(k) < 0$，$CE(k) < 0$，P 由左侧远离 P_{mpp}；则 dU 应为正，以靠近最大功率点。

③ $E(k) > 0$，$CE(k) \leq 0$ 时，P 由右侧向 P_{mpp} 靠近；则 dU 应为负，以继续靠近最大功率点。

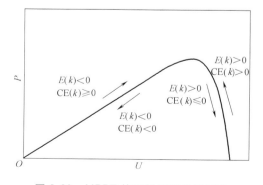

图 3-20　MPPT 的逻辑控制规则示意

④ $E(k)>0$，$CE(k)>0$ 时，P 由右侧向 P_{mpp} 远离；则 dU 应为负，以靠近最大功率点。

图 3-21 给出了模糊逻辑控制器的结构框图，模糊逻辑控制器的作用是调节输出控制信号 dU 以使光伏系统工作在最大功率输出状态。

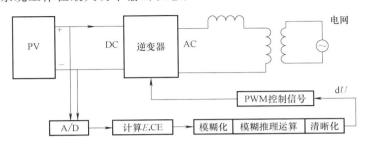

图 3-21　模糊逻辑控制器结构框图

2）模糊化。将采样得到的数字量转化为模糊逻辑控制器可以识别和使用的模糊量的过程即为"模糊化"。

在模糊逻辑控制中，输入变量通常又称为语言变量，而描述这些语言变量特性的语言值，常常用 PB（正大）、PM（正中）、PS（正小）、ZE（零）、NS（负小）、NM（负中）、NB（负大）这 7 个说明性的短语来表示。本例中采用 PB（正大）、PS（正小）、ZE（零）、NS（负小）、NB（负大）这 5 个短语来描述输入和输出变量。

如图 3-22 给出的隶属度函数所示，这里采用均匀分布的三角形隶属度函数来确定输入变量（E 或 CE）和输出变量（dU）的不同取值与相应语言变量之间的隶属度（μ）。每一个语言变量对应于一个特定的数值区间。举例来说，E 取值为 6 时与 PB（正大）的隶属度关系为 1，即 E 完全隶属于 PB（正大）这个模糊子集；此时 E 与 PB（正大）的关联比 E 取值为 4.5 时要强。隶属度函数把输入变量从连续尺度映射到一个或多个模糊量。

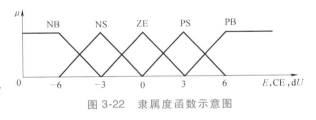

图 3-22　隶属度函数示意图

3）模糊推理运算。得到"模糊量"之后，根据"专家知识"制定出运算规则，而得出模糊控制输出量的过程实际上是模糊推理运算的过程，并且得出的输出量仍然是"模糊量"的形式。

根据以上分析的 E 和 CE 的不同组合，为了跟随到最大功率点，应对输出电压的变化值 dU 做出相应改变，即 dU 的变化应该使工作点向靠近最大功率点的方向搜索。

由 MPPT 的逻辑控制规则，可以得到表 3-1 所示的模糊规则推理表，该表反映了当输入变量 E 和 CE 发生变化时，相应输出变量 dU 的变化规则。由此即得出 dU 对应的语言变量。

举例说明：当 E 为 NB（负大）的时候，说明两次采样点连线的斜率为负数，且绝对值较大，说明工作点在最大功率点左侧，并离最大功率点较远；此时若 CE 也为 NB（负大），说明紧接着进行的电压值变化将进一步远离最大功率点，为此可使输出变量 dU 为 PB（正大），这样就使工作点电压大幅增加，从而快速地向最大功率点靠近。

表 3-1　模糊规则推理表

dU		E				
		NB	NS	ZE	PS	PB
CE	NB	PB	PS	PS	ZE	ZE
	NS	PB	PS	PS	ZE	ZE
	ZE	PB	PS	ZE	NS	NB
	PS	ZE	ZE	NS	NS	NB
	PB	ZE	ZE	NB	NB	NB

模糊推理运算有多种方法，现在普遍采用的是 MAX-MIN 推理方法，关于 MAX-MIN 推理方法在此不过多介绍。E 和 CE 的取值在隶属反函数中对应的权值经过推理运算最终得到的是 dU 对应于特定语言变量的权值。

4）清晰化。清晰化是指将用语言变量表达的"模糊量"恢复到精确的数值，也就是根据输出模糊子集的隶属度计算出确定的输出变量的数值。清晰化有许多方法，其中采用较多的是最大隶属度方法和面积重心法，这里采用面积重心法。面积重心法的计算公式为

$$dU = \frac{\sum_{i=1}^{n} \mu(U_i) U_i}{\sum_{i=1}^{n} U_i} \qquad (3\text{-}96)$$

式中，dU 为模糊逻辑控制器输出的电压校正值。

根据给出的隶属度函数、E、CE 按照其取值对应于相应的语言变量，依据表 3-1 可以判断出输出变量 dU 对应的语言变量，该语言变量在隶属度函数中对应的数值区间的中心值即为 U_i。$\mu(U_i)$ 是对应于 U_i 的权值，由隶属度函数决定 E、CE 对应于相应的语言变量的权值，根据 MAX-MIN 方法计算得到。

（2）基于人工神经网络算法的 MPPT

人工神经网络基于一系列相连的神经元进行构造，神经网络整体与其中神经元的基本结构如图 3-23 所示。神经网络一般包含输入层、隐藏层与输出层，各神经元通过多输入信号基于权重系数求和得到输出信号。人工神经网络的主要应用是对基于复杂非线性模型描述的系统进行建模。神经元的输入信号传递函数在模型学习的过程中逐步更新，直到系统达到稳定运行状态。

针对光伏发电系统的 MPPT 控制构建神经网络，基于系统的输入与输出确定神经网络模

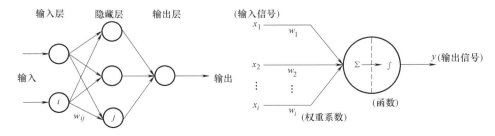

图 3-23　三层式神经网络及神经元基础结构

型中的参数。神经网络模型建立后，仍需要在光伏发电系统运行的过程中持续进行测试，基于后续记录的运行参数对神经网络模型进行持续更新。

神经网络最底层的神经元直接输入光伏发电系统的变量，在 MPPT 控制场景下，输入变量一般包括开路电压、短路电流等光伏电池板参数以及温度、太阳辐照度等环境参数。中间层神经元以下层神经元的输出作为输入，逐层向上传递。神经网络最上层的输出一般为参考控制信号，最常见的是变换器开关控制信号的占空比，通过调节占空比使光伏发电系统追踪 MPPT 运行点。Hiyama 等学者采用光伏电池板的开路电压作为神经网络唯一的输入信号。通过对比光伏发电系统实时电压与神经网络的输出信号，其差值通过一个 PI 控制器调节光伏电池板的运行状态，最终实现 MPPT 运行。

神经网络应用的优势在于可以在光伏系统参数未知的条件下，实现足够精确的 MPPT 控制效果。但是考虑到不同的光伏阵列具有不同的输出特性，因而在应用神经网络控制时需对各光伏阵列独自进行模型训练。此外，光伏阵列在运行过程中也会逐步发生变化，因而神经网络模型也需要定期更新以确保准确的 MPPT 追踪效果。神经网络模型的周期性更新需要收集新的数据，模型的训练也会耗费较多时间。

3.5 基于 MATLAB/Simulink 光伏发电 MPPT 仿真

通过第 2 章光伏电池的模型的建立，以及对常见的 MPPT 控制方法原理的分析，本节在 MATLAB/Simulink 环境下，搭建带有 MPPT 功能的光伏发电系统仿真模型，对常见的经典 MPPT 算法进行仿真分析。

图 3-24 为光伏发电系统的仿真模型及其子模块，由图可知该光伏发电系统模型包含 PV 模块（见图 3-25）、Boost DC-DC 变换器模块（见图 3-26）以及最大功率点跟踪控制模块（见图 3-27）。光伏电池模块为 Boost DC-DC 变换器提供输入电压，其仿真模型和输出特性已在第 2 章详细介绍。MPPT 控制模块为光伏发电系统最大功率点跟踪子系统。图 3-27 是根据 3.4 节中介绍的传统扰动观察法的算法流程图搭建的 MPPT 模型。

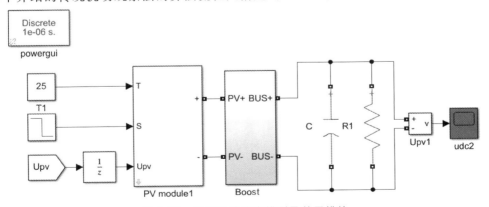

图 3-24 光伏系统仿真模型及其子模块

已知扰动观察法的扰动方向由 ΔU 和 ΔP 决定，在图 3-27 所示扰动观察法模型中，可以通过 Switch 模块在输入量分别为正负值时，输出不同的扰动方向。当 ΔU 和 ΔP 的乘积为正时，则扰动方向不变；ΔU 和 ΔP 的乘积为负时，扰动方向变为相反方向。ΔD 为扰动观察法

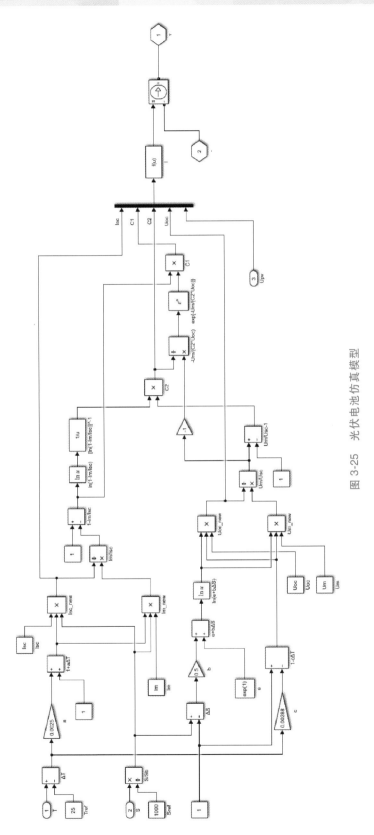

图 3-25　光伏电池仿真模型

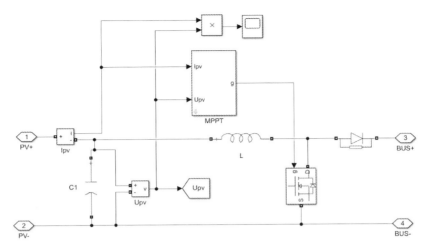

图 3-26　Boost DC-DC 变换器仿真模型

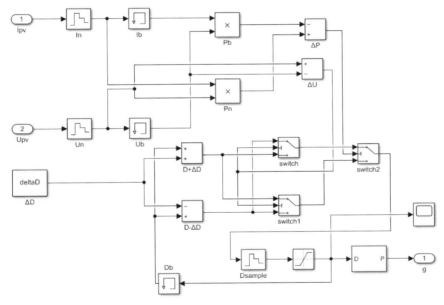

图 3-27　扰动观察法仿真模块

的步长，以此控制 Boost 电路开关控制信号的占空比，最终达到追踪最大功率点的目的。

下面介绍扰动观察法模型搭建的具体步骤：

1）新建一个空白的 ∗.slx 模型文件，即在 MATLAB 主界面的工具栏中选择 "主页" →"新建" →Simulink→Simulink Model→Blank Model，显示 Simulink 仿真平台。将文件保存并命名。

2）在 Simulink 仿真平台界面单击图中窗口对应的图标，打开 Simulink Library Browser 窗口（即模块库窗口），即可查找仿真模型图中所需的各个模块。

3）以图 3-27 所示的扰动观察法仿真模块为例，介绍子系统的搭建步骤。单击模型窗口的图标，打开 Simulink Library Browser 窗口（即模块库窗口），查找到图 3-27 中的各个模块：Memory、Zero-Order Hold、Add、Product、Switch、Constant、Import、Outport、Saturation、

PWM Generator（DC-DC）等，将上述模块添加到模型中，双击可修改其参数。模块添加完毕并修改其名称后，按照图 3-27 所示将各个模块连接。全选所有模块后封装为子系统形式。其他子系统中的模块可在 Simulink 的各个菜单下找到，也可以通过搜索模块名称直接拖拽或右击添加到 ∗.slx 模块文件，具体添加途径将不再一一列出。

4）图 3-26 中的 Boost DC-DC 变换器模块的搭建具体如下：在 "Simscape" → "Power systems" → "Specialized technology" → "Fundamental blocks" → "Elements" 中选取 Three-phase Parallel RLC Branch 模块，双击可改变其 Branch Type，选中 R、L 或者 C 改变其类型，在 "Simscape" → "Power systems" → "Specialized technology" → "Fundamental blocks" → "Measurements" 中，选取 Voltage Measurement 和 Current Measurement 模块，在 "Simscape" → "SimElectronics" → "Semiconductor Devices" 中选取 MOSFET 模块，在 "Simscape" → "Fundation Library" → "Electrical" → "Electrical Element" 中选取 Diode，Scope 模块可在 "Simulink" → "Sinks" 中选取。

5）模型搭建完毕后，设置模型参数。设置光伏电池模块的输入温度；太阳辐照度的变化用 Step 模块表示以模拟太阳辐照度的突变情况。

6）最后添加 Powergui 模块。设置仿真时间，选择 "Simulink" → "Run" 命令开始仿真。运行结束后，通过仿真图中示波器观察输出各波形，以验证仿真及理论的正确性，扰动观察法最大功率追踪波形图如图 3-28 所示。

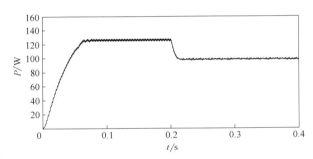

图 3-28　扰动观察法最大功率追踪波形图

3.6　光伏发电系统的最大功率点追踪性能仿真分析

1. 实验目的

1）掌握扰动观察法和电导增量法光伏电池最大功率点追踪的原理。

2）了解扰动观察法和电导增量法的优缺点。

2. 实验原理

详见 3.4 节介绍。

3. 实验器材

计算机、MATLAB 仿真软件。

4. 实验步骤

1）按照 3.5 节介绍的步骤在 Simulink 中搭建光伏电池扰动观察法最大功率点追踪的模型，设置相同温度、不同太阳辐照度，以及不同的温度、相同的太阳辐照度，仿真得到最大功率跟踪曲线。

2）在扰动观察法最大功率点追踪的模型中设置温度为 25℃，太阳辐照度为 $1000W/m^2$，仿真时间为 1s，得到其仿真曲线，观察其追踪效果。在仿真时间为 0.35s 时，设置 Step 信号模拟太阳辐照度从 $1000W/m^2$ 突变到 $800W/m^2$，观察仿真效果，观察能否追踪到新的最大功率点，在太阳辐照度突变时是否会出现振荡以及误判。

3）根据 3.5 节介绍的扰动观察法仿真步骤，分析电导增量法算法流程，在 Simulink 中搭建电导增量法的仿真模型，设置温度为 25℃，太阳辐照度为 $1000W/m^2$，观察其追踪效果。在仿真时间为 0.35s 时，设置 Step 信号模拟太阳辐照度从 $1000W/m^2$ 突变到 $600W/m^2$，观察仿真效果，观察能否追踪到新的最大功率点，在太阳辐照度突变时是否会出现振荡以及误判。

5. 数据记录

1）扰动观察法 MPPT 控制的输出 *I-U*、*P-U* 特性曲线；

2）电导增量法 MPPT 控制的输出 *I-U*、*P-U* 特性曲线。

6. 实验分析

1）在一段时间内保持太阳辐照度或者温度不变时，采用同一步长，并从同一初始值开始实施追踪的条件下，对比扰动观察法与电导增量算法达到稳定值的时间长短。

2）在一定时间内保持太阳辐照度或温度不变，对比扰动观察法与电导增量算法的输出功率在基本达到稳定后的稳态特性。

3）在太阳辐照度发生突变时，对比两种方法追踪新的最大功率点的时间长短，以及是否会发生误判。

思考题与习题

3-1　应用于光伏发电系统的 DC-DC 变换器有哪些类型？DC-DC 变换器在光伏发电系统中有何作用？

3-2　状态空间平均法与 Simulink 建模仿真法在分析 DC-DC 变换器工作特性时各有何优势？

3-3　Boost 变换器的参数设计涉及哪些元器件？如何选取这些元器件？

3-4　光伏发电系统常用的 MPPT 控制策略有哪些？简述其控制原理。

3-5　光伏发电系统离线式与在线式 MPPT 控制策略相对比，各自的优势与不足分别体现在哪些方面？

3-6　在光伏系统模型已知和未知的情况下，哪些 MPPT 控制策略具有应用优势？

3-7　试分析各光伏发电系统 MPPT 控制策略对系统模型参数变化以及参数预估误差的控制鲁棒性。

3-8　为什么电导增量法相比于扰动观察法不容易发生误判现象？

3-9　扰动观察法与电导增量法在外部环境条件不变的情况下，光伏发电系统输出功率是否仍会存在小幅振荡的情况？该振荡幅度与哪些因素相关？

3-10　扰动观察法的控制步长的选取对于 MPPT 追踪过程中的振荡与误判现象有何影响？

3-11　基于模糊理论的光伏发电系统 MPPT 控制中的"模糊化"与"清晰化"具体如何实现？

3-12　从训练样本与训练模型角度分析如何提升基于神经网络的光伏发电系统 MPPT 控制效果。

3-13　分别采用状态空间平均法以及 MATLAB/Simulink 仿真法对 DC-DC 变换器的运行特性进行仿真，对比分析两者的仿真结果。

3-14　搭建 Boost 变换器仿真模型，验证 3.3 节的 Boost 变换器参数设计能否实现对应的参数优化设计目标。

3-15　建立 3.5 节光伏发电系统并网仿真模型，采用近似梯度法实现 MPPT 控制，对比分析其相较传统扰动观察法的改进效果。

第4章

离网式光伏发电系统及实验

4.1 后级 DC-AC 逆变器原理及数学模型

4.1.1 DC-AC 逆变器原理

3.1 节已经介绍了前级 DC-DC 变换器的原理及数学模型。在此基础上，离网式光伏发电系统将前级 DC-DC 变换器升压得到的高压直流电通过后级 DC-AC 逆变器进行逆变，逆变为工频交流输出。DC-AC 逆变器主要包括逆变电路、吸收电路和输出滤波电路。本章主要以 DC-AC 桥式逆变器为例介绍其结构与工作原理。

1. 单相全桥逆变电路

全桥逆变电路拓扑结构如图 4-1 所示，全桥逆变电路由 4 只功率开关管组成，将开关管 VF_1、VF_4 作为一对，VF_2、VF_3 作为另一对，成对的功率开关管同时导通或关断半个周期，且开关管 VF_1（VF_4）与 VF_2（VF_3）不能同时导通或关断，从而在输出端得到交流方波电压。对该输出电压进行傅里叶分析，得到式（4-1）。

$$U_{out} = \frac{4U_d}{\pi}\left(\sin\omega t + \frac{1}{3}\sin3\omega t + \frac{1}{5}\sin5\omega t + \cdots\right) \tag{4-1}$$

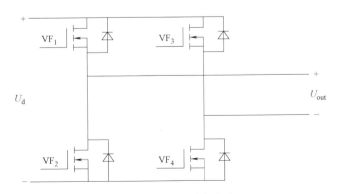

图 4-1　全桥式逆变电路

输出电压基波分量的有效值 U_{o1} 与幅值 U_{o1m} 如式（4-2）所示。

$$U_{o1} = \frac{2\sqrt{2}\,U_d}{\pi} = 0.9U_d$$

$$U_{o1m} = \frac{4U_d}{\pi} = 1.27U_d \tag{4-2}$$

由式（4-1）和式（4-2）可知，输出电压的基波电压有效值与幅值仅与输入电压大小有关，即 DC-DC 升压电路输出的直流电压的幅值大小可以影响 DC-AC 逆变电路输出的电压有效值与幅值，因此需要对于 DC-DC 变换器进行闭环控制，将 DC-DC 变换器的输出电压稳定在额定范围内，以保证后级 DC-AC 逆变器满足逆变电压要求。单相全桥逆变电路分别接入阻性负载、感性负载、阻感性负载，输出电流波形如图 4-2 所示。图中，$U_{gVF1VF4}$ 表示开关管 VF_1 和 VF_4 的导通信号，$U_{gVF2VF3}$ 表示开关管 VF_2 和 VF_3 的导通信号。

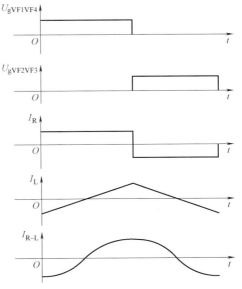

图 4-2　单相全桥逆变电路输出电流波形

由图 4-2 可知，全桥逆变电路接入纯阻性负载时，输出电流波形与输出电压波形相似，为有正有负的方波；接入纯感性负载时，输出电流值随时间线性递增与递减；接入阻感性负载时，输出电流波形为平滑曲线。通常单相离网式光伏发电系统常接负载一般为感性负载。

2. 三相桥式逆变电路

在三相逆变电路中，应用最广的是三相桥式逆变电路，如图 4-3 所示。

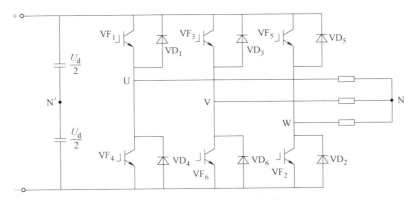

图 4-3　三相桥式逆变电路

图 4-3 中，三相桥式逆变电路由 6 只功率开关管组成，直流侧并联大电容，为了分析方便，等效成两个电容串联，中点为 N'，三相负载的中性点为 N。和单相全桥逆变电路相同，三相桥式逆变电路的基本工作方式也是 180°导通方式，即每个桥臂的导电角度为 180°，同一相（即同一半桥）上下两个臂交替导电，各相开始导电的角度依次相差 120°。这样，在任一瞬间，将有不同相的三个桥臂同时导通，可能是一个上桥臂两个下桥臂同时导通，也可

能是两个上桥臂一个下臂。每次换流都是在同一相上下两个桥臂之间进行，称为纵向换流。

对于 U 相输出而言，当桥臂 VF_1 导通时，$u_{UN'} = U_d/2$，当桥臂 VF_4 导通时，$u_{UN'} = -U_d/2$。因此，$u_{UN'}$ 的波形是幅值为 $U_d/2$ 的矩形波，如图 4-4a 所示。V、W 两相的情况和 U 相类似，$u_{VN'}$、$u_{WN'}$ 的波形形状和 $u_{UN'}$ 相同，只是相位依次差 120°。

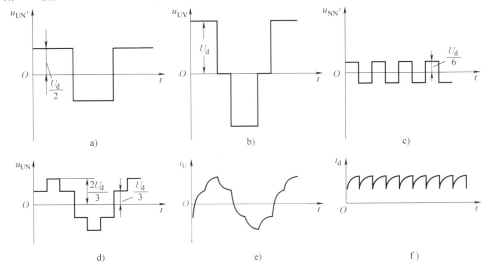

图 4-4　三相桥式逆变电路的工作波形

负载线电压 u_{UV}、u_{VW}、u_{WU} 可由式（4-3）求得，u_{UV} 波形如图 4-4b 所示。

$$\begin{cases} u_{UV} = u_{UN'} - u_{VN'} \\ u_{VW} = u_{VN'} - u_{WN'} \\ u_{WU} = u_{WN'} - u_{UN'} \end{cases} \tag{4-3}$$

设负载中性点 N 与直流电源 N′ 之间的电压为 $u_{NN'}$，则负载各相的相电压分别为

$$\begin{cases} u_{UN} = u_{UN'} - u_{NN'} \\ u_{VN} = u_{VN'} - u_{NN'} \\ u_{WN} = u_{WN'} - u_{NN'} \end{cases} \tag{4-4}$$

把式（4-3）、式（4-4）相加并整理可求得

$$u_{NN'} = \frac{1}{3}(u_{UN'} + u_{VN'} + u_{WN'}) - \frac{1}{3}(u_{UN} + u_{VN} + u_{WN}) \tag{4-5}$$

设负载为三相对称负载，则有 $u_{UV} + u_{VW} + u_{WU} = 0$，故可得

$$u_{NN'} = \frac{1}{3}(u_{UN'} + u_{VN'} + u_{WN'}) \tag{4-6}$$

$u_{NN'}$ 的波形如图 4-4c 所示，它也是矩形波，但其频率为 $u_{UN'}$ 频率的 3 倍，幅值为其 1/3，即为 $U_d/6$。

根据式（4-4）得到 u_{UN} 的波形如图 4-4d 所示，u_{VN}、u_{WN} 的波形形状与 u_{UN} 相同，仅相位依次相差 120°。

若负载参数已知，可以由 u_{UN} 的波形求出 U 相电流 i_U 的波形。负载的阻抗角 φ 不同，i_U 的波形形状和相位都有所不同。图 4-4e 是阻感负载 $\varphi < \pi/3$ 时 i_U 的波形。上桥臂 VF_1 从

通态转换到断态时，因负载电感中的电流不能突变，下桥臂 VF$_4$ 中的 VD$_4$ 导通续流，待负载电流降到零，VF$_4$ 才开始导通，桥臂 VF$_4$ 中电流反向。负载阻抗角 φ 越大，VD$_4$ 导通时间就越长。$u_{UN'}>0$，即为桥臂 VF$_1$ 导电的区间，其中，$i_U<0$ 时为 VD$_1$ 导通，$i_U>0$ 时为 VF$_1$ 导通；$u_{UN'}<0$，即为桥臂 VF$_4$ 导电的区间，其中 $i_U>0$ 时为 VD$_4$ 导通，$i_U<0$ 时为 VF$_4$ 导通。

i_V、i_W 的波形和 i_U 形状相同，相位依次相差 120°。把桥臂 VF$_1$、VF$_3$、VF$_5$ 的电流加起来，就可得到直流侧电流 i_d 的波形，如图 4-4f 所示。由图可见，i_d 每隔 60° 脉动一次，而直流侧电压是基本无脉动的，因此逆变器从交流测向直流侧传送的功率是脉动的，且脉动的情况和 i_d 脉动情况大体相同。

下面对三相桥式逆变电路的输出电压进行定量分析。输出线电压 u_{UV} 展开成傅里叶级数，即

$$u_{UV} = \frac{2\sqrt{3}\,U_d}{\pi}\left(\sin\omega t - \frac{1}{5}\sin\omega t - \frac{1}{7}\sin 7\omega t + \frac{1}{11}\sin 11\omega t + \frac{1}{13}\sin 13\omega t - \cdots \right) \tag{4-7}$$

$$= \frac{2\sqrt{3}\,U_d}{\pi}\left[\sin\omega t + \sum_n \frac{1}{n}(-1)^k \sin(n\omega t) \right]$$

式中，$n=6k\pm1$，k 为自然数。

输出线电压有效值 u_{UV}、基波幅值 u_{UV1m} 和基波有效值 u_{UV1} 分别如式（4-8）~式（4-10）所示。

$$U_{UV} = \sqrt{\frac{1}{2\pi}\int_0^{2\pi} u_{UV}^2 \mathrm{d}\omega t} = 0.816U_d \tag{4-8}$$

$$U_{UV1m} = \frac{2\sqrt{3}\,U_d}{\pi} = 1.1U_d \tag{4-9}$$

$$U_{UV1} = \frac{U_{UV1m}}{\sqrt{2}} = \frac{\sqrt{6}}{\pi}U_d = 0.78U_d \tag{4-10}$$

负载相电压 u_{UN} 傅里叶级分解得

$$u_{UN} = \frac{2U_d}{\pi}\left[\sin\omega t + \frac{1}{5}\sin 5\omega t + \frac{1}{7}\sin 7\omega t + \frac{1}{11}\sin 11\omega t + \frac{1}{13}\sin 13\omega t + \cdots \right] \tag{4-11}$$

$$= \frac{2U_d}{\pi}\left[\sin\omega t + \sum_n \frac{1}{n}\sin(n\omega t) \right]$$

式中，$n=6k\pm1$，k 为自然数。

负载相电压有效值 u_{UN}、基波幅值 u_{UN1m} 和基波有效值 u_{UN1} 分别如式（4-12）~式（4-14）所示。

$$U_{UN} = \sqrt{\frac{1}{2\pi}\int_0^{2\pi} u_{UN}^2 \mathrm{d}\omega t} = 0.471U_d \tag{4-12}$$

$$U_{UN1m} = \frac{2U_d}{\pi} = 0.637U_d \tag{4-13}$$

$$U_{UN1} = \frac{U_{UN1m}}{\sqrt{2}} = 0.45U_d \tag{4-14}$$

在上述逆变器180°导电方式中，为了防止同一相上下两桥臂的开关器件同时导通而引起直流侧电源的短路，要采取"先断后通"的方法，即先给应关断的器件发出关断信号，待其关断后留一定的时间裕量，然后再给应导通的器件发出开通信号，即在两者之间留一个短暂的死区时间。死区时间的长短要视器件的开关速度而定，器件的开关速度越快，所留的死区时间就可以越短。

3. 吸收电路

由于主电路布线电感的影响，在开关管关断瞬间会产生尖峰电压，使开关管两端承受较大的电压应力，从而容易损坏开关器件，同时降低输出电压波形质量，因此需要采取一定措施来加以抑制。

抑制尖峰电压的主要方式为加入吸收电路，可用在全桥电路的吸收电路有多种，主要有RC吸收电路、充放电型RCD吸收电路、放电抑制型RCD吸收电路以及CD2无损吸收电路等，如图4-5所示，4种吸收电路的工作状态均可分为开关管关断与开通两个时期，在开关管关断时，由布线电感引起的电压尖峰向吸收电路的电容充电，而在开关管开通时，电容通过放电回路将电能释放掉。

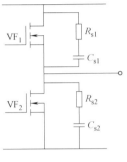

a) RC吸收电路

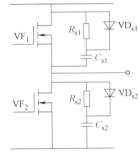

b) 充放电型RCD吸收电路

在RC吸收电路与充放电型RCD吸收电路中，尖峰电压需要经过电阻才能向电容充电，这会产生多余的损耗，而放电抑制型RCD吸收电路与CD2吸收电路不需要经过电阻向电容充电损耗功率。放电抑制型RCD吸收电路在开关管开通时电容分别经电阻（R_{s1}、R_{s2}）和二极管（VD_{s1}、VD_{s2}）向负载和电源侧放电，从而回馈部分能量，起到了降低开关损耗的作用。相比于

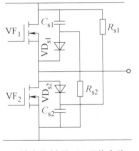

c) 放电抑制型RCD吸收电路

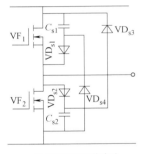

d) CD2无损吸收电路

图4-5 4种吸收电路

CD2吸收电路，虽然放电抑制型RCD吸收电路的放电回路需要经过电阻，还具有一定损耗，但是正是由于电阻的存在，使得电容在放电时的电流不会过大，对器件有一定保护作用；而CD2吸收电路的放电二极管内阻极小，电容非常容易在放电瞬间产生很大的冲击电流，对器件造成损害，降低电路可靠性。

因此，本章重点分析放电抑制型RCD吸收电路。随着全桥电路中功率开关管的通断，放电抑制型RCD吸收电路有4种工作状态，如图4-6所示，图中用电感元件 L 表示布线电感。

图4-6a所示状态一时，功率开关管 VF_1、VF_4 导通，VF_2、VF_3 截止，通过回路 S_1 向负载放电，吸收电容 C_1、C_4 通过回路 S_2 向负载侧放电或回路 S_3 向电源侧放电；图4-6b所示

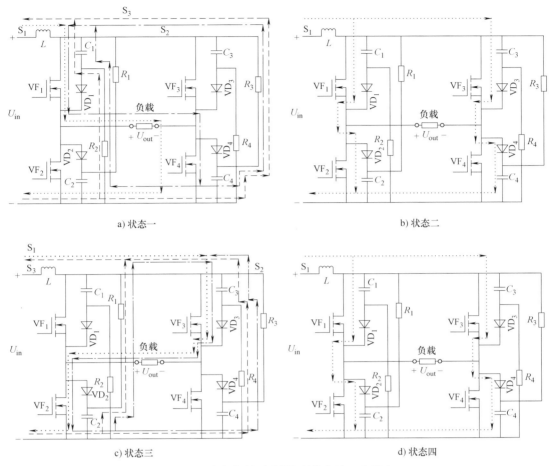

图 4-6　放电抑制型 RCD 吸收电路工作状态

状态二时，功率开关管 VF$_1$、VF$_4$ 关断瞬间，VF$_2$、VF$_3$ 尚未开通，布线电感产生尖峰电压经回路 S$_1$ 向吸收电容充电；图 4-6c 所示状态三时，功率开关管 VF$_2$、VF$_3$ 导通，VF$_1$、VF$_4$ 截止，通过回路 S$_1$ 向负载放电，吸收电容 C$_2$、C$_3$ 通过回路 S$_2$ 向负载侧放电或回路 S$_3$ 向电源侧放电；图 4-6d 所示状态四时，功率开关管 VF$_2$、VF$_3$ 关断瞬间，VF$_1$、VF$_4$ 尚未开通，布线电感产生尖峰电压经回路 S$_1$ 向吸收电容充电。

放电抑制型 RCD 吸收电路既可以吸收功率开关管两端的尖峰电压，又可以将吸收的尖峰电压所带来的能量继续提供给负载侧，同时对放电时的电流大小加以抑制，起到了减小输出电压纹波、减小损耗，保护电路功率器件的作用。

4. 交流输出滤波电路

全桥逆变电路逆变输出的电压波形中，既包括所需要的 50Hz 基波分量，也包括高次谐波，而高次谐波会影响输出的交流电波形质量，因此需要采用低通滤波器将其滤除。常用的低通滤波器有 L 滤波器、LC 滤波器、LCL 滤波器等，优缺点比较见表 4-1。

综合比较三种滤波器的优缺点，LC 滤波器结构相对简单，可以有效滤除纹波，其滤波电路如图 4-7 所示。滤波器中滤波电感 L 与滤波电容 C 的电抗如式（4-15）和式（4-16）所示。

表 4-1　常用低通滤波器的优缺点

滤波类型	优　　点	缺　　点
L 滤波器	结构简单,可以抑制纹波	电感值大,需要电路有较高的开关频率
LC 滤波器	结构较为简单,可以有效消除高次谐波	并网时,电容 C 会影响电流相位
LCL 滤波器	具有更优的高频谐波衰减性,滤波效果更佳	结构复杂、容易产生谐振,导致系统不稳定

$$X_{\mathrm{L}} = \omega L = 2\pi f L \qquad (4\text{-}15)$$

$$X_{\mathrm{C}} = \frac{1}{\omega C} = \frac{1}{2\pi f C} \qquad (4\text{-}16)$$

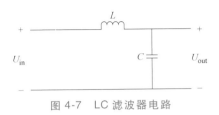

图 4-7　LC 滤波器电路

从式（4-16）可以看出，电容的容抗随着频率的增大而减小。当电路正常带载运行时，输入 U_{in} 是一个包含各种谐波成分的电压信号，电感 L 对于输入电压信号中低频信号的阻抗非常小，而对于高频信号的阻抗非常大；电容 C 对于低频信号的分流较少，低频信号的衰减较少，对于高频信号分流较多、衰减较多，因此通过 LC 滤波器可以起到阻高频、通低频的作用，将低频电压信号传递给负载侧。

通过合理设计 LC 低通滤波器的截止频率，可以滤除 DC-AC 逆变器交流输出电压中的高次谐波。

4.1.2　DC-AC 逆变电路的数学模型

光伏发电系统中通常采用三相电压型全桥逆变器，拓扑结构如图 4-8 所示。由于三相逆变器系统中参数相互耦合，致使传统的设计方法较为复杂，因此，需要在 dq 坐标系下建立三相离网逆变器的数学模型，对逆变器进行解耦控制。

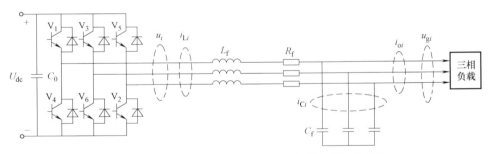

图 4-8　光伏发电系统三相电压型全桥逆变器拓扑结构

图 4-8 中，光伏离网逆变器的结构采用的是三相电压型全桥逆变电路，其中，U_{dc} 为直流母线电压，C_0 为稳压电容，$V_1 \sim V_6$ 为 IGBT 开关器件。直流电经三相电压型全桥逆变电路后转换成交流电，再经 LC 滤波器滤除高次谐波后连接到负载。图中，L_{f} 为滤波电感，C_{f} 为滤波电容，R_{f} 为电感内阻和开关管的等效内阻，u_i 为逆变桥的输出电压，$i_{\mathrm{L}i}$ 为电感电流，$i_{\mathrm{C}i}$ 为电容电流，$u_{\mathrm{g}i}$ 为逆变器输出的电压，$i_{\mathrm{o}i}$ 为逆变器输出的电流，即负载电流，下标 i 表示 a、b、c 三相。

假设滤波电感电流 $i_{\mathrm{L}i}$ 和滤波电容电压 $u_{\mathrm{g}i}$ 为状态变量，列出电路状态方程。

$$L_\mathrm{f} \frac{\mathrm{d}\boldsymbol{i}_{\mathrm{L}i}}{\mathrm{d}t} = \boldsymbol{u}_i - \boldsymbol{u}_{\mathrm{g}i} + R_\mathrm{f} \boldsymbol{i}_{\mathrm{L}i} \tag{4-17}$$

$$C_\mathrm{f} \frac{\mathrm{d}\boldsymbol{u}_{\mathrm{g}i}}{\mathrm{d}t} = \boldsymbol{i}_{\mathrm{L}i} - \boldsymbol{i}_{\mathrm{o}i} \tag{4-18}$$

其中

$$\boldsymbol{u}_i = \begin{bmatrix} u_\mathrm{a} \\ u_\mathrm{b} \\ u_\mathrm{c} \end{bmatrix}, \quad \boldsymbol{u}_{\mathrm{g}i} = \begin{bmatrix} u_\mathrm{ga} \\ u_\mathrm{gb} \\ u_\mathrm{gc} \end{bmatrix}, \quad \boldsymbol{i}_{\mathrm{L}i} = \begin{bmatrix} i_\mathrm{La} \\ i_\mathrm{Lb} \\ i_\mathrm{Lc} \end{bmatrix}, \quad \boldsymbol{i}_{\mathrm{o}i} = \begin{bmatrix} i_\mathrm{oa} \\ i_\mathrm{ob} \\ i_\mathrm{oc} \end{bmatrix} \tag{4-19}$$

将式（4-19）代入电路的状态方程，可得式（4-20）、式（4-21）。

$$L_\mathrm{f} \begin{bmatrix} \dfrac{\mathrm{d}i_\mathrm{La}}{\mathrm{d}t} \\[2mm] \dfrac{\mathrm{d}i_\mathrm{Lb}}{\mathrm{d}t} \\[2mm] \dfrac{\mathrm{d}i_\mathrm{Lc}}{\mathrm{d}t} \end{bmatrix} = \begin{bmatrix} u_\mathrm{a} \\ u_\mathrm{b} \\ u_\mathrm{c} \end{bmatrix} - \begin{bmatrix} u_\mathrm{ga} \\ u_\mathrm{gb} \\ u_\mathrm{gc} \end{bmatrix} + R_\mathrm{f} \begin{bmatrix} i_\mathrm{La} \\ i_\mathrm{Lb} \\ i_\mathrm{Lc} \end{bmatrix} \tag{4-20}$$

$$C_\mathrm{f} \begin{bmatrix} \dfrac{\mathrm{d}u_\mathrm{ga}}{\mathrm{d}t} \\[2mm] \dfrac{\mathrm{d}u_\mathrm{gb}}{\mathrm{d}t} \\[2mm] \dfrac{\mathrm{d}u_\mathrm{gc}}{\mathrm{d}t} \end{bmatrix} = \begin{bmatrix} i_\mathrm{La} \\ i_\mathrm{Lb} \\ i_\mathrm{Lc} \end{bmatrix} - \begin{bmatrix} i_\mathrm{oa} \\ i_\mathrm{ob} \\ i_\mathrm{oc} \end{bmatrix} \tag{4-21}$$

4.2　离网式光伏发电系统在 MATLAB/Simulink 下的建模仿真

4.2.1　离网型光伏发电逆变电路的控制策略

逆变器与负载并联运行的输出控制可分为电压控制和电流控制。电流的控制方式是将期望输出的电流值作为指令信号，把实际的电流值作为反馈信号，通过两者的瞬时值比较来决定逆变电路中功率器件的导通与关断，使实际输出电流跟踪指令电流。逆变系统中输出电流的控制方式主要有滞环比较、定时比较以及三角波比较，下面分别介绍这三种电流跟踪方式。电压控制的控制方式涉及锁相环的理论与运用等，将在第 5 章进行介绍。

1. 滞环比较方式

图 4-9 为采用滞环比较方式的电流跟踪原理图。把指令电流 i^* 与实际输出电流 i 的偏差 Δi 作为滞环比较器的输入，产生控制功率器件通断的 PWM 波信号。滞环的环宽 $2\Delta I$ 对跟踪性能有较大的影响。如果取得过大，

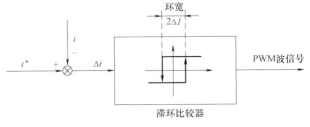

图 4-9　滞环比较电流跟踪方式

则系统的开关频率降低，但跟踪误差大；取得过小，跟踪误差会减小，但是会导致功率开关的频率过高，开关损耗增大，甚至超过其允许的工作范围。

采用滞环比较方式的电流跟踪型 PWM 逆变电路有如下特点：

1）属于闭环控制，硬件电路简单。

2）属于实时控制方式，电流响应快。

3）不需用载波，输出电压波形中不含特定频率的谐波分量。

4）和其他方法相比，同一开关频率输出电流中所含的谐波较多。

2. 定时控制比较方式

定时控制比较的原理图如图 4-10 所示。与滞环比较方式相比，该跟踪方式是周期性的对指令电流与实际输出电流进行比较，即每个定时周期比较一次，根据比较结果控制逆变电路功率开关器件的通断，使实际输出电流跟踪指令电流。

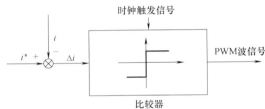

图 4-10　定时控制比较原理图

定时控制比较不属于实时跟踪方式，电流响应较慢，而且无法确定跟踪误差。系统的跟踪性能取决于定时步长。定时步长越小，系统的跟踪性能越好。但是，取得过小会导致功率器件的开关频率过高。滞环比较方式可以看作定时比较方式中定时时间很小的一个特例。

3. 三角波比较方式

三角波比较方式的原理图如图 4-11 所示。把指令电流与实际的输出电流进行比较，求出偏差电流，通过放大器 A 将偏差电流放大后，再去和三角波进行比较产生 PWM 波控制功率器件的通断。放大器 A 通常具有比例积分特性或比例特性，其参数直接影响着逆变电路的电流跟踪特性。

三角波比较电流跟踪方式具有以下的特点：

1）软硬件电路相对复杂。

2）属于实时控制，但是响应速度比滞环比较方式慢。

3）功率器件的开关频率等于载波频率，输出波形中主要含有该频率的谐波。

4）输出电流的谐波脉动小，常用于对谐波和噪声要求较严的场所。

4.2.2　基于瞬时值滞环方式离网型光伏发电系统的建模过程

本节以跟踪实时电流的滞环比较方式为例，对 DC-AC 逆变电路进行建模与仿真。瞬时值滞环方式逆变器控制原理图如图 4-12 所示，逆变器器件参数见表 4-2。

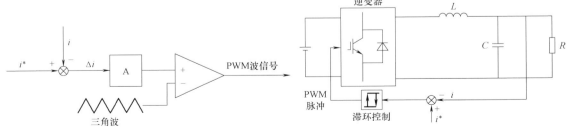

图 4-11　三角波比较方式的原理图　　　　图 4-12　瞬时值滞环方式逆变器控制原理图

表 4-2　离网逆变器器件参数

名　称	数　值	名　称	数　值
直流侧电压 U/V	400	电感 L/H	0.04
电感内阻 R/Ω	0.1	负载电阻 R_L/Ω	22.2
三相星形电容 C/F	4×10^{-4}	环宽	0.0002

根据 4.1 节和 4.2.1 节原理搭建的系统仿真模型，如图 4-13 所示。其中 PWM 波生成模块内部结构如图 4-14 所示。

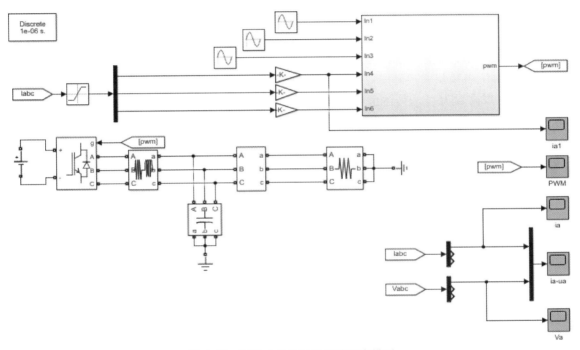

图 4-13　离网式光伏发电系统仿真模型

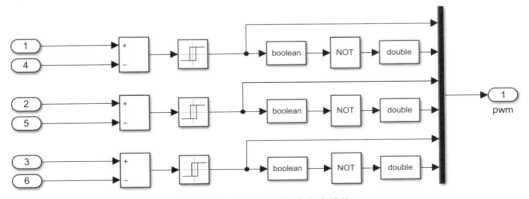

图 4-14　滞环 PWM 波生成模块

具体的建模过程如下：

1）新建一个空白的 ∗.slx 模型文件，即在 MATLAB 主界面的工具栏中选择"新建"→

"Simulink"→"Simulink Model"→"Blank Model"，将文件保存并命名为 DC-AC model. slx。

2）单击模型窗口的图标，打开 Simulink Library Browser 窗口（即模块库窗口），查找到图 4-13 中的各个模块，其中 Three-phase Parallel RLC Branch（三相并联 RLC）在"Simscape"→"Power systems"→"Specialized technology"→"Fundamental blocks"→"elements" 中，Universal Bridge（通用电桥）在 "Simscape"→"Power systems"→"Specialized technology"→"Fundamental blocks"→"Power electronics" 中，Relay（滞环）在 "Simulation"→"Discontinuities" 中，Data Type Conversion（数据类型转换模块）在"Simulink"→"Commonly Used Block "中，Three-Phase V-I Measurement（三相电压电流测量）在"Seascape"→"Power systems"→"Specialized technology"→"Fundamental blocks/Measurements "中，其他模块均可在 Simulink 的各个菜单下找到，也可以通过搜索模块名称直接拖拽或右击添加到 DC-AC model. slx 模块文件中，具体添加过程这里不再一一赘述。

3）添加完各模块并接好线之后，需要对各个模块进行参数的设置。双击所要设置模块便可弹出参数设置窗口，具体参数设置如下：图 4-13 中 In1～In3 三个输入信号为三相相位互差 120° 幅值为 1 的正弦波，其 Frequency（rad/sec）项均设为 100 * pi，Phase（rad）项从上至下依次设为 0、−2 * pi/3 和 2 * pi/3，其他保持初始值不变；Gain 均为 0.06；直流源幅值设为 400V；三相星形电容取值设为 4e-4F；三相串联电阻电感分别设为 0.1Ω 和 0.04H；三相星形电阻负载设为 22.2Ω；三个滞环模块参数设置相同，如图 4-15 所示，Switch on point 和 Switch off point 分别设为 0.0001 和 −0.0001，Out put when on 和 Out put when off 分别设为 1 和 0。

4）添加 Powergui 模块，如图 4-16 所示进行设置。

5）最后将仿真时间设为 0.2s，单击工具栏

图 4-15　滞环参数设置

中三角开关，或者选择 "Simulink"→"Run" 命令，开始仿真。运行结束后，示波器可观察输出各波形。

图 4-16　Powergui 模块设置

4.2.3　离网式光伏发电系统的仿真分析

仿真结果如图 4-17 和图 4-18 所示。图 4-17 为系统稳态工作时 A 相电压电流、电压波

形，可以看出输出电流幅值约为 14A，输出电压有效值为 220V，并且逆变器输出的电流为正弦波，与电压同相位。图 4-18 为 A 相电流快速傅里叶变换分析，从图中可以看出逆变器输出的电流基波幅值为 14.08A，波形总谐波畸变率为 0.45%，符合逆变器输出的电流波形总谐波畸变率小于 5%，各次谐波畸变率小于 3% 的标准要求。

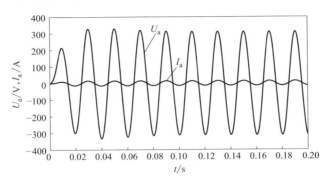

图 4-17 A 相电压电流波形

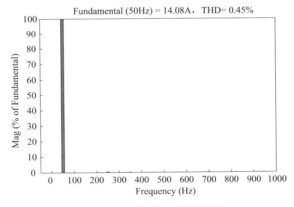

图 4-18 A 相电流谐波分析

4.3 光伏逆变器的硬件设计

离网型光伏逆变器主要由主电路、控制电路和辅助电源部分等组成，如图 4-19 所示。具体包括：①直流母线侧电容与输出侧滤波器；②由开关管构成的三相逆变器；③采样电路及调理电路；④过电流保护电路；⑤驱动电路；⑥控制电路的处理器（主控芯片）；⑦辅助电源及隔离电源。本节以 500W 光伏逆变器为例，详细介绍其硬件设计，设计参数见表 4-3。

表 4-3 逆变器硬件设计参数

名　称	数　值	名　称	数　值
功率/W	500	交流滤波电容 $C_f/\mu F$	4.7
直流母线电压 U_{dc}/V	400	负载电阻 R/Ω	50
输出相电压有效值 U_0/V	220	开关频率/kHz	10
交流滤波电感 L_f/mH	8		

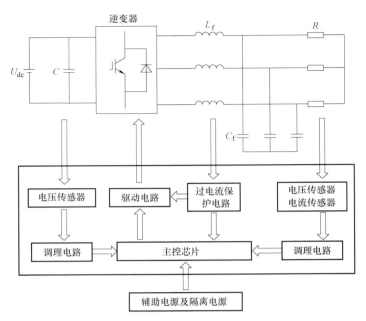

图 4-19　离网型光伏逆变电路结构

4.3.1　直流母线侧电容的参数选取

直流母线侧电容的作用是稳定直流母线侧电压，吸收尖峰电压，限制其动态范围。由表 4-3 知，$U_{dc} = 400V$，如果将直流母线电压的变化范围限制在 10%以内，则直流母线侧电容需满足关系式（4-22）。

$$C = \frac{L I_0^2}{(U_{pk} - U_{dc})^2} \qquad (4-22)$$

式中，L 为主电路布线电感，这里取 $4\mu H$；I_0 为主电路电流，这里取 $I_0 = \dfrac{P}{U_0} = \dfrac{500}{400}A = 1.25A$；$U_{pk}$ 为尖峰电压，这里取 440V。

计算可得 $C = 3.9nF$，实验中取容值为 $0.01\mu F$、耐压 630V 的 CBB 电容（聚丙烯电容）。CBB 电容无极性且适用于高频电路。

4.3.2　开关管的选型

逆变桥是逆变电路最重要的开关器件，常用的全控型开关管有 MOSFET、GTR、IGBT、智能功率模块（IPM）模块等，由于 IPM 模块体积较小，可靠性较高，本书实验中选用智能功率模块作为逆变电路的开关器件。IPM 模块是由高速低功耗的 IGBT、优选的门极驱动器构成的，其内部集成了逻辑控制、驱动及保护等电路，具有开关频率高、体积小、使用方便等特点，不仅减少了逆变器的体积，简化了硬件电路，也缩短了开发时间，提高了系统的可靠性及保护能力。

1. 确定 IPM 的额定电流

峰值电流的计算公式为

$$I_e = \frac{\sqrt{2} P R_s \text{OL}}{\eta U \cos\theta} \tag{4-23}$$

式中，P 为逆变器输出的额定功率；R_s 为电流脉动因数，一般取 0.5；OL 为最大过载因数，一般取 1.2；η 为效率，取 90%；$\cos\theta$ 为功率因数，取 0.98；U 为输出电压值有效值 220V。

根据式（4-23）可求得其峰值电流约为 2.18A，考虑到电流裕量和半导体的安全工作区域，选取额定电流为 10A。

2. 确定 IPM 的耐压值

由于 DC-AC 变换器直流母线侧的电压可达 400V，为保证一定的裕量，可选用耐压值为 1200V 的 IPM 模块。

综上，逆变器开关管选用三菱公司的 PMSORL1A120 的 IPM 模块，耐压值为 1200V，额定电流为 10A。

4.3.3　LC 滤波器设计

直流侧电压经过全桥变换器逆变后得到占空比不断变化的高频方波电压，该电压波形中不仅含有负载侧所需的 50Hz 的基波成分，而且含有大量的高次谐波部分，本节采用 LC 滤波器将高次谐波滤除。

LC 滤波器电路中，电感对高次谐波产生的压降更大，可以对高次谐波有一定削减作用；而电容则可以起到减小输出电压纹波的作用。因此，设计 LC 交流滤波电路将全桥逆变电路波动的输出电压进行滤波稳压，得到稳定的 220V、50Hz 交流电压输出，并在一定程度上减小了电流应力。

滤波器的截止频率计算公式为

$$f_0 = \frac{1}{2\pi\sqrt{L_f C_f}} \tag{4-24}$$

对于 DC-AC 变换器而言，需要输出 50Hz 工频交流电，因此滤波器只需要保留输出电压波形中的 50Hz 基波成分，滤波器的截止频率通常设计为开关频率的 1/10 或者 1/5，这里取截止频率为开关频率 10kHz 的 1/10，即 $f_0 = 1\text{kHz}$。

滤波器电容电感选择公式为

$$K = \frac{L_f}{C_f} = R^2 = \left(\frac{U^2}{2P}\right)^2 \tag{4-25}$$

将式（4-24）与式（4-25）联立，滤波电感 L 应满足式（4-26）。

$$L_f = \frac{U^2}{4\pi P f_0} \tag{4-26}$$

取输出功率为 500W，输出电压 U 为 220V，截止频率 f_0 为 1kHz，求得 $L_f \approx 7.7\text{mH}$，这里取为 8mH。

由截止频率公式推导出滤波器的电容为

$$C_f = \frac{1}{4\pi^2 L_f f_0^2} \tag{4-27}$$

根据式（4-27）计算得 $C_f \approx 3.17\mu\text{F}$，这里取容值为 4.7μF 耐压 400V 的 CBB 电容。

4.3.4 核心控制器的选型

光伏发电控制器是整个光伏发电系统的核心装置，本设计核心控制器采用 TI 公司新型的 32 位浮点型数字信号处理器 TMS320F28335，它的最高工作主频可达到 150MHz，具有十分强大的数据处理能力。相比于 TI 公司的另一高端芯片 TMS320F2812，它最明显的优势在于增加了浮点处理单元 FPU，可以同时执行定点和复杂的浮点运算，对于浮点型算法，如快速傅里叶变换（FFT）和有限脉冲响应（IIR）数字滤波，将会提高约 50% 的处理速度，由于其内部集成了浮点运算模块，用户可快速地编写复杂的控制算法，节省大量的时间和精力，从而可以缩短软件的开发周期，降低成本。

控制处理器 TMS320F28335 具有以下特点：

1）具有精度高、成本低、功耗小、外设集成度高以及数据和程序存储量大等优点。

2）具有 6 路普通的 PWM 输出端口。

3）12 路增强型脉冲 PWM（ePWM），其中这 12 路 ePWM 又可以配置为 6 路高分辨率的 PWM（HRIWM）。

4）6 路事件增强型捕捉输入端口（eCAP）。

5）16 路 12 位高精度的 A/D 转换器（ADC），ADC 时钟可以配置为 25MHz，最高采样宽带为 12.5MSPS，两个采样保持器，具有单/连续通道转换模式，模拟输入电压范围为 0 ~ 3V，ADCLO 是 ADC 转换的参考电平，实际使用时，通常将其与地连在一起，因此 ADCLO 的值为 0。在 ADC 转换结果寄存器中数字量的表示见表 4-4。

表 4-4　寄存器中数字量的表示

数　字　量	模　拟　量
数字量 = 0	模拟信号量 ≤ 0V
数字量 = 4096×（模拟信号量-ADCLO）/3	0<模拟信号量 ≤ 3V
数字量 = 4095	模拟信号量 >3V

4.3.5 控制系统电源模块

由于 IPM 对供电电源要求比较苛刻，需采用独立的隔离 15V 电源，本设计中控制系统和 IPM 的供电电源采用 JS159-24。

JS159-24 开关电源性能指标如下：

1）输入直流电压：170 ~ 700V。

2）额定功率：60W。

3）输出电流：非隔离的电压等级，即电源共地，5V 电源的输出电流为 1A，输出至单片机或 DSP；±15V 电源的每路输出电流为 200mA；隔离的电压等级 24V 电源的输出电流为 2A，可作为继电器或风扇电源；15V×3 电源的每路输出电流为 150 mA（上三桥各路用）；15V×1 电源的每路输出电流为 300mA（下三桥共用）。

4.3.6 信号采样及调理电路的设计

在离网式光伏发电控制器系统中，信号的采样主要包括：DC-AC 变换器直流侧的电压，交流侧的离网相电压、相电流。这些信号都是强电信号，应该将这些信号转化为弱电信号，再通过信号调理电路转化成 DSP 可采集的信号。由于 TMS320F28335 芯片的 ADC 的输入电压信号范围是 0~3V，若电压超出这个范围，则会损坏 DSP 芯片，所以必须对输入 ADC 的电压信号进行限幅处理。

1. 电流采集调理电路

采用 HAS50-S/SP50 型电流传感器对直流电流信号进行采样检测，HAS50-S/SP50 是一款闭环的隔离式电流源型传感器，基于霍尔原理测量。该电流传感器的工作电压为 ±15V，额定输出电压为 ±4V，线性度小于 1%，测量精度为 ±1%，响应时间为 3μs，可用于测量直流、交流和脉冲电流。图 4-20 为电流采样与调理电路原理图。

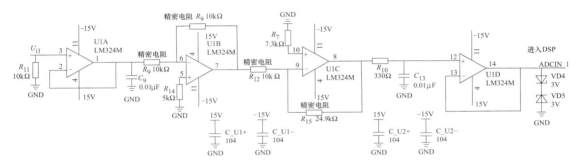

图 4-20　直流电流采样与调理电路原理图

电流调理电路原理图由一个 LM324M 芯片构成，每个 LM324M 包含 4 个运算放大器。第一级运放为电压跟随电路，起缓冲作用；第二、三级运放为比例运算，通过 R_{10} 转换得到 0~3V 的输出电压，满足 DSP 引脚模拟电压输入电平要求；第四级运放为电压跟随电路，起到缓冲的作用，对经过电容 C_{13} 滤波处理后的信号进行缓冲，最后将 AD 信号输入 DSP 进行 A/D 转换。由于 TMS320F28335 的 ADC 模块的输入电压范围是 0~3V，所以要对进入 ADC 模块的信号进行钳位限幅处理，在调理电路后级增设了反向串联的两个稳压二极管起到保护 DSP 的作用。

2. 过电流保护电路

电流信号调理电路中输入侧跟随电路后级分成两个电路，其中一个电路接到过电流保护电路的输入侧。如图 4-21 所示，电信号经运放 LM324M 比例反向放大，通过调节变阻器阻值可改变反向放大比例，从而改变过电流保护的限流值。如图 4-22 所示，将反向放大后的电信号经过电容滤波，再将其输入到电压比较器 LM311 与 5V 参考电压进行比较。若过电流，则电压比较器 LM311 输出低电平，PWM 输出信号立即锁死，反之 LM311 输出高电平，PWM 信号正常输出。在 D 触发器 74LS08 中，输入端及 CLK 接地。当

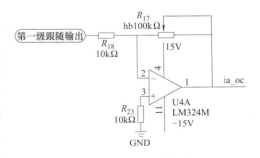

图 4-21　电流放大电路

CLR 为高电平，过电流时 $\overline{Q}=0$，不过电流时 $\overline{Q}=1$。当过电流时发光二极管 VL 将一直亮，直到接收到 CLR 信号。

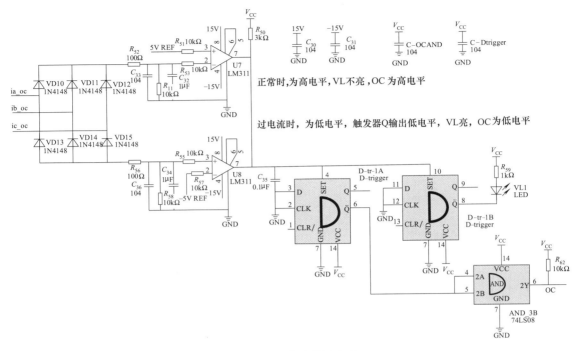

图 4-22　过电流检测电路

在图 4-23 所示的复位电路中，R_{61} 为上拉电阻，该电阻确保 74LS08 芯片高电平输入，快速恢复二极管和极性电容串联以确保与门不受损坏。在通电时，将 CLR 信号置低电平，切断 PWM 输出信号，以防止元器件被通电脉冲损坏。

图 4-22 中，OC 端通过与门可直接决定 PWM 脉冲是否输出，如图 4-24 所示，若过电流，则经过与门处理后的 PWM 脉冲信号立即关闭锁死。

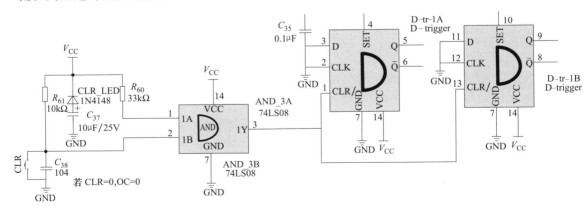

图 4-23　复位电路

3. 电压采样与调理电路

采用 LEM 公司的霍尔电压传感器 LV25-P，±15V 电压供电，一次电流 I_p 范围为 ±14mA。根据式（4-28），该传感器的电压检测范围由一次电流 I_p 和一次电阻 R_1 决定。本设计中 IGBT 功率变换器的直流母线电压范围为 0～400V，因此一次电阻 R_1 选取为 40kΩ，

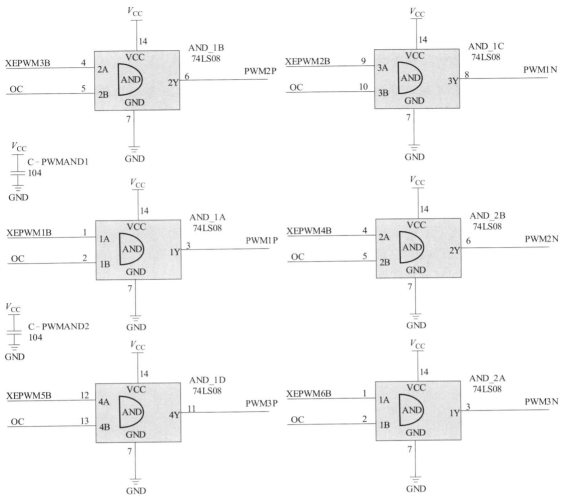

图 4-24 PWM 输出电路

电压采集调理电路的电压可测量范围为 $0 \sim 560V$ ，满足设计要求。

$$U_1 = I_p R_1 \tag{4-28}$$

二次电流 I_m 范围为 $-25 \sim 25mA$ ，考虑到直流母线电压始终大于 0，因此二次电流 I_m 范围为 $0 \sim 25mA$ ，二次电阻 R_{25} 设计为 120Ω ，可以推算出传感器 LV25-P 的二次侧输出电压范围为 $0 \sim 3V$ 。图 4-25 所示为传感器 LV25-P 输出侧调理电路。在调理电路的输出侧设计了跟

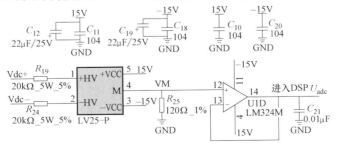

图 4-25 电压调理电路原理图

随电路进行信号隔离，经过电容 C_{21} 滤波后输入 DSP 进行 AD 信号处理。

同理可设计相电压采样调理电路。

4.3.7 IPM 驱动与保护电路的设计

光伏逆变电路采用 IPM 模块，由于 IPM 内部含有驱动电路，所以只要提供满足驱动功率的 PWM 信号给 IPM 的控制端即可。IPM 的驱动信号频率在 5Hz～20kHz 之间，其驱动信号必须被隔离，而且输入 IPM 控制端驱动信号的滤波电容不能超过 100pF，否则产生的干扰可能会触发 IPM 的内部驱动电路。IPM 的驱动信号采用高速光耦合器 HCPL4504 进行隔离驱动，故障信号采用低速光耦合器 PC817 进行隔离。因为高速光耦合器 HCPL4504 的输出与输入是反相的，为了保持 PWM 信号的同步，可在输入端接入一高频的小功率 PNP 型晶体管。图 4-26 为 IPM 外部驱动和故障输出电路原理图，IPM 驱动电路对电源要求比较苛刻，需采用独立的隔离 15V 电源，并且要并联一只 $10\mu F$ 的退耦电容以滤去共模噪声。图 4-26 中的电阻 R_4 可根据 IPM 需要的驱动电流来选择，一般为（10～20）$k\Omega$，这样既可以有效地控制 IPM 模块，又可以避免高阻抗 IPM 拾取噪声。

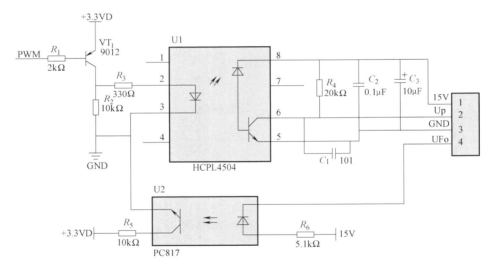

图 4-26　IPM 外部电路驱动原理图

IPM 虽然内部集成了保护电路，但它不具备真正的自我保护作用，所以要通过外围辅助硬件电路将 IPM 产生的故障信号转换为关断输入 IPM 控制端的信号，以保护 IPM 模块。由于 IPM 有多个故障信号，只要出现一个故障信号，就说明 IPM 存在故障，就必须要关闭 PWM 信号的输出，所以将 IPM 的故障信号经光电隔离后经过与门 74HC08 送至 PWM 输出端前置的三态门（74HC245）控制端，其原理图如图 4-27 所示。

当 IPM 正常工作时，与门 74HC08 的输出为高电平，使晶体管 VT_2 导通，三态缓冲器的控制端为低电平，选通三态缓冲器；当 IPM 有故障时，与门 74HC08 的输出为低电平，晶体管 VT_2 关断，发光二极管作为指示灯，指示当前 IPM 有故障，此时三态缓冲器的控制端为高电平，使得三态缓冲器为高阻态，阻止全部 PWM 信号的输出，以保护 IPM 模块。

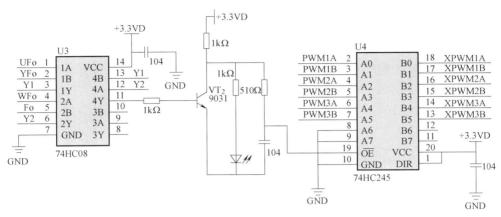

图 4-27　IPM 外部保护电路

4.3.8　硬件电路抗干扰措施

　　在整个光伏发电系统中，存在强、弱电信号与模拟、数字信号，这些信号之间引起的电磁干扰几乎是不可避免的。另外，PCB 布线不合理、系统电源模块的输出不稳定等因素也会引起一定的电磁干扰，需要硬件抗干扰的处理措施。对于 DSP 系统中可能产生中断请求而系统未使用到的中断，均采取上拉电阻，并在程序中屏蔽这些未使用到的中断；系统中各芯片的电源处都并联一个退耦电容，确保各芯片的稳定运行，也防止芯片对系统电源的冲击；数字电路和模拟电路之间存在着相互干扰，在布线时将数字电路和模拟电路分开，以避免模拟信号与数字信号之间相互干扰；尽可能地缩短控制器与采样电路之间的距离，弱电信号要远离强电信号，防止弱电信号在传送过程中受到强电信号的干扰，而且在每个采样电路中都加了二阶巴特沃思低通滤波器，以滤除高频信号的干扰；驱动信号采取了光耦隔离进行信号传输，可以有效地防止过程通道干扰。

4.4　离网式发电系统逆变器控制实验

　　1. 实验目的
　　1）掌握离网式发电系统逆变器的结构与工作原理。
　　2）掌握瞬时值滞环方式逆变器控制方法。
　　2. 实验原理
　　详见 4.1 节和 4.2 节介绍。
　　3. 实验器材介绍
　　离网式发电系统测试实验所需实验器材及测试设备见表 4-5。

表 4-5　实验所用器材及测试设备

名　　称	型　　号	名　　称	型　　号
功率板	SLMC3PDB110	万用表	VC890D
直流稳压电源	KXN-30010D	滑线式变阻器	BX7-14
示波器	TPS2014B		

（1）SLMC3PDB110 功率板

本实验选用硕历电子设计的 SLMC3PDB110 功率板，其集成了三相逆变器电压/电流采样电路、驱动电路等多个模块功能，除用于三相负载的逆变器测试外，亦可作为三相直流无刷电机功率板、三相永磁同步电机功率板。实物如图 4-28 所示。技术参数见表 4-6。

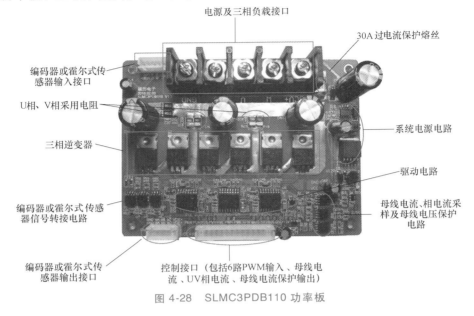

图 4-28 SLMC3PDB110 功率板

表 4-6 SLMC3PDB110 功率板主要技术参数

名　　　称	参　　　数
电源输入电压	16~60V
净板功耗	9mA
最大带载电流	15A
最大功率	600W
母线电流采样电阻	5mΩ/6W
U 相电流采样电阻	1mΩ/6W
V 相电流采样电阻	1mΩ/6W
PWM 频率	8~18kHz
PWM 死区	1.5~3μs
电流保护	母线电流18A 是 TR 输出低电平保护信号，则停止 PWM 驱动信号
EDS(静电放电敏感)防护	全部接口高压 2.5kV 接触瞬间放电均无器件损坏
工作温度	−25~85℃

其中，电源与负载接口 J3 定义如图 4-29 所示，电源内部含 20A 熔丝，各接口说明见表 4-7。控制接口如图 4-30 所示，接口说明见表 4-8。

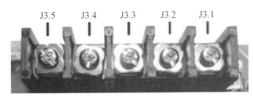

图 4-29 电源与负载接口

图 4-30 控制接口

表 4-7 电源与负载接口说明

序　号	定　义	说　明
J3.1	DC+	电源正极输入
J3.2	W	W 相线
J3.3	V	V 相线
J3.4	U	U 相线
J3.5	GND	电源负极输入

表 4-8 控制接口说明

序号	定义	说　明	备　注
J2.1	PEN	高低逻辑电平	PWM 输入使能低电平有效
J2.2	PUH	高低逻辑电平	6 路对称互补 PWM 输入 U 相上管
J2.3	PUL	高低逻辑电平	6 路对称互补 PWM 输入 U 相下管
J2.4	PVH	高低逻辑电平	6 路对称互补 PWM 输入 V 相上管
J2.5	PVL	高低逻辑电平	6 路对称互补 PWM 输入 V 相下管
J2.6	PWH	高低逻辑电平	6 路对称互补 PWM 输入 W 相上管
J2.7	PWL	高低逻辑电平	6 路对称互补 PWM 输入 W 相下管
J2.8	IU	模拟量	U 相电流模拟量 = 采样电阻两端电压 20 倍放大 + 1.6V 基准
J2.9	IV	模拟量	V 相电流模拟量 = 采样电阻两端电压 20 倍放大 + 1.6V 基准
J2.10	IBUS	模拟量	母线电流模拟量 = 采样电阻两端电压 11 倍放大 + 1.6V 基准
J2.11	TR	高低逻辑电平	低电平有效（幅值 5V）
J2.12	GND	5V 输出电源负极	电源负极
J2.13	+5V	5V 输出电源正极	200mA 输出能力
J2.14	+5V	5V 输出电源正极	

（2）直流稳压电源 KXN-30010D

图 4-31 为 KXN-30010D 开关型大功率直流稳压电源，其输出电压范围为 0~300V，输出电流范围为 0~10A，可以实现过电流保护和限流保护。图 4-32 为直流电压源面板操作件说明图，具体操作基础说明如下：

1）恒压/恒流特性。

直流电源可根据负载的条件自动在恒压（C.V）模式和恒流（C.C）模式之间切换。当输出电流小于输出预设值时，直流电源工作在恒压

图 4-31 KXN-30010D 直流稳压源

（C.V）模式，前面板指示灯亮绿色，输出电压恒定在设定值，输出电流随负载而变化；当电流达到预设值时，电源进入恒流（C.C）模式，前面板指示灯亮红色，电流输出将恒定在设定值，输出电压则随负载而变化。当输出电流小于设定值时，直流源将自动回到恒压（C.V）模式。

在实际的恒压（C.V）操作中，如果负载阻值减少导致输出电流增加，电流增加到电流设定值时，电源将自动切换到恒流（C.C）模式，当负载阻值继续减小时，电流将保持在电

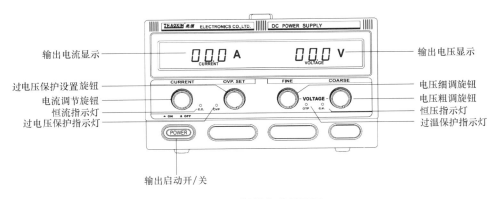

输出电流显示

过电压保护设置旋钮
电流调节旋钮
恒流指示灯
过电压保护指示灯

输出电压显示

电压细调旋钮
电压粗调旋钮
恒压指示灯
过温保护指示灯

输出启动开/关

图 4-32　面板操作件说明图

流设定值，电压则按比例下降（$U = IR$），此时加大负载阻值或提高电流设定值则可恢复恒流（C.V）输出状态。

在实际的恒流（C.C）操作中，如果负载阻值增大导致输出电压增加，电压增加到电压设定值时，电源将地自动切换到恒压（C.V）模式，当负载阻值继续增大时，电压将保持在电压设定值，电流则按比例下降（$I = U/R$），此时减小负载阻值或提高电压设定值则可恢复恒流（C.C）状态。

2）恒流/限流设置操作。

以 20A 为例：将电源输出电压设为 5V 左右；使用导线将输出端"+"和"−"连接，调节电流旋钮，将电流设为 20A；断开导线，则恒流或限流设置成功连接负载。

3）过电压保护设置操作。

以 20V 为例：过电压旋钮顺时针方向调至最大；将电压调至 20V；将过电压保护设置旋钮逆时针方向慢慢调至过电压保护指示灯亮起；将电压旋钮逆时针调小（小于所设置的过电压保护电压）；关机 5s 后重启，此时过压保护设置完成。

（3）TPS2014B 型数字示波器

TPS2014B 型数字示波器的带宽和采样率分别为 100MHz 和 1GS/s，同样具有 4 个隔离通道，如图 4-33 所示。

TPS2014B 型数字示波器功能强大，其具体操作可以参看用户手册。

（4）VC890D 万用表

高精度数字万用表 VC890D 的实物如图 4-34 所示。VC890D 万用表支持交直流电压、交直流电流、

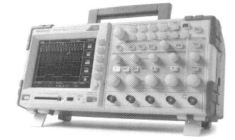

图 4-33　TPS2014B 型数字示波器

电容、电感测量，二极管及通断测试，以及晶体管测量。下面以直流电压和电阻测试为例，说明该万用表的使用方法。

1）直流电压的测量。将黑表笔插入"COM"插孔，红表笔插入"VΩ┤├"插孔；将量程开关转至相应的 DCV 量程上，然后将测试表笔跨接在被测电路上，红表笔所接的该点电压与极性显示在屏幕上。（注意：如果事先对被测电压范围没有概念，应将量程开关转到最高的档位，然后显示值转至相应档位上；如在高位显示"1"，表明已超过量程范围，须将

量程开关转至较高档位上；输入电压切勿超过 1000V，如超过，则有损坏仪表电路的危险；当测量高电压电路时，人体千万注意避免触及高压电路。）

2）电阻测量。将黑表笔插入"COM"插孔，红表笔插入"VΩ ⊣⊢"插孔；将量程开关转至相应的电阻量程上，将两表笔跨接在被测电阻上。（注意：如果电阻值超过所选的量程值，则会显示"1"，这时应将开关转高一档。当测量电阻值超过 1MΩ 以上时，读数需几秒时间才能稳定，这在测量高电阻时是正常的；当输入端开路时，则显示过载情形；测量在线电阻时，要确认被测电路所有电源已关断而所有电容都已完全放电时，才可进行；请勿在电阻量程输入电压，这是绝对禁止的，虽然仪表在该档位上有电压防护功能。）

（5）BX7-14 型滑线式变阻器

本实验选用额定电流 2A、电阻阻值 100Ω 的 BX7-14 型滑线式变阻器作为离网系统的输出负载，如图 4-35 所示。

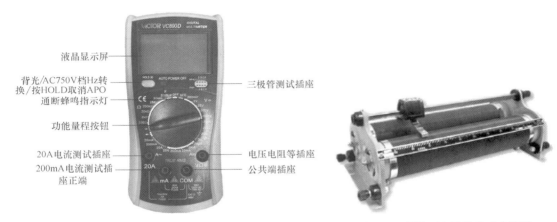

液晶显示屏
背光/AC750V档Hz转换/按HOLD取消APO
通断蜂鸣指示灯
功能量程按钮
20A电流测试插座
200mA电流测试插座正端
三极管测试插座
电压电阻等插座
公共端插座

图 4-34　数字万用表 VC890D　　　　　图 4-35　BX7-14 型滑线式变阻器

4. 实验步骤

1）基于 TMS320F28335 编写瞬时滞环逆变器控制程序。

2）按照图 4-36 连接离网式发电系统逆变器控制系统。

3）进行系统软硬件联调。

4）输入电压 24V 时，测试不同电阻值情况下的输出电压、电流，并对输出电压、电流波形进行谐波分析。

5. 数据记录

按照实验步骤，记录实验波形，并完成表 4-9 和表 4-10。

表 4-9　输出电压的实验数据与分析

电阻值/Ω	电压/V	电压畸变率（%）
100		
80		
60		
40		
20		

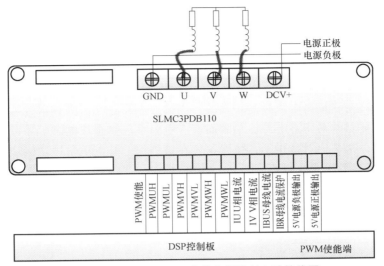

图 4-36　离网式发电系统逆变器控制实验接线图

表 4-10　输出电流的实验数据与分析

电阻值/Ω	电流/A	电流畸变率(%)
100		
80		
60		
40		
20		

思考题与习题

4-1　单相全桥逆变电路输出电压的主要谐波有哪些？输出电压基波分量的有效值与输入电压之间有什么关系？

4-2　简述图 4-3 所示三相桥式逆变电路的工作原理。

4-3　三相全桥逆变电路输出电压的主要谐波有哪些？输出电压基波分量的有效值与输入电压之间有什么关系？

4-4　放电抑制型 RCD 吸收电路有哪几种工作状态？简述其工作原理。

4-5　逆变系统中输出电流的控制方式有哪几种？简述各自优缺点。

4-6　滞环的环宽对离网型发电系统逆变器瞬时值滞环控制有哪些影响？

4-7　建立 4.2.2 节 MATLAB/Simulink 离网式光伏发电系统仿真模型，分析阻感性负载下输出电压与输出电流波形。

4-8　光伏逆变器直流母线电容如何选取？

4-9　LC 滤波器中电感电容值如何选取？

4-10　简述图 4-20 所示电流调理电路的工作原理。

4-11　简述图 4-25 所示电压调理电路的工作原理。

4-12　驱动电路的作用是什么？常采用的隔离方式有哪些？

4-13　采取哪些措施可提高硬件电路的抗干扰能力？

第5章

并网式光伏发电系统及实验

5.1 光伏发电系统并网的控制策略

1. 并网式光伏发电系统的工作原理

并网式光伏发电系统一般由光伏阵列、并网逆变器、升降压变换器、控制器等几个部分组成。外界太阳光照射到光伏电池上，通过发生光生伏特效应将光能转换成直流电能，然后经并网逆变器逆变后形成与电网电压同频、同相的交流电流送入电网，实现并网运行。

2. 并网式光伏发电系统的拓扑结构

光伏并网逆变器按输出电压的相数不同分为单相和三相逆变器。单相逆变器控制方式简单、易于实现，较多的应用于中小功率的场合；三相逆变器则多用于高功率、工业级场合。按逆变电路的拓扑结构分为半桥、全桥以及 H 桥等常见结构，其中 H 桥并网逆变器已有部分应用，但成本太高不宜大规模使用。按直流侧电源特性的不同可分为电压源型和电流源型。电压源型是要在直流端并联大电容，起到稳压、隔离保护和缓冲能量的作用；电流源型是要在直流端串联大电感，虽然使得输入电流无脉动，但也使其输入阻抗变大，且容易受到电网电压的波动的干扰。按功率变换等级的不同分为单级式和多级式，双级式是应用最普遍的多级式结构。单级式的光伏并网逆变系统拓扑结构如图 5-1 所示。

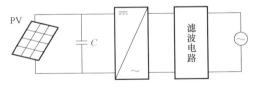

图 5-1　单级并网式光伏发电系统拓扑结构

单级并网式光伏发电系统主要由光伏阵列、直流侧大电容、光伏并网逆变器、滤波电路和公共电网等构成，它通过并网逆变器直接将直流电逆变为可并网的交流电。这种拓扑结构的优点是结构简单，硬件设备投资少，建设成本小。此外，系统的功率损耗只会发生在 DC-AC 部分，使得系统的能耗变小，减小了资源的浪费，提高了能源利用率；一般用于大功率、工业级场合。缺点是 DC-AC 部分需同时完成 MPPT 和逆变并网控制功能，既要保证电能的平稳传输，又要实现较高的能量转化率，从而使得控制系统的设计比较复杂。

双级并网式光伏发电系统拓扑结构如图 5-2 所示，该系统主要由光伏阵列、直流侧大电容、前级 DC-DC 变换器、后级 DC-AC 光伏并网逆变器、滤波电路和公共电网等构成的。该系统能量经过两次转换，第一次转换由 DC-DC 环节完成对光伏阵列输出直流电压的幅值进行变换，第二次转换由 DC-AC 环节将直流转变成可并网的交流。如图 5-2 所示，双级式拓扑结构相对于单级式多了一个 DC-DC 电路，此部分使得逆变器的直流输入电压范围变宽，稳定 DC-AC 直流侧电压的同时可有效地保护逆变器，而且可单独实现光伏阵列的 MPPT 功能；DC-AC 逆变器仅需完成并网控制、有功调节和无功

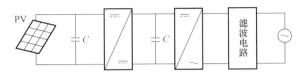

图 5-2　双级并网式光伏发电系统拓扑结构

补偿等功能，实现了 MPPT 和逆变并网分开的独立控制，控制系统的设计相对简单，通常应用于中小功率场合。但是，相对于单级式来说，缺点是系统的结构变得复杂，所需的硬件设备增多，投资成本加大；电能的两次转换也加大了能量损耗，致使转换效率降低。

　　光伏发电系统逆变器还可以依据其是否采用了变压器划分为含变压器逆变系统与无变压器逆变系统。通常可采用工频变压器以实现光伏电池板与接入电网间的电流隔离，这有助于避免直流电流由光伏发电系统注入所连接电网。考虑到工频变压器体积较大，重量较重，其安装会显著增加光伏发电系统的成本，因此在实际系统中应用的并不多，通常采用替代方案，即在逆变器中采用高频逆变器，从而降低系统的体积重量以及投资成本。该方案的逆变器拓扑如图 5-3 所示。

　　无变压器逆变系统虽然可以节省安装变压器的硬件设备成本，规避变压器运行过程中的功率损耗，从而获得较高的运行效率，但是仍需要额外加装电路

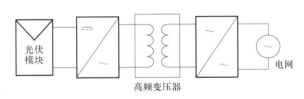

图 5-3　含高频变压器的光伏发电系统

以解决直流电流注入的问题。此外，由于其无法实现光伏电池板与接入电网间的电流隔离，逆变器电路中光伏阵列的对地电压会发生波动。光伏阵列表面与安装的地面间存在虚拟电容，电压的波动会向该电容充能。对于薄膜电池而言，该电容大小通常在 $50 \sim 150\text{nF/kW}$ 之间，在特定情况下可达到 $1\mu\text{F/kW}$。该情况下，若有人站在地面上触碰光伏阵列，有可能会威胁人身安全。此外，电压波动还会使光伏阵列遭受电磁干扰，虽然该效果在大部分情况下不会引起安全事故，但在光伏逆变系统的设计中仍需加以关注。

　　3. 光伏发电系统的电压电流双闭环并网控制策略

　　光伏发电系统的三相并网逆变器的拓扑结构如图 5-4 所示，图中，U_{dc} 为直流侧电容的

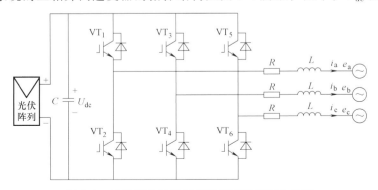

图 5-4　光伏发电系统三相并网逆变器拓扑结构

电压，e_a、e_b、e_c 为三相电压，i_a、i_b、i_c 为三相电流，L、R 分别为滤波电感与串联电阻。

当光伏电网并网运行时，逆变器的控制会影响系统运行效率。在实际应用中，为最大限度减小光伏电源对电网主供电源的影响，需要在网侧得到与主供电源相似的电压波形，电压波形应近似正弦，且实现单位功率因数运行。因此，需要对逆变器并网系统进行控制，为此可采用双闭环 dq 轴控制策略，使用直流电压与无功输出前馈控制电压外环和电流内环，双环控制的电压外环为电流内环提供控制参考值。电压外环输出的电压控制参考值可通过空间矢量 PWM 调制实现。

（1）基于坐标变换的 dq 轴控制

通过坐标变化，可实现 a、b、c 三相控制转换至 dq 轴控制。光伏发电系统的电压电流双闭环控制一般采用矢量定位的控制策略，下述以电压 d 轴定向为例介绍该控制方案。

如图 5-5 所示，电压矢量 E 定位于 d 轴，这一坐标系称作基于电网电压定向的同步旋转坐标系。对于 a、b、c 三相控制，可先通过 Clark 变换将其转换为 $\alpha\beta$ 坐标系下的分量，再经过 Park 变换将其转换为 dq 轴坐标系下的分量。

根据以上定义，在这一坐标系中，有 $e_d = |E|$，$e_q = 0$，则有如图 5-5 所示的逆变器输出的并网电流 I 和电网电压矢量 E 在不同坐标下的矢量关系图。其中，ω 表示同步旋转角速度，旋转方向为逆时针。

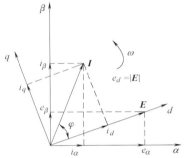

图 5-5　dq、$\alpha\beta$ 坐标系下并网电压、电流矢量图

这里引入 $p\text{-}q$ 理论，系统的瞬时有功功率 p 及无功功率 q 可表示为

$$\begin{cases} p = \dfrac{3}{2}(e_d i_d + e_q i_q) \\ q = \dfrac{3}{2}(-e_d i_q + e_q i_d) \end{cases} \tag{5-1}$$

因为是基于电网电压定向，所以 $e_q = 0$，将其代入式（5-1）后可得

$$\begin{cases} p = \dfrac{3}{2} e_d i_d \\ q = -\dfrac{3}{2} e_d i_q \end{cases} \tag{5-2}$$

根据式（5-2）可得：在公共大电网稳定运行的前提条件下，即保持 $e_d = |E|$ 不变，则并网逆变器输出的瞬时有功功率 p 正比于逆变器输出并网电流的有功分量 i_d。同理，瞬时无功功率 q 正比于并网电流的无功分量 i_q。由此可得：电网电压稳定运行时，要想实现有功和无功解耦控制，可通过独立控制电流分量 i_d、i_q 来实现。

在不考虑系统自身损耗的情况下，三相逆变并网系统中逆变器两侧的瞬时有功功率相等。直流侧输入的瞬时有功功率为 $p = I_{dc} U_{dc}$，根据功率守恒原理可得

$$p = I_{dc} U_{dc} = e_d i_d \tag{5-3}$$

由式（5-3）可见，并网逆变器前端的直流母线电压 U_{dc} 仅与并网有功电流 i_d 成正比。所以，与瞬时有功功率 p 的控制类似，都可通过控制 i_d 来间接地控制 U_{dc}。

（2）双闭环 PI 控制设计

电流内环控制基于同步旋转坐标系下的逆变器数学模型设计，在 dq 轴坐标系下，逆变器的数学模型可表示为

$$\begin{cases} e_d = u_d - L\dfrac{\mathrm{d}i_d}{\mathrm{d}t} - Ri_d + \omega Li_q \\[3mm] e_q = u_q - L\dfrac{\mathrm{d}i_q}{\mathrm{d}t} - Ri_q - \omega Li_d \end{cases} \tag{5-4}$$

由式（5-4）可以看出，坐标变换后的 dq 轴电流分量并不仅仅影响对应的 dq 轴电压分量，两者之间还存在交叉耦合项 ωLi_q 与 $-\omega Li_d$，为此需要通过状态量反馈控制的方法实现 dq 轴控制策略的解耦。

将式（5-4）中与 dq 轴控制中对应的电流分量提取到公式左边，可以得到

$$\begin{cases} u_d' = L\dfrac{\mathrm{d}i_d}{\mathrm{d}t} + Ri_d = u_d + \omega Li_q - e_d \\[3mm] u_q' = L\dfrac{\mathrm{d}i_q}{\mathrm{d}t} + Ri_q = u_q - \omega Li_d - e_q \end{cases} \tag{5-5}$$

将式（5-5）中与 dq 轴电流相关的分量通过 PI 实现对应控制，相应的控制策略设计如下：

$$\begin{cases} u_d' = K_{\mathrm{PI}}\left(1 + \dfrac{1}{\tau_{\mathrm{PI}}s}\right)(i_d^* - i_d) \\[3mm] u_q' = K_{\mathrm{PI}}\left(1 + \dfrac{1}{\tau_{\mathrm{PI}}s}\right)(i_q^* - i_q) \end{cases} \tag{5-6}$$

式中，u_d' 与 u_q' 分别为 d、q 轴 PI 控制的输出量；K_{PI} 是 PI 控制中的比例系数；τ_{PI} 为积分时间常数；i_d^* 与 i_q^* 分别为 d 轴与 q 轴电流的参考值。联立式（5-5）与式（5-6），可以得到电流内环 PI 控制方程，对应的电压电流双闭环控制系统框图如图 5-6 所示，基于电网电压定向的控制系统如图 5-7 所示。

$$\begin{cases} u_d = K_{\mathrm{PI}}\left(1 + \dfrac{1}{\tau_{\mathrm{PI}}s}\right)(i_d^* - i_d) - \omega Li_q - e_d \\[3mm] u_q = K_{\mathrm{PI}}\left(1 + \dfrac{1}{\tau_{\mathrm{PI}}s}\right)(i_q^* - i_q) + \omega Li_d - e_q \end{cases} \tag{5-7}$$

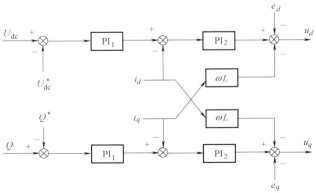

图 5-6　电压电流双闭环控制系统框图

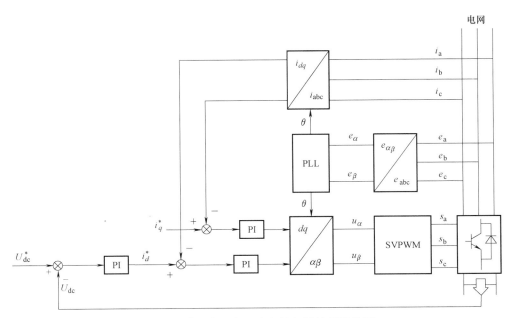

图 5-7 基于电网电压定向的矢量控制结构图

图 5-8 是基于空间矢量脉冲宽度调制（SVPWM）控制方法的光伏三相并网逆变双闭环控制的原理框图。

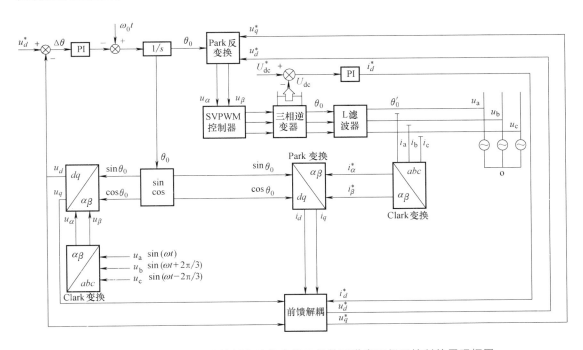

图 5-8 基于 SVPWM 控制方法的光伏三相并网逆变双闭环控制的原理框图

图 5-8 中相位控制由两个闭环完成：第一个闭环为三相锁相环，它的输入是电网三相电压 u_a、u_b、u_c，a 相相位 $\theta = \omega t$，经 Clark 变换和 Park 变换后得鉴相器的一路输入 $u_d = \sin(\theta -$

θ_0）。当 $\theta = \theta_0$ 时，a 相电压系统信号同频同相；逆变器输出经 L 滤波器后，输出相位 θ_0 与并网电流相位 θ'_0 出现相位差，通过第二个闭环修正。逆变器输出三相并网电流 i_a、i_b、i_c，θ'_0 为 a 相电流相位。经 Clark 变换和 Park 变换后得鉴相器的第二路输入 $i_d = \sin(\theta - \theta'_0)$。当 $\theta_0 = \theta'_0$ 时，电网 a 相电压与系统 a 相并网电流同频同相。

　　并网电流幅值的调整采用目前常用的双闭环控制方法来完成。双闭环，即电压外环和电流内环。电压外环的作用是为了调节直流电压 U_{dc}，使其稳定在所给的指令电压 U^*_{dc}、U_{dc} 是经过 MPPT 后的光伏电池输出电压。电压外环的 PI 调节器输出量为内环有功电流控制参量 i^*_d。并网电流 i_a、i_b、i_c 经 Clark 变换和 Park 变换后，得输出电流的合成矢量幅值 i_d、i_q。i_d、i_q、u_d、u_q 和 i^*_d 作为前馈补偿的输入，输出得到 u^*_d 和 u^*_q，再经 Park 反变换，得到 SVPWM 控制的输入指令电压 u_α 和 u_β。SVPWM 模块输出的就是三相逆变全桥 IGBT 开关管的开关控制指令，最终达到控制并网电流幅度的目的。

　　（3）功率因数控制

　　光伏发电系统运行的功率因数分析如下，基于此可设定光伏发电系统功率/电流的控制参考值，以适应光伏并网对运行功率因数的要求。

　　如图 5-9 所示，三相静止坐标系中，交流电路的相电压矢量和相电流矢量分别为 $\boldsymbol{u}_{abc}$ 和 $\boldsymbol{i}_{abc}$，它们的瞬时值可表示为 $\boldsymbol{u}_{abc} = [u_a u_b u_c]$，$\boldsymbol{i}_{abc} = [i_a i_b i_c]$。相电流矢量 $\boldsymbol{i}_{abc}$ 可分解为 $\boldsymbol{i}_p$ 和 $\boldsymbol{i}_q$，其中 $\boldsymbol{i}_p$ 为有功电流分量，它和电压矢量 $\boldsymbol{u}_{abc}$ 同向，而 $\boldsymbol{i}_q$ 为无功电流分量，和电压矢量 $\boldsymbol{u}_{abc}$ 垂直。电压矢量 $\boldsymbol{u}_{abc}$ 和电流矢量 $\boldsymbol{i}_{abc}$ 的模分别为 $|\boldsymbol{u}_{abc}| = \sqrt{u_a^2 + u_b^2 + u_c^2}$ 和 $|\boldsymbol{i}_{abc}| = \sqrt{i_a^2 + i_b^2 + i_c^2}$。

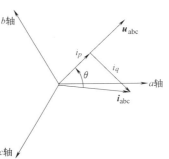

图 5-9　电流矢量 $\boldsymbol{i}_{abc}$ 的有功电流分量 i_p 和无功电流分量 i_q

　　参照图 5-9 中的电压矢量 $\boldsymbol{u}_{abc}$ 和相电流矢量 $\boldsymbol{i}_{abc}$ 定向，那么瞬时有功功率 p 定义为相电压矢量 $\boldsymbol{u}_{abc}$ 和相电流矢量 $\boldsymbol{i}_{abc}$ 的标量积，而瞬时无功功率 q 定义为相电压矢量 $\boldsymbol{u}_{abc}$ 和相电流矢量 $\boldsymbol{i}_{abc}$ 的矢量积的模，即

$$\begin{cases} p = \boldsymbol{u}_{abc} \cdot \boldsymbol{i}_{abc} = u_a i_a + u_b i_b + u_c i_c = |\boldsymbol{u}_{abc}||\boldsymbol{i}_{abc}|\cos\theta = |\boldsymbol{u}_{abc}||i_p| \\ q = |\boldsymbol{u}_{abc} \times \boldsymbol{i}_{abc}| = \dfrac{1}{\sqrt{3}}(u_{bc} i_a + u_{ca} i_b + u_{ab} i_c) = |\boldsymbol{u}_{abc}||\boldsymbol{i}_{abc}|\sin\theta = |\boldsymbol{u}_{abc}||i_q| \end{cases} \quad (5\text{-}8)$$

　　显然，由式（5-8）可得

$$\cos\theta = \frac{p}{\sqrt{p^2 + q^2}} \quad (5\text{-}9)$$

式中，θ 为图 5-9 中所示电压矢量 $\boldsymbol{u}_{abc}$ 和相电流矢量 $\boldsymbol{i}_{abc}$ 的夹角，即相位差。若逆变输出电流与电网电压同步，则要求 $\theta = 0$，即 $\cos\theta = 1$，也就是当逆变输出电流与电网电压同步时，功率因数为 1。而瞬时功率因数定义为 $\lambda = \cos\theta$，此时，功率因数 λ 可表示为

$$\lambda = \frac{p}{\sqrt{p^2 + q^2}} = 1 \quad (5\text{-}10)$$

　　通过上述对三相静止坐标系中的瞬时有功功率和瞬时无功功率的定义，可以得出两相旋转 dq 坐标系下的瞬时有功功率 p_{dq} 和瞬时无功功率 q_{dq} 为

$$\begin{cases} p_{dq} = \boldsymbol{u}_{dq} \cdot \boldsymbol{i}_{dq} = u_d i_d + u_q i_q \\ q_{dq} = |\boldsymbol{u}_{dq} \times \boldsymbol{i}_{dq}| = u_q i_d - u_d i_q \end{cases} \tag{5-11}$$

将式（5-11）代入式（5-10），可得到单位功率因数运行对 dq 轴电压与电流的要求为

$$\lambda = \frac{u_d i_d + u_q i_q}{\sqrt{(u_d i_d + u_q i_q)^2 + (u_q i_d - u_d i_q)^2}} = 1 \tag{5-12}$$

5.2　光伏发电系统并网运行过程中的非常规工况

对于并网式光伏发电系统而言，其在运行过程中会存在孤岛运行与低电压穿越等非常规工况，影响系统并网运行稳定性。5.2.1 节与 5.2.2 节分别对下述两种工况的形成机理与应对措施进行介绍。

5.2.1　孤岛效应

1. 孤岛效应的定义和危害

图 5-10 所示为孤岛效应拓扑结构，其中光伏电池阵列与并网逆变器相连接，经过断路器开关 S_1 和 S_2，分别与本地负载、电网局部负载和电网连接。当电网由于故障事故或者停电维护线路等原因失电的情况下，未能检测出这一状况，在连接负载处就形成公共连接点（Point of Common Coupling，PCC），光伏发电系统继续作为孤立的点对周围负载供电的现象，称为孤岛效应。为了保证系统供电的安全稳定和输出高电能质量，需要对孤岛效应进行检测。

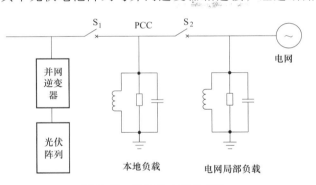

图 5-10　孤岛效应拓扑结构

假如并网系统工作在孤岛状态，会具有严重的危害，这些危害主要有：

1）电压和频率将会失去控制，发生较大的波动，产生谐波，扩大孤岛效应发生范围，进而造成更大的危害。

2）假如孤岛效应未被消除又被重新接入并网系统时，电压相位不同步，在重合闸过程中可能产生很大的浪涌电流，干扰系统重合闸。

3）孤岛效应未消除，原来带电的电路误以为不带电，此刻电路维修人员去维修，会引起安全隐患，危害生命安全。

4）在孤岛效应中不消除接地、相间短路等故障，会损坏电气设备，影响电网正常供电和供电质量。

5）假如在单相并网系统给三相负载供电过程中产生孤岛效应，那么会引起三相负载的欠相供电，会造成更大的危害。

由于系统工作在孤岛状态不仅会对电气设备和用户以及维修人员带来严重的危害，而且还会影响供电质量和整个系统的稳定运行。所以在光伏并网发电装置中需要具备反孤岛能

力，即拥有能够及时地检测出孤岛状态，断开与电网的连接的功能。

2. 孤岛效应的检测方法

在并网系统中，假如处于孤岛状态下运行，对逆变器输出的电压、电流、频率和相位等参数的检测，能够即时停止逆变器的运行，其最终的研究目的是无盲区检测出孤岛效应，对输出的电能质量无影响，供电更加安全可靠。因而，及时准确对孤岛效应实施检测是防孤岛效应的关键。

目前反孤岛检测方案主要分为三大类：被动检测方法、主动检测方法和基于通信的检测方法，各类方法的分类介绍如下：

（1）被动式检测方法

该方法的研究机理是对公共耦合点的参数变化（电压、电流、频率和相位等）进行检测，作为是否产生孤岛效应的判断依据。当检测到的参数超出了设定值时，断开逆变器和电网之间的连接。

优点：该方法在检测的过程中，不改变输出参数，对电能质量无影响，在整个检测过程中不需要再设计其他的检测电路和继电器进行保护，操作简单，便于实验。

缺点：当系统功耗相互平衡时，断电后公共耦合点处的电压、频率波动很小，无法使用此方法来检测出孤岛效应的发生。此外，该方法的非孤岛检测区范围较大。

1）电压和频率检测法。过电压保护（Over Voltage Protection，OVP）、欠电压保护（Under Voltage Protection，UVP）、过频保护（Over Frequency Protection，OFP）和欠频保护（Under Frequency Protection，UFP）这几种反孤岛的检测方案，是逆变器通常具备的基本保护功能检测方案。其保护原理是当检测出公共点的电压幅值和频率超出预设值范围时，停止光伏并网系统运行。逆变器工作于正常状态时，首先设定电压和频率的工作范围，当电网发生故障时，检测到公共点电压幅值和频率会发生变化，到达一定时刻就会超出预设阈值，将立即断开系统与电网的连接。

优点：简单容易实现，节约成本，其作用不局限于孤岛效应检测，还可以用作保护设备。

缺点：电压与频率的预设的波动范围值很难控制有可能引起系统错误的操作。使用该方法在某些情况下，很难判断出孤岛现象的发生，存在较大的检测盲区，不适合单独使用，通常与其他方法复合使用。

在检测频率的基础上，可通过检测其变化率改善系统的检测性能。频率变化率（Rate of Change of Frequency，RCF）检测法的原理是在孤岛运行状态下，由于系统有功的不平衡会引起频率暂态变化。可通过在连续几个周期内测量系统频率变化率，当其超出预设值时，逆变器断开。RCF 继电器可在频率变化率超出阈值，且持续时间超出预设的延时的条件下，断开断路器。对于中小型的光伏系统，频率变化率阈值可设定为 0.3Hz/s，继电器动作延时可设定为 0.3~0.7s。在系统频率变化较为剧烈的情况下，动作延时可缩短至 4~5 个周期。

2）电压谐波检测法。电压谐波检测法（Harmonic Detection，HD）是基于工作在分支电网中的功率变压器表现出的非线性特性提出的，该方法主要是监控电压谐波的畸变率（Total Harmonic Distortion，THD，也称失真度）来判断。

当系统并网运行时，通过公共点的电流谐波会流入电网。在此过程中，并网逆变器出口电压的 THD 由于在电网阻抗的影响下，导致公共点的谐波畸变率低而未能超出预设值，根据国际并网要求，总谐波畸变率 THD 一般情况下要小于 5% 的额定电流。当孤岛运行工况发生时，逆变器的谐波电流传输至负载，其阻抗小于电网阻抗，此时谐波电流与电网阻抗间的交互作用会产生可测量的电压谐波分量。在并网系统中，由于种种原因会产生很大的谐波，那么可以通过检测谐波的变化量来检测系统是否处于孤岛效应运行状态。

优点：从理论上说，该种方法检测孤岛效应的面积大，而且还不受系统本身特性的影响。

缺点：在现实操作过程中，由于系统元器件本身的特性影响，产生谐波较大的电网电压，谐波检测值不易设置，实现起来有一定的难度。

3）改变电压相位的检测方法。改变电压相位的检测方法（Phase Jump Detection，PJD）实际上是利用产生孤岛效应时，逆变器侧输出的电流与公共点的电压出现了一定的相位偏差来检测的方案。当检测到的相位偏差超出了阈值，可认为此时光伏系统处于孤岛运行状态。当光伏系统从电网断开时，公共耦合点处电压相位发生的偏移如图 5-11 所示。

优点：简单易行，便于实验，成本低。

缺点：在并联负载表现为阻性时，整个系统受到预设值的钳制作用，此方法不能检测出孤岛状态；而且具有很大的检测盲区范围，检测的准确度不高，且容易发生误动作；当负载启动时，将会产生相位跳变，很容易使逆变器发生误操作。

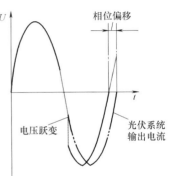

图 5-11　电压相位改变
检测的示意图

（2）主动式检测方法

主动式孤岛检测方法的原理是对逆变器的输出参数（电压、电流、频率等）加入适当的扰动值，当发生故障时，这些扰动会迅速累积，挣脱电网电压的钳制作用，超出并网标准允许范围，从而触发孤岛检测电路，使光伏系统断开与电网的连接。

优点：具有较高的孤岛检测精度。

缺点：相对于被动式方法，该方法原理复杂，且由于扰动值的加入将会影响光伏系统输出电能的质量。

1）阻抗测量法。阻抗测量法（Impedance Measurement，IM）通过对光伏逆变器输出阻抗变化的测量，实现孤岛运行状态的检测。当光伏系统从电网断开时，其输出阻抗相较并网运行工况小，基于此判定孤岛运行状态。具体实现方式是通过向逆变器输出电流中施加扰动，计算扰动前后逆变器输出电压变化与电流变化的比值，用于近似表达逆变器出口的阻抗大小。

优点：该检测方案具有较小的检测盲区。

缺点：应用于多逆变器并网系统时，只有在各逆变器保持同步运行，且同时采取该检测方案的条件下，才能够实现有效的孤岛检测。此外，该方案还需要确定判断逆变器是否并网运行的阻抗阈值，该阻抗值有时并不容易获取。

2）主动式的频率检测法。主动式的频率检测法（Active Frequency Drift，AFD）的作用机理是通过正反馈作用改变光伏系统输出电流的频率。通过向公共耦合点注入电流，使电流频率略微发生偏移。当光伏系统从系统断开，处于孤岛运行状态时，逆变器的电流与公共耦合点电压间存在相位偏移，逆变器会通过增加输出电流的频率以减小两者间的误差。最终当系统频率超出安全约束范围时，可通过低频和过频保护的动作，检测到光伏系统的孤岛运行状态。

优点：电路设计简单、方便操作、检测效率高、检测盲区小，对纯阻性的并联负载不存在检测盲区。

缺点：影响系统稳定性，降低供电质量。

3）Sandia 频率/电压偏移法。Sandia 频率偏移法（Sandia Frequency Shift，SFS）是由美国 Sandia 国家实验室首先提出的。SFS 是在 AFD 的基础上，把正反馈量加入逆变控制器的输出电压频率中，实现光伏系统的孤岛检测。在正反馈的作用下，频率的偏移速度会不断加快。为了方便计算，把 f_i 定义为电流的频率，则有

$$f_i(k) = f_i(k-1) + K_f\left[f_u(k-1) - f_0\right] \tag{5-13}$$

式中，f_u 为公共点处电压频率；f_0 为工频角频率；K_f 为正反馈增益系数。

光伏发电系统并网运行时，$f_u = f_0$，逆变器输出频率为 $f_i(k) = f_i(k-1)$，即使受到电网电压波动的影响，由于电压的钳制作用，频率保持原来的状态。假设 $f_u \neq f_0$，即出现孤岛，电流的角频率对应电压变化出现了突变现象，又因为有 $f_u = f_i$，基于上述分析有

$$f_u(k) = (K_f+1)f_u(k-1) - K_f f_0 \tag{5-14}$$

基于此，Sandia 频率偏移法可依据频率的变化量，判断孤岛效应是否发生。

Sandia 电压式孤岛检测法（Sandia Voltage Shift，SVS）工作机理与 SFS 法大致相同，区别在于该方法在公共耦合点进入的是正反馈电压，其工作原理可具体描述为

$$i(k) = i(k-1) + K_i(u_u(k-1) - u_0) \tag{5-15}$$

式中，i 为并网逆变控制器的输出电流；u_0 为电网的额定电压；u_u 为公共点电压；K_i 为正反馈系数。一般正常情况下，系统能安全工作，电流的幅值维持不变。只有出现孤岛效应时，公共点的电压微小偏移会引发电流 i 大幅度突变，进而引起 u_u 的变化，逆变器输出电流经过往复的循环变化最终会超出预设阈值，触发孤岛检测电路。

优点：具有较小的检测盲区，能够快速地检测出孤岛效应产生区域。

缺点：在光伏并网逆变系统中，正反馈放大的频率影响输出电能质量；其暂态响应受到并联电网的影响。

4）有功输出功率变化检测法。在孤岛运行状态下，当光伏逆变器带电阻性负荷，此时其输出的有功功率与电压之间的关系为

$$P_{PV} = P_{LOAD} = \frac{u^2}{R} \tag{5-16}$$

由式（5-16）可见，通过改变逆变器的输出功率，在孤岛运行模型下，逆变器的输出电压也会相应变化，最终会超出可行运行范围，通过电压保护设备的动作实现孤岛运行状态的检测。

优点：控制实现思路较为简单明晰。

缺点：该方案在多逆变器并网运行条件下可能会导致孤岛运行状态的误判。此外，逆变器持续向电网注入扰动可能会导致系统运行失稳。

5）滑模频率偏移法。滑模频率偏移法（Sliding Mode Frequency Shift，SMS）的工作原理为：使并网逆变器的输出电流相对并网点电压存在一定的相位偏移 θ，两者之间具备固定

的函数关系，而非始终保持为0，函数关系如式（5-17）所示。通过该控制方案，可实现公共耦合点处电压相位偏移的正反馈控制，最终通过系统频率变化的偏移实现孤岛运行的有效检测。

$$\theta_{SMS} = \theta_m \sin\left(\frac{\pi}{2}\frac{f-f_g}{f_m-f_g}\right) \tag{5-17}$$

式中，θ_{SMS} 为 SMS 中并网逆变器输出电流相位；f_m 为最大相位偏移的频率；f_g 为电网频率；一般取 $f_m-f_g=3\mathrm{Hz}$；θ_m 为最大相位偏移，实际中一般取值 $10°$。

优点：操作简单、成本低；能有效地检测出孤岛效应，且当多台逆变器同时运行时不受影响。

缺点：功率因数的变化会影响反孤岛方案检测的有效性以及输出的电能质量。

6）自动相位偏移法。为了解决频移法可能导致系统进入新的稳态问题，自动相位偏移法（Automatic Phase-shift，APS）对滑模频率偏移法进行了改进。其工作原理为：对应公共点电压的频率变化，电流的起始角 $\theta_{APS}(k)$ 相应调整为

$$\theta_{APS}(k) = \frac{360°}{\alpha}\frac{f-f_g}{f_g}+\theta_0(k) \tag{5-18}$$

式中，α 为相位调节因子；θ_0 为附加的相位偏移。

一旦系统端电压频率在过/欠频动作之前达到另外一个新的稳态，$\theta_0(k)$ 将引入附加相位偏移，有

$$\theta_0(k) = \theta_0(k-1)+\Delta\theta\mathrm{sgn}(\Delta f_{ss}) \tag{5-19}$$

式中，$\Delta\theta$ 为固定的相位增量；Δf_{ss} 为相邻两稳态间的频率差；sgn 为符号函数。

如果系统的稳态频率在 $49\sim50\mathrm{Hz}$ 范围变化，假如从 $50\mathrm{Hz}$ 下降到 $40\mathrm{Hz}$，那么附加的相位调整值 θ_0 就会破坏该稳态工作点。而这有可能导致系统进入又一个新的稳态值，但是由于 θ_0 的幅值越来越大，因此输出电流基波成分的相位也会随之变化。于是相位偏移越来越大，并最终超出频率阈值，从而触发孤岛保护电路。

优点：通过对初始相位的设置，在电网由于故障事故断电的瞬间能够及时产生频率偏移，进而导致相位偏移，形成单调曲线的上升规律，频率偏移的速度被进一步加快，从而能以最快的速度检测出孤岛效应。

缺点：在判断的这个过程中，很难将每个稳定的运行点固定于过/欠频的范围之外，而且增加了相位偏移量，降低系统的响应速度。

（3）基于通信的孤岛检测方法

可以通过远程控制的通信手段来监控系统电路和继电器的工作状况，可以有效地检测孤岛效应。通过 SCADA 系统，检测系统整体的电压、频率等参数，可有效检测系统中存在的孤岛运行状态。该方案需要为各逆变器单独配置数据测量与通信系统，因而系统安装成本较高。

以电压参数为例，通过在逆变器中加装电压敏感型元器件，通过其实现光伏系统脱网运行的检测。此外，还可以通过 SCADA 系统监测断路器与重合闸元器件的工作状态。通过对断路器开关状态的分析，检测系统当前运行状态下的孤岛运行区域，进而向孤岛区域内的光伏系统发送信号，断开开关以避免孤岛运行状态。

5.2.2 低电压穿越

1. 低电压穿越的定义

并网式光伏发电系统中的低电压穿越技术（Low Voltage Ride Through，LVRT）是指当并网点发生电压跌落时，光伏阵列依然可以继续稳定地并网运行，同时还可向电网注入无功功率用以支持电网恢复，直到电网运行恢复正常，从而"穿越"这个低电压时间段。图 5-12 给出了德国电网并网导则对接入中压电网的光伏发电系统在电压穿越曲线方面的要求。由图中可以看出，当公共耦合点处的电压跌至 0pu 时，在 0.15s 内光伏发电系统需维持并网运行，这也被称作零电压穿越。此外，光伏发电系统从电网切除会导致系统电压的降低，因此并网导则还要求光伏发电系统需具备通过向系统注入无功电流以支撑故障电压恢复的能力。德国电网并网导则针对不同电压跌落深度，并网式光伏发电系统需提供的无功电流支撑提出了具体的要求，如图 5-13 所示。

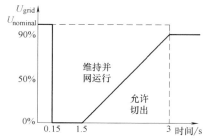

图 5-12 德国电网并网导则对低电压穿越电压方面的要求

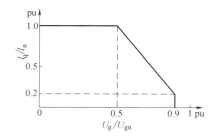

图 5-13 德国电网并网导则对无功电流支撑方面的要求

2. 电网故障类型及其特征

研究低电压穿越有必要了解电网故障，三相电网常由于相间短路、接地短路、谐振、过载、非线性负载的突然接入等使三相并网电流并非理想的正弦波，呈现不对称和畸变现象。电网故障类型有相间短路故障、单相接地故障、两相接地故障和三相接地故障。

当电网发生三相接地故障时，电网三相电压、三相电流仍能保持较好的对称，故称为对称故障；其余三种故障发生时，三相电压、三相电流不再保持对称，故称为非对称故障。电网发生的故障无论是对称故障还是非对称故障，都要求光伏并网控制器具有良好的设计，以确保电网在稳定运行或故障情况下逆变器都能够安全、可靠、稳定地运行。

3. 电压跌落检测方法研究

电网电压跌落会造成光伏并网逆变器输出功率减小，直流侧功率和输送到电网的功率之间存在差值，能量堆积在直流母线上，引起电压骤然增大，逆变器输出过电流。针对各种跌落故障，光伏电站完成 LVRT 之前，需采用合适的检测方法准确、快速地检测到并网点电压跌落。常用的电压跌落检测方法包括：有效值计算法、峰值电压法、基波分量法、缺损电压法、基于电压 d 轴定向的检测方法和基于正负序分离的非对称故障检测方法等。

（1）有效值计算法

时域内一个周期的数字方均根可表示电压的有效值，即

$$U = \sqrt{\frac{1}{N} \sum_{i=1}^{N} u_i^2} \tag{5-20}$$

式中，u_i 为所选取电压的瞬时值；N 为一个周期中的采样数。

这是按照计算连续周期函数有效值的方法所得出的，如果想要保证可以实时检测到电压有效值的瞬间变化，则需要计算一个周期数据序列的滑动平均值，当得到新的采样值时，把原先得到的数据顺序去掉，进行运算就能够得到新有效值，如此在每个取值瞬间均可以计算得到一个新的电压有效值 $U(k)$，计算公式为

$$U(k) = \sqrt{\frac{1}{N} \sum_{i=k-N+1}^{k} u_i^2} \tag{5-21}$$

这种检测算法的基本思路比较清晰，计算较为简单，虽然电压跌落检测时间较长，因为需要提供一个周期内的电压取值，但是检测的精度高。计算速度是评价电压跌落实时检测方法的一个重要指标。当选用半个周期的取值进行滑动平均运算时，可加快计算速度；但是该方法的取值选择范围只可以是半个周期的整数倍，否则会受频移振荡分量的干扰。

（2）峰值电压法

检测到的电压值在一阶导数取 0 的时候对应的是半周期内的电压峰值，如果该值相较理想峰值较小，则可以认为发生了电压跌落。峰值电压法的基本思路简单，易于实现。但如果要想把跌落检测出来，需要的时间比较长，稳定性差，而且难以抵抗谐波的影响，该方法的精确性低。

（3）基波分量法

利用傅里叶变换可计算得出电压的基波部分，其计算结果等效于一个完整周期的电压有效值。由于电压波形是对称的，可使用半个周期的电压采样值构建一个完整周期的电压取值，基于式（5-22）所示的傅里叶变换计算得到电压的基波幅值。

$$U_f(t) = \frac{2}{T} \int_{-T}^{0} u(\tau) e^{j\omega_0 \tau} d\tau \tag{5-22}$$

式中，T 为基波周期，$\omega_0 = 2\pi/T$。

傅里叶变换检测法受以前数据取值的干扰，没有办法检测到电网电压跌落的开始时刻和结束时刻，对电压跌落维持时间的检测误差大。傅里叶变换的不足之处是存在频谱泄漏等问题，这将会造成一定的检测误差。和前面两种方法比较起来，此方法的优势在于可实现相位变化的检测。

（4）缺损电压法

将想要得到的理想瞬时电压与实际电压瞬时值作差就可以得到缺损电压。理想瞬时电压需要用 PLL 锁定其电压幅值、相位以及频率。用 $u_{PLL}(t)$ 表示想要得到的瞬时电压，$u_{sag}(t)$ 表示受扰动后实际的瞬时电压，缺损电压 $m(t)$ 表示为

$$m(t) = u_{PLL}(t) - u_{sag}(t) \tag{5-23}$$

两个正弦函数的差值仍为正弦函数，故如果跌落电压是正弦波，那么 $m(t)$ 也是正弦波。

令

$$u_{PLL}(t) = A\sin(\omega t - \varphi_a) \tag{5-24}$$

$$u_{\mathrm{sag}}(t)=B\sin(\omega t-\varphi_{\mathrm{b}}) \tag{5-25}$$

式中，A、B 和 φ_{a}、φ_{b} 分别为理想瞬时电压与受干扰电压的幅值和相位。如果 $u_{\mathrm{PLL}}(t)$ 和 $u_{\mathrm{sag}}(t)$ 具有相同的频率，$m(t)$ 可表示为

$$m(t)=R\sin(\omega t-\varphi) \tag{5-26}$$

式中

$$R=\sqrt{A^2+B^2-2AB\cos(\varphi_{\mathrm{b}}-\varphi_{\mathrm{a}})} \tag{5-27}$$

$$\tan\varphi=\frac{A\sin\varphi_{\mathrm{a}}-B\sin\varphi_{\mathrm{b}}}{A\cos\varphi_{\mathrm{a}}-B\cos\varphi_{\mathrm{b}}} \tag{5-28}$$

若要得到缺损电压 $m(t)$，需获取跌落发生之前电网电压的瞬时值，但在工程实践中很难确定电压跌落会在何时发生，也就无法将电压跌落发生瞬间前的电压设定为理想瞬时电压。在这种条件下，即使得到了缺损电压瞬时值 $m(t)$，也无法确定电压跌落的开始时刻，因此缺损电压法没有办法克服有效值计算方法的不足。同时该方法检测不到相位跳变，易受电网波动的影响。

（5）基于电压 d 轴定向的检测方法

常规电压跌落检测方法实时性差，很难满足实际工程要求。电网电压发生三相对称跌落时，基于 dq-PLL 的检测方法检测效果良好。

对称的 abc 三相电压可表示为

$$\begin{bmatrix} u_{\mathrm{a}} \\ u_{\mathrm{b}} \\ u_{\mathrm{c}} \end{bmatrix}=U\begin{bmatrix} \sin(\omega t) \\ \sin(\omega t-2\pi/3) \\ \sin(\omega t+2\pi/3) \end{bmatrix} \tag{5-29}$$

通过 dq 变换，将电压定向 d 轴后可得

$$\begin{cases} u_d=U \\ u_q=0 \end{cases} \tag{5-30}$$

根据 u_d 的变化即可得到跌落开始发生的时刻以及跌落的幅值。检测原理图如图 5-14 所示。检测具体过程分为下述步骤：首先检测三相电网的电压；然后对 abc 三相电网电压做 Clark 变换；最后将得到的输出量传递至 dq-PLL 模块，输出 u_d'。PLL 锁存的相位 θ 可提供

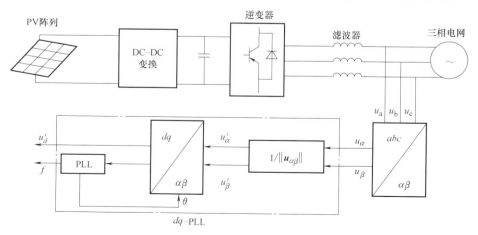

图 5-14 dq-PLL 电压跌落检测原理图

Park 变换所需的相位角。

dq-PLL 的锁相需要经 Park 变换把交流信号变为直流量。对三相电压做 Clark 变换，得

$$\begin{bmatrix} u_\alpha \\ u_\beta \end{bmatrix} = \sqrt{\frac{2}{3}} \begin{bmatrix} 1 & -\frac{1}{2} & -\frac{1}{2} \\ 0 & \frac{\sqrt{3}}{2} & -\frac{\sqrt{3}}{2} \end{bmatrix} \begin{bmatrix} u_a \\ u_b \\ u_c \end{bmatrix} \tag{5-31}$$

对变换后的信号进行归一化处理，得到

$$\begin{bmatrix} u'_\alpha \\ u'_\beta \end{bmatrix} = \begin{bmatrix} u_\alpha \\ u_\beta \end{bmatrix} / \| \boldsymbol{u}_{\alpha\beta} \| = \begin{bmatrix} \cos\theta \\ \sin\theta \end{bmatrix} \tag{5-32}$$

引入 dq 坐标系对应的同步旋转角 θ'，做 Park 变换，得

$$\begin{bmatrix} u'_d \\ u'_q \end{bmatrix} = \begin{bmatrix} \cos\theta' & \sin\theta' \\ -\sin\theta' & \cos\theta' \end{bmatrix} \begin{bmatrix} u'_\alpha \\ u'_\beta \end{bmatrix} = \begin{bmatrix} \cos(\theta'-\theta) \\ \sin(\theta'-\theta) \end{bmatrix} \tag{5-33}$$

对应锁相完成时，$u'_q = 0$。因此，可将 u'_q 作为控制量，通过闭环控制使得 θ 与 θ' 同步变化从而完成锁相。

为了使锁相的速度提升，把 u'_q 输送至 PI 控制器，把控制输出与工频 50Hz 的和作为锁相频率，锁相频率输入积分器，并对 2π 进行求余，得到 $[0,2\pi]$ 区间内的锁相值。当 u'_q 足够小时，判定锁相成功。这个时候，检测电压的 d 轴分量即可完成对电压跌落的检测。dq-PLL 控制基本思路如图 5-15 所示。

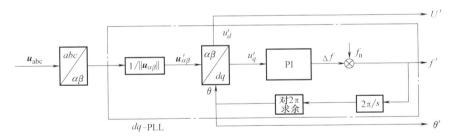

图 5-15　dq-PLL 控制基本思路

（6）基于正负序分离的非对称故障检测方法

非对称故障是实际电网中更常见的故障形式，当电网电压发生不对称跌落时，电压 d 轴分量将包含两倍工频分量，此时其值无法正确地表示电压跌落的深度。此时需要将电压正、负序进行分离，准确检测到电压非对称跌落。

当电网电压发生不对称跌落时，并网点电压和并网电流中均存在正、负序分量，abc 相电压矢量的正、负序分量可表达成

$$\begin{bmatrix} u_a^P \\ u_b^P \\ u_c^P \end{bmatrix} = \frac{1}{3} \begin{bmatrix} 1 & \alpha & \alpha^2 \\ \alpha^2 & 1 & \alpha \\ \alpha & \alpha^2 & 1 \end{bmatrix} \begin{bmatrix} u_a \\ u_b \\ u_c \end{bmatrix} \tag{5-34}$$

$$\begin{bmatrix} u_{\text{a}}^{\text{N}} \\ u_{\text{b}}^{\text{N}} \\ u_{\text{c}}^{\text{N}} \end{bmatrix} = \frac{1}{3} \begin{bmatrix} 1 & \alpha^2 & \alpha \\ \alpha & 1 & \alpha^2 \\ \alpha^2 & \alpha & 1 \end{bmatrix} \begin{bmatrix} u_{\text{a}} \\ u_{\text{b}} \\ u_{\text{c}} \end{bmatrix} \tag{5-35}$$

式中，$\alpha = e^{j\frac{2}{3}\pi}$；上标 P、N 分别代表正序分量与负序分量。

基于式（5-34）和式（5-35）可推导得到 $\alpha\beta$ 两相静止坐标系下正、负序分量的计算表达式为

$$\begin{bmatrix} u_{\alpha}^{\text{P}} \\ u_{\beta}^{\text{P}} \end{bmatrix} = \sqrt{\frac{2}{3}} \begin{bmatrix} 1 & -\frac{1}{2} & -\frac{1}{2} \\ 0 & \frac{\sqrt{3}}{2} & -\frac{\sqrt{3}}{2} \end{bmatrix} \begin{bmatrix} u_{\text{a}}^{\text{P}} \\ u_{\text{b}}^{\text{P}} \\ u_{\text{c}}^{\text{P}} \end{bmatrix} = \frac{1}{2} \begin{bmatrix} 1 & -q \\ q & 1 \end{bmatrix} \begin{bmatrix} u_{\alpha} \\ u_{\beta} \end{bmatrix} \tag{5-36}$$

$$\begin{bmatrix} u_{\alpha}^{\text{N}} \\ u_{\beta}^{\text{N}} \end{bmatrix} = \sqrt{\frac{2}{3}} \begin{bmatrix} 1 & -\frac{1}{2} & -\frac{1}{2} \\ 0 & \frac{\sqrt{3}}{2} & -\frac{\sqrt{3}}{2} \end{bmatrix} \begin{bmatrix} u_{\text{a}}^{\text{N}} \\ u_{\text{b}}^{\text{N}} \\ u_{\text{c}}^{\text{N}} \end{bmatrix} = \frac{1}{2} \begin{bmatrix} 1 & q \\ -q & 1 \end{bmatrix} \begin{bmatrix} u_{\alpha} \\ u_{\beta} \end{bmatrix} \tag{5-37}$$

式中，$q = e^{-j\frac{\pi}{2}}$。

基于式（5-36）和式（5-37）可知，跌落电压信号正负序分量的分离需要借助于时域内的相移因子 q 实现，其可通过二阶广义积分法（Second Order Generalized Integrator，SOGI）实现，其控制框图如图 5-16 所示。

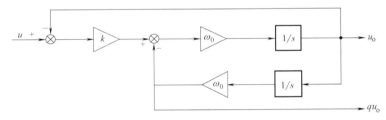

图 5-16 二阶广义积分控制框图

从图 5-16 可得系统的传递函数为

$$G_1(s) = \frac{u_{\text{o}}}{u}(s) = \frac{k\omega_0 s}{s^2 + k\omega_0 s + \omega_0^2} \tag{5-38}$$

$$G_2(s) = \frac{qu_{\text{o}}}{u}(s) = \frac{k\omega_0^2}{s^2 + k\omega_0 s + \omega_0^2} \tag{5-39}$$

式中，k 为阻尼因子；ω_0 为谐振频率。

由 $G_1(s)$ 和 $G_2(s)$ 可知，qu_{o} 在相位上相对 u 滞后 90°，从而实现了 90° 的相移。在谐振频率 ω_0 处，输出电压 $u_{\text{o}} = u$，所以通过将 ω_0 设定为电网频率，即可实现电网电压的相序分离。

在 $\alpha\beta$ 两相静止坐标系下利用 SOGI 分离出非对称故障场景下的电压正序分量和负序分量，只将正序分量提供给锁相环进行锁相，通过检测 u_d 就可实现电网电压跌落的检测。

4. 低电压穿越辅助措施

为实现并网式光伏发电系统的低电压穿越，保持电网电压跌落后系统仍能维持稳定并网运行，需通过硬件设备保护与并网逆变器控制策略的针对性改进辅助并网式光伏发电系统成功实现故障穿越。硬件保护措施包含引入卸荷电路、储能设备、无功补偿设备等；逆变器改进控制则主要体现为故障穿越期间的并网逆变器无功补偿控制。

（1）硬件保护措施——卸荷电路

当发生电压跌落故障时，并网逆变器两侧会造成功率不平衡，而解决此类问题最简单的方法便是通过添加耗能电路使得直流侧多余的电能得到释放，从而避免直流电压升高，危害直流侧电容及逆变器，输出电流超过限幅值而引起逆变器保护动作离网情况的发生。

电网发生电压跌落会导致并网式光伏发电系统输送至电网的功率受限，出现并网逆变器两侧功率不平衡的现象，这会导致直流母线电压持续升高，不利于直流电容与逆变器的安全运行，逆变器电流会超出安全约束从而使得逆变器被保护切除。针对该问题，可在故障穿越过程中在直流电容两端并联卸荷电路，耗散掉无法输送至电网的有功功率，避免直流母线电压持续升高。基于卸荷电路的低电压穿越保护措施如图 5-17 所示，其工作原理为：当检测到直流母线电压超出保护阈值时，投入卸荷电路快速释放直流电容储存的能量，当直流母线电压降低到特定水平后断开卸荷电路，避免直流母线电压的持续降低。在卸荷电路构造方面，通过采用 Buck 电路替代单一的开关，可有效降低开关器件通断时的冲击电流。

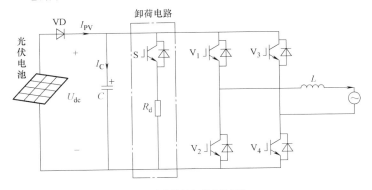

a) 简单开关结构的卸荷电路保护

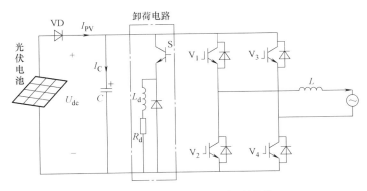

b) 基于 Buck 变换器的卸荷电路开关保护

图 5-17　基于卸荷电路的低电压穿越保护措施

基于卸荷电路的低电压穿越辅助措施的优点在于结构简单，控制容易实现，但该方案也会增加并网式光伏发电系统的体积与硬件成本。

（2）硬件保护措施——储能设备

卸荷电路通过耗散逆变器两侧的功率不平衡量辅助光伏并网系统的故障穿越，为避免能量浪费，可通过安装储能设备储存直流侧多余的电能。常用的储能系统包括蓄电池储能系统（Battery Energy Storage System，BESS）和超导磁储能（Superconducting Magnetic Energy Storage，SMES）系统等。基于储能设备的低电压穿越保护措施如图 5-18 所示。

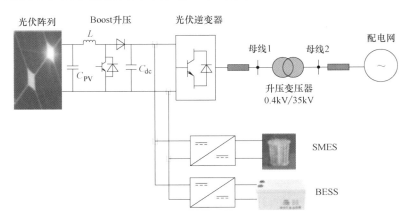

图 5-18　基于储能设备的低电压穿越保护措施

在故障穿越过程中，储能装置通过检测直流母线电压以及逆变器两侧的功率差，调节储能装置的充放电策略，从而在故障穿越过程中维持逆变器两侧功率平衡。该方案的有效性受储能系统容量以及充放电能力限制，因而需针对低电压穿越工况对储能控制方案进行针对性的优化。

（3）硬件保护措施——无功补偿装置

在故障穿越过程中，并网导则要求光伏发电系统向电网提供无功电流支撑以抬升系统电压。无功支撑可通过硬件保护设备实现，通过为并网式光伏发电系统配备并联静止无功补偿器（Static Var Compensator，SVC）、静止同步补偿器（Static Synchronous Compensator，STATCOM）、动态无功补偿器（Dynamic Var Compensator，DVC）等无功补偿设备，可在故障穿越过程中向电网提供电压支撑。

并网式光伏发电系统并联静止无功补偿装置的系统拓扑结构如图 5-19 所示。在故障穿越期间，可将 SVC 投入以向电网输入无功电流，支撑系统电压，从而增强光伏发电系统的低电压穿越能力。该方案增强了系统的无功支撑能力，同时增加了系统的整体成本。

（4）提供无功支撑的逆变器改进控制

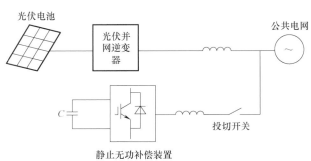

图 5-19　并网式光伏发电系统并联静止无功补偿装置的系统拓扑结构

除硬件保护设备外，并网逆变器可通过控制策略的调整实现故障穿越过程中的无功支撑，其控制原理如图 5-20 所示。

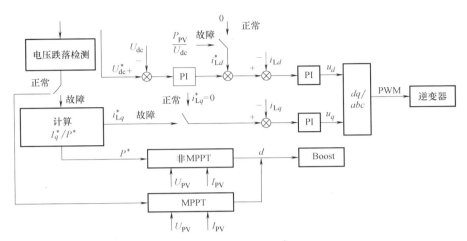

图 5-20 故障穿越期间提供无功支撑的并网逆变器控制策略

图 5-20 所示的逆变器控制系统包含故障检测、功率参考值计算以及光伏阵列与并网逆变器的输出功率控制等模块。在正常工况下，光伏发电系统采用 MPPT 控制策略。当检测到电网电压跌落时，光伏发电系统切换至非 MPPT 运行模式，此时依据电压跌落深度调节输出有功以维持系统平衡。此外，并网逆变器还会依据并网导则要求向电网注入无功电流以支撑系统电压。

对比上述几种低电压穿越策略，配备卸荷电路与储能装置均能有效地解决故障穿越期间并网逆变器两侧功率不平衡的问题，添加无功补偿装置方法可以向电网输送无功支撑以辅助电网电压恢复。但硬件设备的引入无疑会增加系统整体的架设成本。基于并网逆变器改进控制的优势在于无需引入新的设备，其不足在于会增加逆变器控制的复杂程度，且该方案辅助故障穿越的效果受限于逆变器的容量大小。

5.3 基于 MATLAB/Simulink 并网式光伏发电系统建模

5.3.1 空间矢量脉宽调制

1. 空间矢量脉宽调制的基本原理

针对 PWM 法中存在的中点电位不平衡问题，实现提高电压利用率的同时降低功率器件的开关损耗，空间矢量脉宽调制方法随即产生。三相对称正弦波电压对交流电动机进行供电时，电动机会产生理想的基准磁通圆，空间矢量脉宽调制（Space Vector PWM，SVPWM）以此为基准，采用逆变器中不同的开关状态所产生的实际磁通量不断逼近交流电动机中产生的基准磁通圆，逆变器开关组合状态由该逼近结果决定，形成相应的 PWM 波形。SVPWM 具有转矩脉动小、噪声低、直流电压利用率高（比普通的正弦脉宽调制约高 15%）等优点。

SVPWM 的理论基础是平均值等效原理，即在一个开关周期内通过对基本电压矢量加以组合，使其平均值与给定电压矢量相等。在某个时刻，电压矢量旋转到某个区域中，可由组成这个区域的两个相邻的非零矢量和零矢量在时间上的不同组合来得到。两个矢量的作用时间在一个采样周期内分多次施加，从而控制各个电压矢量的作用时间，使电压空间矢量接近圆轨迹旋转，通过逆变器的不同开关状态所产生的实际磁通去逼近理想磁通圆，并由两者的比较结果来决定逆变器的开关状态，从而形成 PWM 波形。图 5-21 为两电平三相电压逆变器拓扑结构。

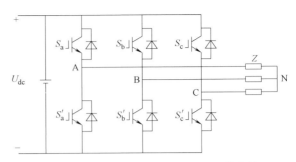

图 5-21　两电平三相电压逆变器拓扑结构

在图 5-21 所示逆变电路中，令直流母线上的电压为 U_{dc}，逆变器输出的三相相电压为 U_{AN}、U_{BN}、U_{CN}，分别施加在空间互差 $120°$ 的平面坐标系上，定义这三个电压空间矢量为 $U_A(t)$、$U_B(t)$、$U_C(t)$，其方向始终在各自的轴线上，大小随时间按正弦规律变化，时间相位互差 $120°$。假设 U_m 为相电压的有效值，f 为电源频率，则有

$$\begin{cases} U_A(t) = \sqrt{2}\,U_m\cos(2\pi ft) \\ U_B(t) = \sqrt{2}\,U_m\cos(2\pi ft - 2\pi/3) \\ U_C(t) = \sqrt{2}\,U_m\cos(2\pi ft + 2\pi/3) \end{cases} \tag{5-40}$$

三相电压空间矢量相加的合成空间矢量 $U(t)$ 可表示为

$$U(t) = \frac{2}{3}[U_A(t) + U_B(t)\,\mathrm{e}^{\mathrm{j}2\pi/3} + U_C(t)\,\mathrm{e}^{\mathrm{j}4\pi/3}] = \sqrt{2}\,U_m\,\mathrm{e}^{\mathrm{j}2\pi ft} \tag{5-41}$$

$U(t)$ 是一个旋转的空间矢量，其幅值为相电压峰值，以角频率 $\omega = 2\pi f$ 按逆时针方向匀速旋转。

逆变器三相桥臂共有 6 个开关管，为了研究各相上下桥臂不同开关组合时逆变器输出的空间电压矢量，定义开关函数 $S_x(x = a、b、c)$ 为

$$S_x = \begin{cases} 1 & \text{上桥臂导通} \\ 0 & \text{下桥臂导通} \end{cases} \tag{5-42}$$

$(S_a、S_b、S_c)$ 的可能组合共有 8 个，包括 6 个非零矢量 U_1(001)、U_2(010)、U_3(011)、U_4(100)、U_5(101)、U_6(110) 和两个零矢量 U_0(000)、U_7(111)。假设 $S_x(x = a、b、c) = (100)$，此时等效电路如图 5-22 所示。

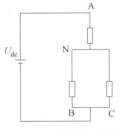

图 5-22　等效电路图

此时各相电压可以表示为

$$\begin{cases} U_{AN} = U_A - U_N = \dfrac{2}{3}U_{dc} \\[2mm] U_{BN} = U_B - U_N = -\dfrac{1}{3}U_{dc} \\[2mm] U_{CN} = U_C - U_N = -\dfrac{1}{3}U_{dc} \end{cases} \tag{5-43}$$

同理可得其他开关状态三相的相电压。线电压是两相之间的电压差，如 $U_{ab} = U_{AN} - U_{BN}$。

当开关 $S_a = 1$ 时，$\boldsymbol{U}_A(t) = U_{dc}$；当开关 $S_b = 1$ 时，$\boldsymbol{U}_B(t) = U_{dc}$；当开关 $S_c = 1$ 时，$\boldsymbol{U}_C(t) = U_{dc}$。

因此式（5-41）可以写成

$$\boldsymbol{U}(t) = \frac{2U_{dc}}{3}(S_a + S_b e^{j2\pi/3} + S_c e^{-j2\pi/3}) \tag{5-44}$$

由式（5-44）可得输出电压 U 的幅值不变，改变的只是相位。

把表 5-1 按照 $\boldsymbol{U}(t)$ 的相位关系，放入扇区，可得图 5-23 所示的电压空间矢量图。

图中，6 个非零矢量幅值相同，相邻的矢量间隔 60°。两个零矢量幅值为零，位于中心。

若输出一个空间矢量 $\boldsymbol{U}_{ref}$，假设在扇区 I，可用和它相邻的两个电压空间矢量来表示，如图 5-24 所示。

表 5-1　开关组合与相电压和线电压的对应关系

S_a	S_b	S_c	U_{AN}	U_{BN}	U_{CN}	U_{ab}	U_{bc}	U_{ca}	$\boldsymbol{U}(t)$
0	0	0	0	0	0	0	0	0	0
1	0	0	$2U_{dc}/3$	$-U_{dc}/3$	$-U_{dc}/3$	U_{dc}	0	$-U_{dc}$	$2U_{dc}/3$
0	1	0	$-U_{dc}/3$	$2U_{dc}/3$	$-U_{dc}/3$	$-U_{dc}$	U_{dc}	0	$\frac{2}{3}U_{dc}e^{j\frac{\pi}{3}}$
1	1	0	$U_{dc}/3$	$U_{dc}/3$	$-2U_{dc}/3$	0	U_{dc}	$-U_{dc}$	$\frac{2}{3}U_{dc}e^{j\frac{2\pi}{3}}$
0	0	1	$-U_{dc}/3$	$-U_{dc}/3$	$2U_{dc}/3$	0	$-U_{dc}$	U_{dc}	$\frac{2}{3}U_{dc}e^{j\frac{4\pi}{3}}$
1	0	1	$U_{dc}/3$	$-2U_{dc}/3$	$U_{dc}/3$	U_{dc}	$-U_{dc}$	0	$\frac{2}{3}U_{dc}e^{j\frac{5\pi}{3}}$
0	1	1	$-2U_{dc}/3$	$U_{dc}/3$	$U_{dc}/3$	$-U_{dc}$	0	U_{dc}	$\frac{2}{3}U_{dc}e^{j\frac{\pi}{3}}$
1	1	1	0	0	0	0	0	0	0

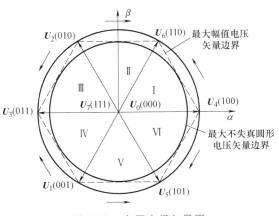

图 5-23　电压空间矢量图

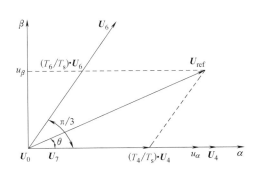

图 5-24　电压空间矢量合成示意图

在 $\alpha\beta$ 参考坐标系中，令 $\boldsymbol{U}_{ref}$ 和 $\boldsymbol{U}_4$ 的夹角为 θ，由正弦定理可得

$$\frac{|\boldsymbol{U}_{ref}|}{\sin 2\pi/3} = \frac{|T_6\boldsymbol{U}_6/T_s|}{\sin\theta} = \frac{|T_4\boldsymbol{U}_4/T_s|}{\sin(\pi/3-\theta)} \tag{5-45}$$

式中，T_s 为载波周期。

由于 $|\boldsymbol{U}_4|=|\boldsymbol{U}_6|=2U_{dc}/3$，可以得到各矢量的状态保持时间为

$$\begin{cases} T_4 = mT_s\sin\left(\dfrac{\pi}{3}-\theta\right) \\ T_6 = mT_s\sin\theta \end{cases} \tag{5-46}$$

式中，m 为 SVPWM 调制比，$m=\sqrt{3}\,|\boldsymbol{U}_{ref}|/U_{dc}$。

零电压矢量分配的时间为

$$T_7 = T_0 = (T_s - T_4 - T_6)/2 \tag{5-47}$$

求得以 $\boldsymbol{U}_4$、$\boldsymbol{U}_6$、$\boldsymbol{U}_7$ 及 $\boldsymbol{U}_0$ 合成的 $\boldsymbol{U}_{ref}$ 的时间之后，接下来要解决的就是产生实际的脉宽调制波形的问题。在 SVPWM 调制方案中，适当选择零矢量，可最大限度减少开关次数，尽可能避免在负载电流较大时刻的开关动作，从而最大限度地减少开关损耗。基本矢量作用顺序的分配原则为：在每次开关状态转换时，只改变其中一相的开关状态，并对零矢量在时间上进行平均分配，以使产生的 PWM 对称，从而有效地降低 PWM 的谐波分量。当 $\boldsymbol{U}_4(100)$ 切换至 $\boldsymbol{U}_0(000)$ 时，只改变 A 相上下一对切换开关（若由 $\boldsymbol{U}_4(100)$ 切换至 $\boldsymbol{U}_7(111)$ 则需改变 B、C 相上下两对切换开关，增加了切换损失）。因此要改变电压矢量 $\boldsymbol{U}_4(100)$、$\boldsymbol{U}_2(010)$、$\boldsymbol{U}_1(001)$ 的大小，需配合零电压矢量 $\boldsymbol{U}_0$（000）；要改变 $\boldsymbol{U}_6(110)$、$\boldsymbol{U}_3(011)$、$\boldsymbol{U}_5(101)$，需配合零电压矢量 $\boldsymbol{U}_7(111)$。这样通过在不同区间内安排不同的开关切换顺序，就可以获得对称的输出波形，其他各扇区的开关切换顺序见表 5-2。

表 5-2　输出电压位置与开关切换顺序

U_{ref} 所在的位置	开关切换位置
I 区（$0°\leqslant\theta\leqslant60°$）	0-4-6-7-7-6-4-0
II 区（$60°<\theta\leqslant120°$）	0-2-6-7-7-6-2-0
III 区（$120°<\theta\leqslant180°$）	0-2-3-7-7-3-2-0
IV 区（$180°<\theta\leqslant240°$）	0-1-3-7-7-3-1-0
V 区（$240°<\theta\leqslant300°$）	0-1-5-7-7-5-1-0
VI 区（$300°<\theta\leqslant360°$）	0-4-5-7-7-5-4-0

三相电压给定，所合成的电压矢量旋转角速度为 $\omega=2\pi f$，旋转一周所需的时间为 $T=1/f$；若载波频率为 f_s，则频率比为 $R=f_s/f$。这样将电压旋转平面等切割成 R 个小增量，亦即设定电压矢量每次增量的角度为 $\gamma=2\pi/R$。

以扇区 I 为例，其所产生的三相波调制波形在一个载波周期时间 T_s 内如图 5-25 所示，图中各电压向量的三相波形则与表 5-2 中的开关表示符号相对应。下一个载波周期 T_s，$\boldsymbol{U}_{ref}$ 的角度增加 γ，可以重新计算新的 T_0、T_4、T_6 及 T_7 值，得到新的合成三相波形；这样每一个载波周期 T_s 就会合成一个新的矢量，随着 θ 的逐渐增大，$\boldsymbol{U}_{ref}$ 将依序进入扇区 I、II、III、IV、V、VI。在电压矢量旋转一周期后，就会产生 R 个合成矢量。

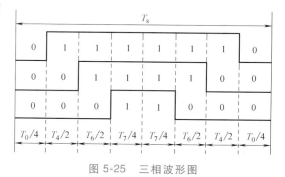

图 5-25　三相波形图

2. 空间矢量脉宽调制的算法实现

通过以上 SVPWM 的法则推导分析可知：要实现 SVPWM 调制，首先需要知道参考电压矢量所处扇区的位置，然后利用其所在扇区的相邻两电压矢量和适当的零矢量来合成参考电压矢量 U_{ref}。U_{ref} 是在 $\alpha\beta$ 静止坐标系中描述的电压空间矢量，矢量信号是矢量控制系统给出的电压空间矢量调制的控制指令，它以角频率 ω 在空间逆时针旋转 U_{ref}，当旋转到矢量图的某个 $60°$ 扇区中时，系统计算该扇区所需的相邻的电压空间矢量的作用时间，并以此去驱动功率开关元件动作。当在空间旋转 $360°$ 后，逆变器输出一个周期的正弦波电压。

（1）参考电压矢量的扇区判断

判断电压空间矢量 U_{ref} 所在扇区的目的是确定本开关周期所使用的基本电压空间矢量。用 u_{α}、u_{β} 表示参考电压矢量 U_{ref} 在 $\alpha\beta$ 轴上的分量，定义 U_1、U_2、U_3 三个变量，令

$$\begin{cases} U_1 = u_{\beta} \\ U_2 = \dfrac{\sqrt{3}}{2}u_{\alpha} - \dfrac{1}{2}u_{\beta} \\ U_3 = -\dfrac{\sqrt{3}}{2}u_{\alpha} - \dfrac{1}{2}u_{\beta} \end{cases} \tag{5-48}$$

再定义三个变量 A、B、C，通过分析可以得到：若 $U_1>0$，则 $A=1$，否则 $A=0$；若 $U_2>0$，则 $B=1$，否则 $B=0$；若 $U_3>0$，则 $C=1$，否则 $C=0$。

令 $N=4C+2B+A$，则 $N=1$，指令电压 U_{ref} 位于扇区 Ⅱ；$N=2$，指令电压 U_{ref} 位于扇区 Ⅵ；$N=3$，指令电压 U_{ref} 位于扇区 Ⅰ；$N=4$，指令电压 U_{ref} 位于扇区 Ⅳ；$N=5$，指令电压 U_{ref} 位于扇区 Ⅲ；$N=6$，指令电压 U_{ref} 位于扇区 Ⅴ，则可以得到 N 与 U_{ref} 所在的扇区的关系（见表5-3）。

表 5-3　N 与扇区的对应关系

N	3	1	5	4	6	2
扇区	Ⅰ	Ⅲ	Ⅱ	Ⅳ	Ⅴ	Ⅵ

（2）非零矢量与零矢量作用时间的计算

由图 5-24 可以得出

$$\begin{bmatrix} U_{\alpha} \\ U_{\beta} \end{bmatrix} T_s = U_{ref}\begin{bmatrix} \cos\theta \\ \sin\theta \end{bmatrix} T_s = \frac{2}{3}U_{dc}\begin{bmatrix} 1 \\ 0 \end{bmatrix} T_4 + \frac{2}{3}U_{dc}\begin{bmatrix} \cos\dfrac{\pi}{3} \\ \sin\dfrac{\pi}{3} \end{bmatrix} T_6 \tag{5-49}$$

经过整理后可变为

$$\begin{cases} T_4 = \dfrac{\sqrt{3}\,T_s}{2U_{dc}}(\sqrt{3}\,u_{\alpha} - u_{\beta}) \\ T_6 = \dfrac{\sqrt{3}\,T_s}{2U_{dc}}u_{\beta} \end{cases} \tag{5-50}$$

同理，可求出其他扇区各矢量的作用时间。令

$$\begin{cases} X = \dfrac{\sqrt{3}\,T_s u_\beta}{2U_{dc}} \\[2mm] Y = \dfrac{\sqrt{3}\,T_s}{2U_{dc}}\left(\sqrt{3}\,u_\alpha + \dfrac{1}{2}u_\beta\right) \\[2mm] Z = \dfrac{\sqrt{3}\,T_s}{2U_{dc}}\left(-\sqrt{3}\,u_\alpha + \dfrac{1}{2}u_\beta\right) \end{cases} \tag{5-51}$$

可以得到各个扇区 $T_0(T_7)$、T_4 和 T_6 作用的时间，见表 5-4。

表 5-4　各扇区作用时间 $T_0(T_7)$、T_4 和 T_6

N	1	2	3	4	5	6
T_4	Z	Y	$-Z$	$-X$	X	$-Y$
T_6	Y	$-X$	X	Z	$-Y$	$-Z$
T_0	\multicolumn{6}{c}{$T_0(T_7)=(T_s-T_4-T_6)/2$}

如果 $T_4+T_6>T_s$，则需进行过调制处理，可令

$$\begin{cases} T_4 = \dfrac{T_4}{T_4+T_6}T_s \\[2mm] T_6 = \dfrac{T_6}{T_4+T_6}T_s \end{cases}$$

（3）扇区矢量切换点的确定

首先定义

$$\begin{cases} T_a = (T_s-T_4-T_6)/4 \\ T_b = T_a+T_4/2 \\ T_c = T_b+T_6/2 \end{cases}$$

则三相电压开关时间切换点 T_{cm1}、T_{cm2} 和 T_{cm3} 与各扇区的关系见表 5-5。

表 5-5　各扇区开关时间切换点 T_{cm1}、T_{cm2} 和 T_{cm3}

扇区	Ⅰ	Ⅱ	Ⅲ	Ⅳ	Ⅴ	Ⅵ
T_{cm1}	T_b	T_a	T_a	T_c	T_c	T_b
T_{cm2}	T_a	T_c	T_b	T_b	T_a	T_c
T_{cm3}	T_c	T_b	T_c	T_a	T_b	T_a

（4）三相 PWM 波形的合成

当确定所在扇区和该扇区相邻电压矢量的作用时间后，再根据 PWM 调制原理，就可以得出各扇区中各相所需的 PWM 波的占空比，见表 5-6。

表 5-6　各扇区中各相所需的 PWM 波的占空比

扇区	Ⅰ	Ⅱ	Ⅲ	Ⅳ	Ⅴ	Ⅵ
A 相	T_a/T_s	T_b/T_s	T_c/T_s	T_c/T_s	T_a/T_s	T_a/T_s
B 相	T_b/T_s	T_a/T_s	T_a/T_s	T_b/T_s	T_c/T_s	T_c/T_s
C 相	T_c/T_s	T_c/T_s	T_b/T_s	T_a/T_s	T_a/T_s	T_b/T_s

整个算法介绍到此完成。

3. 基本建模仿真过程

由上面的理论分析可知，基于 SVPWM 的仿真模型包括扇区 N 的计算，中间变量 X、Y 和 Z 的计算，$T_4(T_1)$ 和 $T_6(T_2)$ 的计算，切换时间 T_{cm1}、T_{cm2}、T_{cm3} 的计算和 SVPWM 调制波生成等模块。图 5-26 与图 5-27 给出了系统整体仿真模型。

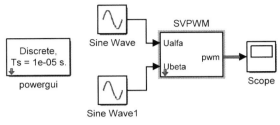

图 5-26　SVPWM 模块的输入输出

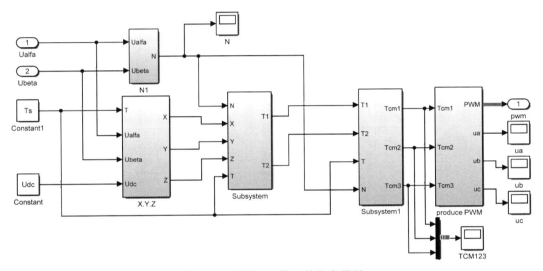

图 5-27　SVPWM 算法的仿真模型

由公式 $N = 4C + 2B + A$、式（5-48）及表 5-3 中对应扇区的关系搭建如图 5-28 所示的扇区判断模块，Gain 中的参数由式（5-48）中相关系数计算得到，Switch 模块可在 Simulink Library Browser 窗口 "Simulink"→"Commonly Used Blocks" 中找到。

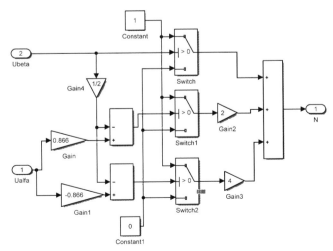

图 5-28　扇区 N 的判断模块

根据式（5-51）搭建图 5-29 所示的中间变量 X、Y、Z 的计算模块，Gain 中参数为约数值。

由式（5-50）搭建图 5-30 所示的 $T_4(T_1)$、$T_6(T_2)$ 的计算仿真模块，其中 Multiport Switch（多端口开关）在 Simulink Library Browser 窗口 "Simulink"→"Signal Routing" 中，fcn（公式模块）在 "Simulink"→"User-Defined Functions" 中。

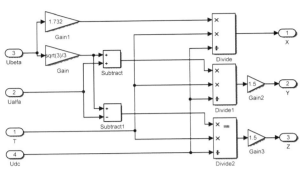

图 5-29　中间变量 X、Y、Z 的计算模块

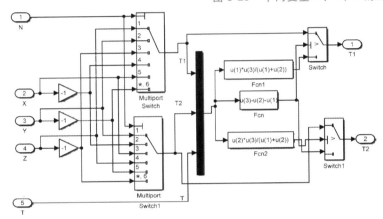

图 5-30　$T_4(T_1)$、$T_6(T_2)$ 的计算模块

基于表 5-5 搭建图 5-31 所示的切换时间 T_{cm1}、T_{cm2}、T_{cm3} 计算模块。

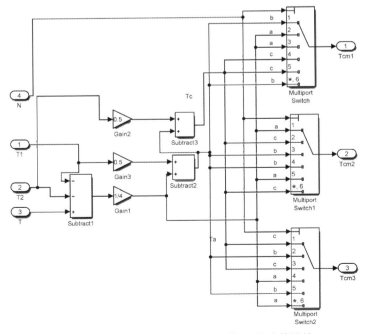

图 5-31　切换时间 T_{cm1}、T_{cm2}、T_{cm3} 的计算模块

通过以上仿真分析，得到了各个上桥臂的开通时间 T_{cm1}、T_{cm2}、T_{cm3}，再把它们与合适的三角波进行比较，就可以得到 SVPWM 调制波。其中三角波是峰值为 0.0001、周期为 0.2ms 的等腰三角形，而下桥臂的驱动信号则由上桥臂的驱动信号取反求得。据此搭建的脉宽调制波生成模块如图 5-32 所示。

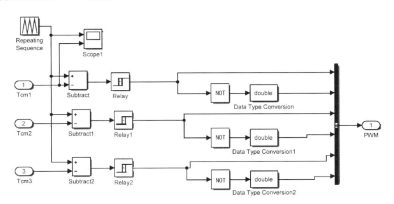

图 5-32 脉宽调制波生成模块

为了检验生产脉宽输入逆变器输出电压的效果，在脉宽调制波生成模块后添加了三相电压的数学仿真模型如图 5-33 所示，其中 fcn 中公式从上至下分别为 $(U_{dc}/3) * (2 * u(1) - u(2) - u(3))$，$(U_{dc}/3) * (2 * u(2) - u(1) - u(3))$ 和 $(U_{dc}/3) * (2 * u(3) - u(2) - u(1))$。

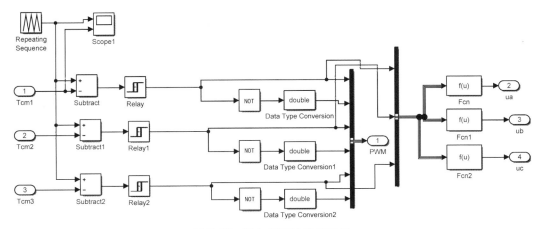

图 5-33 添加逆变器输出电压

4. SVPWM 算法仿真结果

为了验证算法的正确性，输入电压设置为：$u_\alpha = 200\cos100\pi t$，$u_\beta = 200\sin100\pi t$，仿真算法采用变步长 ode23tb 算法，且最大仿真步长（Max Step Size）设置为 "1e-5"，其他参数在模型建立中已经说明。图 5-34 给出了 SVPWM 算法的仿真结果，由图 5-34a 可知，扇区 N 值为 3-1-5-4-6-2 且交替变换，与表 5-3 所示结果相同；由图 5-34b 可知，由 SVPWM 算法得到的调制波呈马鞍形，利于提高直流电压的利用率，有效消除谐波；由图 5-34c 可以看出，A 相电压为六拍阶梯波，与理论值相符；图 5-34d 为 A 相电压的谐波分析，基波幅值为 199.3V，与实际值 200V 基本相符。由此验证了 SVPWM 算法的正确性和稳定性。

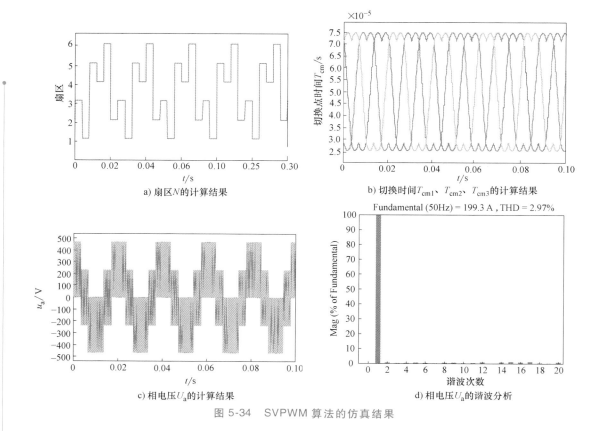

a) 扇区 N 的计算结果

b) 切换时间 T_{cm1}、T_{cm2}、T_{cm3} 的计算结果

c) 相电压 U_a 的计算结果

d) 相电压 U_a 的谐波分析

图 5-34　SVPWM 算法的仿真结果

5.3.2　锁相环与坐标变换

如果光伏逆变器的输出采用电压控制，要保证系统稳定运行，就必须采用锁相环控制技术使逆变器输出电压与负载电压相位一致，同时两者输出频率一致。三相锁相环控制技术最早应用于变频调速的矢量控制，现在有一部分变频调速电机控制采用这种控制方式，其关键是引入两个数学上的变换——abc 平面三相坐标系到 $\alpha\beta$ 平面两相直角坐标的 Clark 变换，和 $\alpha\beta$ 两相静止坐标系到 dq 平面两相旋转坐标系的 Park 变换。下面将着重介绍三相锁相环和 Clark、Park 变换，以及两个变换在三相锁相环中的物理意义。

1. 锁相环

锁相环（Phase-Locked Loop，PLL）的特点是利用指定的外部参考信号控制内部输出的振荡信号的相位和频率。当输出信号与输入信号频率相等时，输出信号和输入信号的相位差保持固定，因此称之为锁相环。三相锁相环是一个相位误差负反馈系统，与一般反馈系统反馈电流或者电压信号不同，锁相环反馈的是相位信号。三相锁相环基本原理框图如图 5-35 所示。

图 5-35　三相锁相环基本原理框图

鉴相器对三相输入电压瞬时相位和输出相位进行比较，输出相位误差信号。环路滤波器对相位误差信号进行低通滤波，消除高频及噪声干扰，输出频率控制字。数控振荡器对频率控制字进行累加，输出跟踪相位。当输出相位与三相输入电压瞬时相位之间的误差为 0 时，环路滤波器输出一个稳定的频率控制，即数控振荡器的角频率恒定，实现了频率跟踪和相位锁定，输出相位即为三相输入电压的瞬时相位。

2. 两个变换在三相锁相环中的物理意义

在 abc 三相平面静止坐标系下输入相差为 120°、频率为 ω 的 ABC 三相等幅正弦波时，其合成矢量是一个角频率为 ω 或角位移为 $\theta=\omega t$ 的旋转矢量。Clark 变换后，abc 三相平面静止坐标系变换成 $\alpha\beta$ 两相平面垂直静止坐标系。变换后，坐标值改变，旋转合成矢量的角频率 ω、角位移 $\theta=\omega t$ 和幅值不变。

引入一个从 $\alpha\beta$ 两相平面垂直静止坐标系到 dq 两相平面垂直旋转坐标变换后，dq 两相平面旋转坐标的角频率为 ω_0，移相角为 $\theta_0=\omega_0 t$，这个 ω_0 和 $\theta_0=\omega_0 t$ 是输出信号的频率和角位移。其旋转合成矢量的角频率 ω、角位移 $\theta=\omega t$ 和幅值不变，如图 5-36 所示。两相旋转 dq 坐标系中，首先将 abc 坐标系转换至 $\alpha\beta$ 两相静止坐标系，其中 α 轴与三相静止坐标系的 a 轴重合。当 $u_d=0$ 时，旋转 dq 坐标系的 q 轴与输入 ABC 三相合成矢量同步；$u_d>0$ 时，q 轴落后合成矢量；$u_d<0$ 时，q 轴超前合成矢量。输出 u_d，调整 ω_0，就可以实现光伏发电系统和电网电压同相，这就是鉴相和锁相。图 5-37 为三相锁相环原理框图。

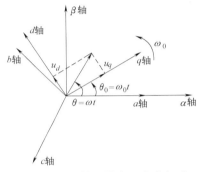

图 5-36　旋转矢量在三个坐标系平面中的示意图

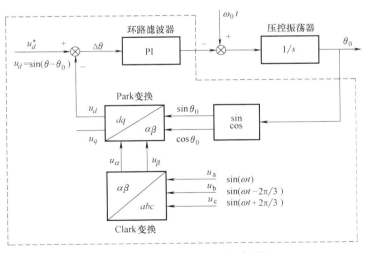

图 5-37　三相锁相环原理框图

在图 5-37 中，虚线框中的所有模块构成了锁相环的鉴相器部分，PI 控制器起到了环路滤波器的作用，而积分器就是压控振荡器。图中，u_a、u_b、u_c 为三相输入电压，经过两个变换并引入相位 θ_0，鉴相器输入 u_d^* 和 $u_d=\sin(\theta-\theta_0)$，鉴相器输出为 $\Delta\theta=\theta-\theta_0$。$\Delta\theta$ 经滤波

后控制频率为 ω_0 的压控振荡器。

5.3.3　PID 控制器及参数的整定

由于对电压外环要求稳压控制，因此需采用控制器实现对直流指令的无差控制，满足光伏系统的控制要求。此处可采用工业过程控制中广泛应用的 PID 控制器。

按偏差的比例（P）、积分（I）、微分（D）进行控制的控制器称为 PID 控制器。模拟 PID 控制器的原理框图如图 5-38 所示，其中 $r(t)$ 为系统给定值，$c(t)$ 为实际输出，$u(t)$ 为控制量。PID 调节解决了自动控制理论所要解决的最为基本的问题，即系统的稳定性、快速性和准确性。调节 PID 的参数，可以实现在系统稳定的前提下，兼顾系统的带载能力和抗扰能力，同时由于在 PID 控制器中引入了积分项，系统增加了一个零极点，这样可使系统阶跃响应的稳态误差为零。

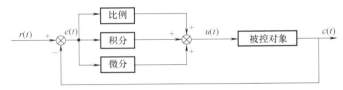

图 5-38　模拟 PID 控制器的原理框图

图 5-38 所示的模拟 PID 控制器的控制表达式为

$$u(t) = k_{\mathrm{p}}\left[e(t) + \frac{1}{T_{\mathrm{i}}}\int_0^t e(\tau)\mathrm{d}\tau + T_{\mathrm{d}}\frac{\mathrm{d}e(t)}{\mathrm{d}t}\right] \tag{5-52}$$

式中，$e(t)$ 为系统偏差，$e(t) = r(t) - c(t)$；k_{p} 为比例系数；T_{i} 为积分时间常数；T_{d} 为微分时间常数。式（5-52）也可以写成

$$u(t) = k_{\mathrm{p}}e(t) + k_{\mathrm{i}}\int_0^t e(\tau)\mathrm{d}\tau + k_{\mathrm{d}}\frac{\mathrm{d}e(t)}{\mathrm{d}t} \tag{5-53}$$

式中，k_{p} 为比例系数；k_{i} 为积分系数，$k_{\mathrm{i}} = k_{\mathrm{p}}/T_{\mathrm{i}}$；$k_{\mathrm{d}}$ 为微分系数，$k_{\mathrm{d}} = k_{\mathrm{p}}T_{\mathrm{d}}$。

PID 控制器中各校正环节的作用如下：

1）比例环节。及时成比例地反映控制系统的偏差信号 $e(t)$，偏差一旦产生，控制器立即产生调节作用，以减少偏差。

2）积分环节。主要用于消除静差，提高系统的无差度。积分作用的强弱取决于积分时间常数 T_{i}，T_{i} 越大，积分作用越弱，反之则越强。

3）微分环节。能够反映偏差信号的变化趋势，即偏差信号的变化速率，并能在偏差信号值变得太大之前，在系统中引入一个有效的早期修正信号，从而加快系统的动作速度，减小调节时间。

确定 PID 参数可以用理论方法，也可以用实验方法。理论方法需要被控对象的准确模型，但是由于系统的参数可能会随时间或者扰动的变化而变化，因此实践中常采用实验的方法来确定。为了减小实验次数，可参考经验公式导出基准 PID 参数，在此基础上不断进行调整、凑试。此外，还可以将参数自整定技术应用于 PID 控制器的参数调节，例如齐格勒-尼科尔斯方法，它在系统闭环情况下，去除积分与微分作用，让系统在纯比例器的作用下产生等幅振荡，利用此时的临界增益和临界振荡周期确定 PID 调节器参数。

将该方法应用于光伏发电系统逆变器控制中的 PI 控制环节参数整定的具体步骤如下：

首先进行纯比例控制，给定值 $r(t)$ 为阶跃信号，将比例系数由小变大，直到被控量出现临界振荡为止，记下此时的临界振荡周期 T_c 和临界增益 K_c，则对于 PI 控制器闭环整定值为：$k_p = 0.45K_c$，$k_i = 0.8T_c$。然后设置大概的值，在 MATLAB 下进行仿真，并且不断调节 k_p 和 k_i，直到得到令人满意的输出波形。

5.3.4　并网式光伏发电系统建模

搭建如图 5-39 所示的并网光伏式发电系统 MATLAB/Simulink 仿真模型。图中，PV module 为光伏电池模块；Boost 为升压环节，其中包含了 MPPT 控制；电网采用 Three-Phase Source 模拟理想电网；最下方是双闭环控制模块，与 SVPWM 模块连接；3 phase PLL 为三相锁相环模块，其中包含解耦和坐标变换模块；坐标变换根据实际仿真，既有采用系统自带模块，也有自己搭建的功能模块，下面介绍仿真模型搭建过程。

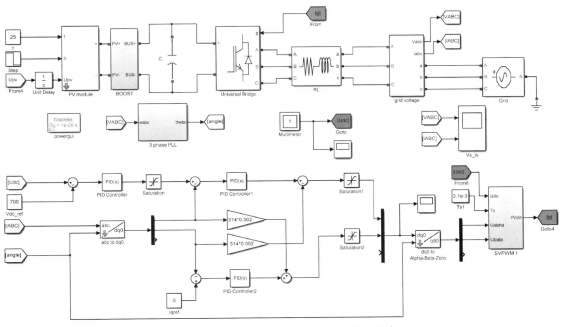

图 5-39　并网光伏式发电系统 Simulink 仿真

1. 并网式光伏发电系统主电路模块

仿真参数按照表 5-7 所给数值进行设置。

表 5-7　光伏电池模块仿真参数

名　称	数　值	名　称	数　值
光伏电池表面温度 T_{ref}	25℃	电容 C_1	4.7×10^{-6} F
太阳辐照度 S_{ref}	1000W/m²	升压电感 L	2×10^{-3} H
开路电压 U_{oc}	45.8V	电容 C	2.2×10^{-3} H
短路电流 I_{sc}	9.28A	滤波电感 L	2×10^{-3} H
最大功率点电压 U_{mp}	37.1V	电阻 R	0.2Ω
最大功率点电流 I_{mp}	8.77A	三相电流源	380V，90°，50Hz

图 5-40 为并网式光伏发电系统主电路模块，图 5-41 为光伏电池封装模块内部及封装设置。图 5-41a 中的 I（function 模块）的 Expression 项填入：u[1] * (1-u[2] * (exp(u[5]/(u[3] * u[4]))-1))。

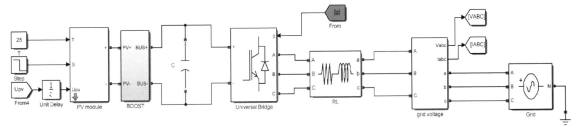

图 5-40　并网式光伏发电系统主电路模块

图 5-42 为 DC-DC 升压电路以及 MPPT 控制模块，其中的 Zero order hold（零阶保持器）Sample time（-1 for inherited）均填入：Ts；Memory（存储模块）元件 Ib 和 Ub 默认值不变，Db 的 Initial condition 填入：0.5；Saturation（限幅）的 Upper limit（上限）和 Lower limit（下限）分别填入：0.9 和 0.1。

2. 锁相环及坐标变换模块

锁相环的控制原理以及 dq-PLL 控制基本思路参见 5.2.2 节电压跌落检测方法中的基于电压 d 轴定向的检测方法相关内容。

基于图 5-37 所示锁相环基本原理分析，搭建如图 5-43 所示的仿真模型，其 PI 调节器中比例系数设置为 150，积分时间常数设置为 1000。图 5-44 与图 5-45 分别为 Clark 变换与 Park 变换封装模块内部。

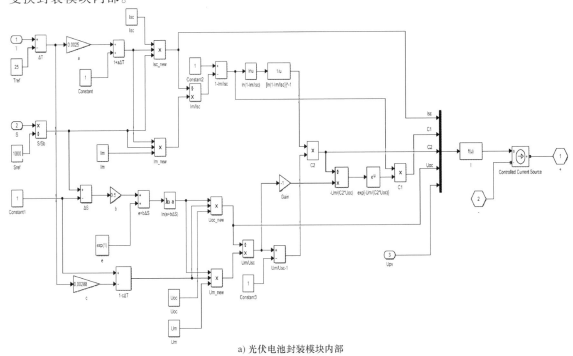

a) 光伏电池封装模块内部

图 5-41　光伏电池（PV）模块及封装设置

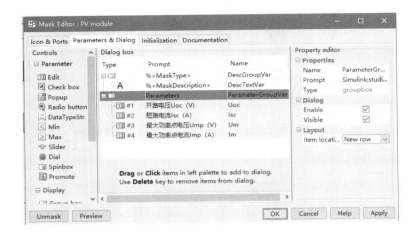

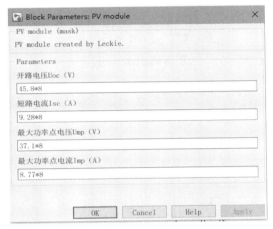

b) Mask Editor设置

图 5-41 光伏电池（PV）模块及封装设置（续）

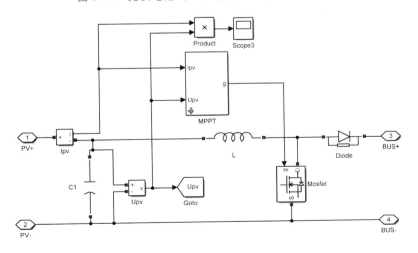

a) DC-DC升压(Boost)封装模块内部

图 5-42 DC-DC 升压及 MPPT 模块

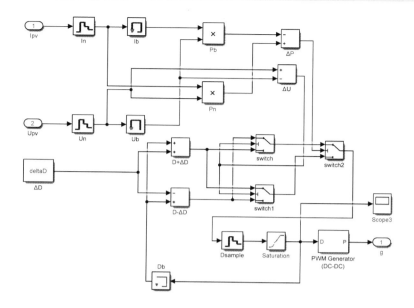

b) MPPT封装模块内部

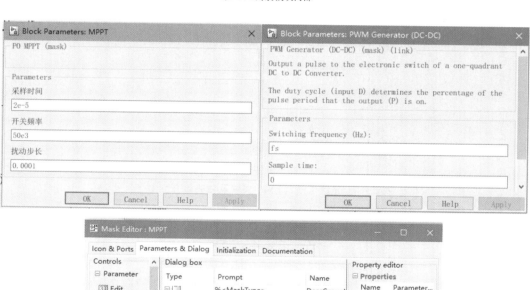

c) MPPT封装参数设置

图 5-42　DC-DC 升压及 MPPT 模块（续）

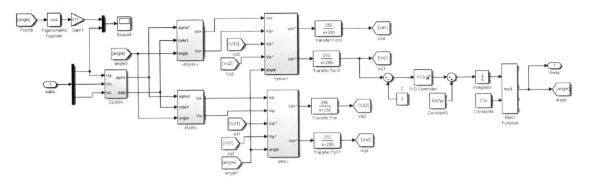

图 5-43 基于 *dq*-PLL 三相锁相环封装模块

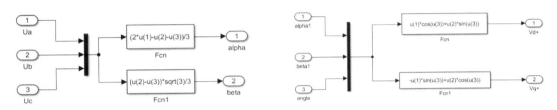

图 5-44 Clark 变换封装模块内部　　　图 5-45 Park 变换封装模块内部

3. SVPWM 及双闭环控制模块

图 5-46 为 SVPWM 及双闭环控制模块仿真模型。其中，电压环 PI 调节器比例系数设置为 0.5，积分时间常数设置为 10；电流环 PI 调节器比例系数设置为 30，积分时间常数设置为 300。

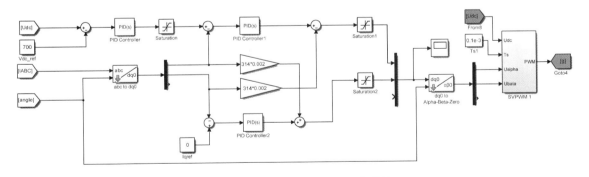

图 5-46 SVPWM 及双闭环结构模块

本节中 SVPWM 模块同 5.3.1 节模块搭建一致，其他子模块不再介绍，其中添加的 Memory 模块 Initial condition（初始条件）设置为 "1e-5"。图 5-47 为 SVPWM 封装模块内部。

4. 基于 SVPWM 算法的并网光伏发电系统仿真结果分析

基于仿真模型图 5-46，参见 5.3.4 节设置仿真参数。仿真时长为 0.5s，算法采用变步长 ode45 算法，最大仿真步长（Max Step Size）设置为 "1e-6"，未提出的其余变量保持初始值

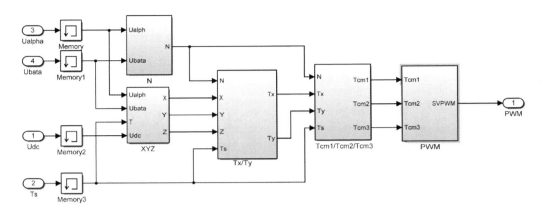

图 5-47　SVPWM 封装模块内部

不变。仿真结果如图 5-48、图 5-49 所示。

　　图 5-48 所示为逆变器直流侧电压 U_{dc}，0.02s 后达到稳态，恒定为 700V，响应速度快。

　　从图 5-49 中可以看出，直流侧输出电压稳定后（0.02s 之后），三相并网电流波形的频率、相位和电网电压保持同步，且并网逆变器输出的电流波形总谐波畸变率为 2.48%，小于 5%，各次谐波畸变率小于 3%，仿真结果符合并网要求。

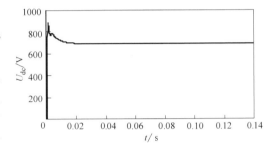

图 5-48　直流侧输入电压

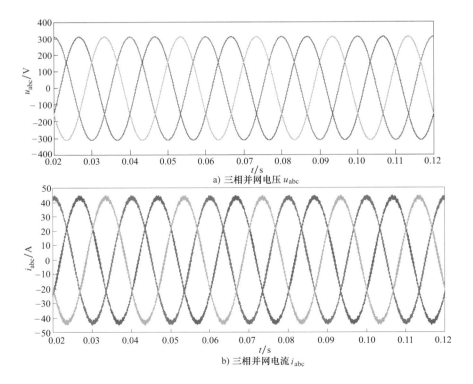

a) 三相并网电压 u_{abc}

b) 三相并网电流 i_{abc}

图 5-49　并网光伏发电系统仿真波形

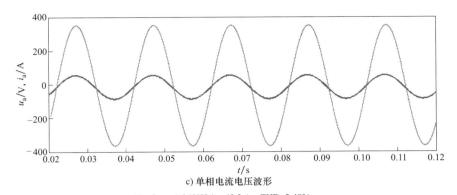

c) 单相电流电压波形

Fundamental (50Hz) = 43.2 A，THD=2.48%

d) A相电流谐波分析

图 5-49 并网光伏发电系统仿真波形（续）

5.4 基于 MATLAB/Simulink 孤岛效应仿真

针对并网光伏发电系统的孤岛检测，本节以频率偏移类检测算法作为重点，对主动频率偏移法和正反馈主动频率偏移法的实现原理以及仿真模型的搭建过程进行介绍。

5.4.1 主动频率偏移（AFD）检测法

1. AFD 检测法的原理分析

AFD 检测法一般通过对逆变器输出电流施加微小的扰动，使公共耦合点（Point of Common Coupling PCC）电压 U_{PCC} 的频率在公共电网断开后能够向上或者向下偏移，从而能根据过/欠频原理检测到孤岛效应。AFD 检测法的基本原理是：通过施加适当的扰动，控制逆变器输出电流的频率，使其略高或略低于 U_{PCC} 的频率。也就是说，若电流已经半波完成，但是电压由于滞后而

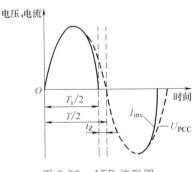

图 5-50 AFD 波形图

没有到达半波零点，则在电压滞后的这段时间里，令电流的给定值保持为零，直到电压过零，电流才开始下一个半波，如图 5-50 所示。

图中，T 为公共电网电压的周期，T_i 为逆变器输出电流 I_{inv} 正弦部分的周期，t_Z 为死区时间，即电流过零点超前（或滞后）电压过零点的时间间隔。截断系数 c_f 定义为

$$c_f = \frac{t_Z}{T/2} \tag{5-54}$$

当公共电网正常运行时，由于公共电网电压的控制作用，加入的轻微扰动不会对系统造成较大的影响；当孤岛发生时，U_{PCC} 会比公共电网断开前提前 t_Z 时间到达过零点，将导致 U_{PCC} 和 I_{inv} 的相位差发生变化，逆变器为了维持 U_{PCC} 和 I_{inv} 原本的相位关系，将会增大 I_{inv} 的频率，最后导致 U_{PCC} 的频率进一步增大，当频率偏移足够大并超过过频/低频保护的阈值时，就能检测到孤岛并触发孤岛保护。

2. AFD 检测法的盲区分析

人们通常用检测盲区（Non-detection zone，NDZ）来评价孤岛检测措施的有效性。检测盲区一般通过功率不匹配度的二维坐标空间表示法或者负载参数的二维坐标空间表示法来反映。负载参数空间分析法主要适用于频率偏移类的孤岛检测方法，其中，$L \times C_{norm}$ 空间描述法中，L 为负载电感，C_{norm} 为负载标准化电容；$Q_{f0} \times f_{res}$ 空间描述法中，Q_{f0} 为负载品质因数，f_{res} 为负载谐振频率。$L \times C_{norm}$ 空间描述法的不足在于无法直观地体现出负载电阻的变化对检测盲区形状和大小的影响，$Q_{f0} \times f_{res}$ 空间描述法的不足则体现在两个坐标变量之间存在相互耦合，从而影响孤岛检测方法的性能。针对上述缺点与不足，可采用 $Q_{f0} \times C_{norm}$ 空间描述法来进行孤岛检测。

在 $Q_{f0} \times C_{norm}$ 空间描述法中，坐标系的横轴为类似于负载品质因数的参数 Q_{f0}，坐标系的纵轴为最不利于孤岛检测条件下的标准化电容值 C_{norm}。这两个参数的定义如下：

$$Q_{f0} = \frac{R}{\omega_0 L} \tag{5-55}$$

$$C_{norm} = \frac{C}{C_{res}} \tag{5-56}$$

$$C_{res} = \frac{1}{\omega_0^2 L} \tag{5-57}$$

式中，L、C 分别为负载电感值和电容值；ω_0 为公共电网电压的角频率；C_{res} 为负载的谐振电容。

在 AFD 检测法中，当公共电网断电后，若不能及时停止并网逆变器的运行，将会使 PCC 的电压频率不断变化，直到满足式（5-58）的相角判据并达到新的稳态点：

$$\Psi_{Load} = \arctan\left(R\frac{1}{\omega L} - \omega C\right) = -\theta_{inv} \tag{5-58}$$

$$\theta_{AFD} = \frac{\omega}{2}t_Z \tag{5-59}$$

由式（5-56）得

$$C = C_{norm} C_{res} = (1 + \Delta C) C_{res} \tag{5-60}$$

式中，ΔC 为负载电容 C 相对于谐振电容 C_{res} 的系数。

同时，PCC 电压频率为

$$\omega = \omega_0 + \Delta\omega \tag{5-61}$$

将式（5-60）、式（5-61）代入式（5-58），得

$$\arctan\left[R(\omega_0+\Delta\omega)(1+C)C_{res}-\frac{1}{(\omega_0+\Delta\omega)L}\right]=\theta_{AFD} \tag{5-62}$$

联立式（5-55）、式（5-60）、式（5-62）并化简整理得

$$\arctan\left[Q_{f0}\omega_0\frac{\left(\frac{\Delta\omega}{\omega_0}\right)^2+\frac{2\Delta\omega}{\omega_0}+\left(1+\frac{\Delta\omega}{\omega_0}\right)^2\Delta C}{\omega_0+\Delta\omega}\right]=\theta_{AFD} \tag{5-63}$$

一般而言，系统不允许在大幅度频率偏移的条件下运行，因而可采用以下假设对式（5-63）进行简化处理：

$$\left(\frac{\Delta\omega}{\omega_0}\right)^2\approx0,\left(1+\frac{\Delta\omega}{\omega_0}\right)^2\approx1 \tag{5-64}$$

可得到式（5-63）简化后的表达式为

$$\arctan\left[Q_{f0}\left(\frac{2\Delta\omega}{\omega_0}+\Delta C\right)\right]=\theta_{AFD} \tag{5-65}$$

联立式（5-54）、式（5-59）、式（5-65），得

$$\arctan\left[Q_{f0}\left(\frac{2\Delta\omega}{\omega_0}+\Delta C\right)\right]=\frac{\pi}{2}c_f \tag{5-66}$$

当达到新的稳态时，将不再增加或者减小电流频率。若此时的电压频率超过了系统正常运行的阈值，则孤岛检测成功，否则该工况位于孤岛检测盲区内。

求解式（5-66），得

$$\Delta C=\frac{\tan\left(\frac{\pi}{2}c_f\right)}{Q_{f0}}-\frac{2\Delta\omega}{\omega_0} \tag{5-67}$$

又由于 $C_{norm}=1+\Delta C$，联立式（5-67），求解得到标准化电容 C_{norm} 的表达式为

$$C_{norm}=\frac{\tan\left(\frac{\pi}{2}c_f\right)}{Q_{f0}}-\frac{2\Delta\omega}{\omega_0}+1 \tag{5-68}$$

将我国允许的频率波动范围 $-0.5\sim0.5\mathrm{Hz}$ 以及 $\omega_0=2\pi f_0$ 代入式（5-68），可以得到标准化电容 C_{norm} 的范围为

$$\frac{\tan\left(\frac{\pi}{2}c_f\right)}{Q_{f0}}-\frac{1}{f_0}+1<C_{norm}<\frac{\tan\left(\frac{\pi}{2}c_f\right)}{Q_{f0}}+\frac{1}{f_0}+1 \tag{5-69}$$

5.4.2 带正反馈的主动频率偏移（AFDPF）检测法

1. AFDPF 检测法的原理分析

AFDPF 检测法是在 AFD 检测法的基础上提出的一种改进方案，用于提升 APD 的孤岛检测性能，其原理是在原有频率偏移控制中引入了正反馈控制量。在 AFDPF 检测法中，截断系数 c_f 表示为

$$c_f=c_{f0}+k\Delta f \tag{5-70}$$

式中，c_{f0} 为初始截断系数；k 为反馈增益；Δf 为 PCC 电压频率的偏离值，$\Delta f = f - f_0$（这里 $f_0 = 50\text{Hz}$）。

当公共电网正常运行时，PCC 电压频率轻微的变化，在 AFDPF 扰动的作用下会使频率偏差进一步增大，但是公共电网的稳定性阻止了这一变化；公共电网断电后，频率偏差的增大将导致 c_f 的增大，从而使逆变器输出电流的频率也增大，并最终触发低频/过频保护，实现孤岛检测。

2. AFDPF 检测法的盲区分析

基于前述 AFD 检测法的盲区分析，用 AFDPF 的截断系数替换 AFD 的截断系数，即可得到 AFDPF 的检测盲区公式为

$$\frac{\tan\left(\frac{\pi}{2}c_f + \frac{\pi}{2} \cdot k \times 0.5\right)}{Q_{f0}} - \frac{1}{f_0} + 1 < C_{norm} < \frac{\tan\left(\frac{\pi}{2}c_f - \frac{\pi}{2} \cdot k \times 0.5\right)}{Q_{f0}} + \frac{1}{f_0} + 1 \tag{5-71}$$

AFDPF 检测法由于引入了正反馈，即使 PCC 的电压频率只有微小的变化，正反馈都能使逆变器输出电流的频率朝着相同的方向持续变化，从而使 PCC 电压的频率误差进一步累加，直到触发低频/过频保护，检测出孤岛效应。AFDPF 检测法易于实现，在孤岛检测的可靠性与效率方面，AFDPF 检测法的性能优于 AFD 检测法。通过反馈增益 k 参数的调节，实现无盲区孤岛检测。

与 AFD 检测法一样，由于 AFDPF 检测法也对分布式发电系统引入扰动，从而使谐波增大，影响了电能质量。另外，若分布式发电系统与弱电网连接，AFDPF 检测法也会降低系统在暂态扰动下的运行稳定性。

5.4.3 孤岛检测方法在 MATLAB/Simulink 下的建模仿真

主动式孤岛检测法通过对发电系统加入适当的扰动，使 PCC 电压幅值、相位或者频率在产生孤岛效应时能产生突变并超过允许的阈值，从而能够成功检测到孤岛。本节通过 MATLAB/Simulink 搭建孤岛检测仿真模型，对上述检测方法进行仿真建模。

图 5-51 为在 MATLAB/Simulink 环境下搭建的并网式光伏发电系统孤岛效应仿真模型，AFD 模块为孤岛检测算法的 S 函数模块，其输入为 PCC 电压的频率和相位，经过 AFD 检测算法得到输出信号，输出信号经 PID 控制后输入 SVPWM 模块，产生 6 路脉冲控制信号，控

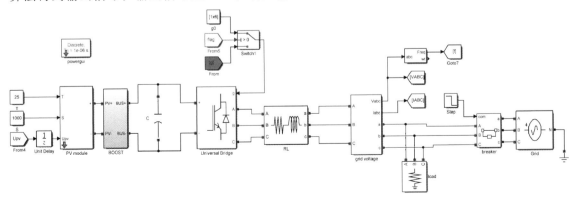

图 5-51 并网式光伏发电系统孤岛效应仿真模型

制逆变器的开关管，从而控制逆变器的输出。当负荷匹配时最难检测到孤岛，满发时逆变器的输出功率约为 20kW，因此仿真中选用本地负荷为纯阻性 50kW，这种检测最困难的情况进行研究。

如图 5-52 所示，在搭建仿真的过程中用到了 S 函数，S 函数即系统函数（System Function）。因为在研究中需要用到复杂的算法设计，因其复杂性不适合用普通的 Simulink 模块来搭建，需要用编程的形式设计出 S 函数模块，将其嵌入系统中。

图 5-53 所示为控制电路仿真模型，其由电压外环、电流内环和空间矢量调制（SVPWM）模块组成。电压外环生成 d 轴电流

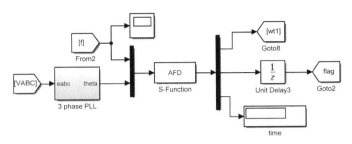

图 5-52　三相锁相环及 AFD 模块

参考值 q 轴电流参考值设为 0，dq 轴电流误差经过电流内环生成 dq 轴参考电压，通过坐标变换得到 $\alpha\beta$ 轴电压，送入空间矢量调制模块生成逆变器控制信号。

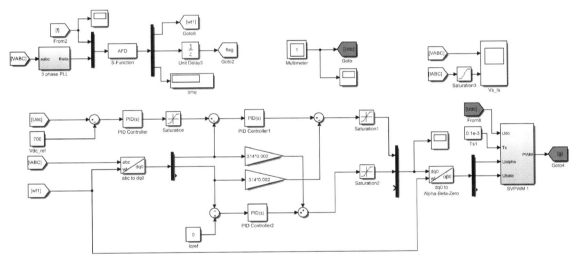

图 5-53　控制部分仿真模型

S 函数具有固定的程序格式，用 MATLAB 语言可以编写 S 函数，此外还允许用户使用 C、C++、Fortran 和 Ada 等语言进行编写，用非 MATLAB 语言进行编写时，需要采用编译器生成动态链接库（DLL）文件。

在主窗口中输入 sfundemos，或者单击"Simulink"→"User-Defined Functions"→"S-Function Examples"，即可出现如图 5-54 所示的界面，可以选择对应的编程语言查看演示文件。

MATLAB 为了用户使用方便，有一个 S 函数的模板 sfuntmpl. m，一般来说，仅需要在 sfuntmpl. m 的基础上进行修改即可。在主窗口输入 edit sfuntmpl 即可出现模板函数的内容，可以详细地观察其帮助说明以便更好地了解 S 函数的工作原理。模板函数的定义形式为 function[sys, x0, str, ts] = sfuntmpl(t, x, u, flag)，一般来说，S 函数的定义形式为 [sys, x0, str, ts] = sfunc(t, x, u, flag, p1, …, pn)，其中的 sfunc 为自己定义的函数名称，以

上参数中，t、x、u 分别对应时间、状态、输入信号，flag 为标志位，其取值不同，S 函数执行的任务和返回的数据也是不同的，pn 为额外的参数，sys 为一个通用的返回参数值，其数值根据flag 的不同而不同，x0 为状态初始数值，str 在目前为止的 MATLAB 版本中并没有什么作用，一般 str = [ ] 即可，ts 为一个两列的矩阵，包含采样时间和偏移量两个参数，如果设置为 [0 0]，那么每个连续的采样时间都运行，[-1 0] 则表示按照所连接的模块的采样速率进行，[0.25 0.1] 表示仿真开

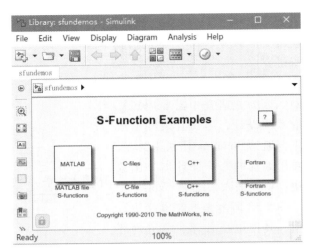

图 5-54　S 函数演示文件窗口

始的 0.1s 后每 0.25s 运行一次，采样时间点为 TimeHit = n * period+offset。

S 函数的使用过程中有两个概念值得注意：①direct feedthrough，系统的输出是否直接和输入相关联，即输入是否出现在输出端的标志，若是为 1，否则为 0，一般可以根据在 flag = 3 的时候，mdlOutputs 函数是否调用输入 u 来判断是否直接馈通。②dynamically sized inputs，主要给出连续状态的个数、离散状态的个数、输入数目、输出数目和直接馈通否。

S 函数中目前支持的 flag 选择有 0、1、2、3、4、9 等数值，表 5-8 说明了不同的 flag 情况下 S 函数的执行情况。

表 5-8　不同的 flag 情况下 S 函数的执行情况

flag	S-function 程序	说明
0	mdlInitializeSizes	进行系统的初始化过程,调用 mdlInitialize-Sizes 函数,对参数进行初始化设置,比如离散状态个数、连续状态个数、模块输入和输出的路数、模块的采样周期个数、状态变量初始数值等。
1	mdlDerivatives	进行连续状态变量的更新
2	mdlUpdate	进行离散状态变量的更新
3	mdlOutputs	求取系统的输出信号
4	mdlGetTimeOfNextVarHit	计算下一仿真时刻,由 sys 返回
9	mdlTerminate	终止仿真过程

在实际仿真过程中，Simulink 会自动将 flag 设置为 0，进行初始化过程，然后将 flag 的数值设置为 3，计算模块的输出，一个仿真周期后，Simulink 将 flag 的数值先后设置为 1 和 2，更新系统的连续和离散状态，再将其设置为 3，计算模块的输出，如此循环直至仿真结束条件满足。

根据 5.4.1 节和 5.4.2 节所介绍的 AFD 和 ADFPF 检测法原理，编写相应的 S 函数，具体的参考程序如下。

1. AFD 检测法 S 函数

```
function [sys,x0,str,ts]=AFD(t,x,u,flag)
```

```
switch flag,
case 0
[sys,x0,str,ts]=mdlInitializeSizes;% 初始化
case 3
sys=mdlOutputs(t,x,u);% 计算输出
case{1,2,4,9}
sys=[];
otherwise
error(['Unhandled flag =',num2str(flag)]);% 错误处理
end
function [sys,x0,str,ts]=mdlInitializeSizes
sizes=simsizes;
sizes.NumContStates=0;
sizes.NumDiscStates=0;% 离散变量
sizes.NumOutputs=3;% 输出量
sizes.NumInputs=2;% 输入量
sizes.DirFeedthrough=1;% 直接馈通
sizes.NumSampleTimes=1;% 采样时间
sys=simsizes(sizes);
x0=[];
str=[];
ts=[10e-6 0];% 采样时间
global Freq_Ic Freq_Upcc Theta_Ic Theta_Upcc cf Flag Time
Freq_Ic=50;% 电流频率
Freq_Upcc=50;% 电压频率
Theta_Ic=0;% 电流相位
Theta_Upcc=0;% 电压相位
cf=0.01;% cf 值
Flag=0;% 孤岛标志位
Time=0;% 孤岛检测时间
function sys=mdlOutputs(t,x,u)
global Freq_Ic Freq_Upcc Theta_Ic Theta_Upcc cf Flag Time
Theta_Upcc=u(2);
if Theta_Upcc<0.05
Freq_Upcc=u(1);% Upcc 相位为 0 时更新频率
end
if Flag==0
if Theta_Upcc<0.05
if (Freq_Upcc>=50.5)||(Freq_Upcc<=49.5)
```

```
sys(1)=0;
Flag=1;% 频率越限时孤岛标志位置1
Time=t;
else
Freq_Ic=Freq_Upcc+cf* 50;
Theta_Ic=Theta_Upcc;
end
else
if (pi-Theta_Ic<=0)&&(pi-Theta_Upcc>=0)
elseif (2* pi-Theta_Ic<=0)&&(2* pi-Theta_Upcc>=0)
else
Theta_Ic=Theta_Ic+2* pi* Freq_Ic* 10e-6;
end
end
sys(1)=Theta_Ic;
else
sys(1)=0;
end
sys(2)=Flag;
sys(3)=Time;
```

2. AFDFD 检测法 S 函数

```
function [sys,x0,str,ts]=AFDPF(t,x,u,flag)
switch flag,
case 0
[sys,x0,str,ts]=mdlInitializeSizes;% 初始化
case 3
sys=mdlOutputs(t,x,u);% 计算输出
case{1,2,4,9}
sys=[];
otherwise
error(['  Unhandled flag ='  ,num2str(flag)]);% 错误处理
end
function [sys,x0,str,ts]=mdlInitializeSizes
sizes=simsizes;
sizes.NumContStates=0;
sizes.NumDiscStates=0;% 离散变量
sizes.NumOutputs=3;% 输出量
sizes.NumInputs=2;% 输入量
sizes.DirFeedthrough=1;% 直接馈通
```

```
sizes.NumSampleTimes=1;% 采样时间
sys=simsizes(sizes);
x0=[];
str=[];
ts=[10e-6 0];% 采样时间
global Freq_Ic Freq_Upcc Theta_Ic Theta_Upcc cf0 k Flag Time
Freq_Ic=50;% 电流频率
Freq_Upcc=50;% 电压频率
Theta_Ic=0;% 电流相位
Theta_Upcc=0;% 电压相位
cf0=0.01;% cf 值
k=0.02;% 反馈系数
Flag=0;% 孤岛标志位
Time=0;% 孤岛检测时间
function sys=mdlOutputs(t,x,u)
global Freq_Ic Freq_Upcc Theta_Ic Theta_Upcc cf0 k Flag Time
Theta_Upcc=u(2);
if Theta_Upcc<0.05
Freq_Upcc=u(1);% Upcc 相位为 0 时更新频率
end
if Freq_Upcc>49.99
cf=cf0+k* (Freq_Upcc-50);
else
cf=-cf0+k* (Freq_Upcc-50);
end
if Flag==0
if Theta_Upcc<0.05
if (Freq_Upcc>=50.5)||(Freq_Upcc<=49.5)
sys(1)=0;
Flag=1;% 频率越限时孤岛标志位置 1
Time=t;
else
Freq_Ic=Freq_Upcc+cf* 50;
Theta_Ic=Theta_Upcc;
end
else
if (pi-Theta_Ic<=0)&&(pi-Theta_Upcc>=0)
elseif (2* pi-Theta_Ic<=0)&&(2* pi-Theta_Upcc>=0)
else
```

```
Theta_Ic=Theta_Ic+2* pi* Freq_Ic* 10e-6;
end
end
sys(1)=Theta_Ic;
else
sys(1)=0;
end
sys(2)=Flag;
sys(3)=Time
```

5.4.4　并网式光伏发电系统的孤岛效应仿真结果分析

在 MATLAB/Simulink 平台上搭建模型对 AFD 检测法、AFDPF 检测法进行仿真分析，结果分析如下：

1. 基于 AFD 的孤岛效应检测方法

为了保证孤岛检测能够成功，AFD 算法中的 c_f 取值应该越大越好，但是 c_f 增大也会使得谐波畸变率增大，所以在保证成功检测到孤岛的前提下，c_f 的取值应该尽量小，以降低谐波畸变率，减小扰动对电能质量的影响。

图 5-55 为 $c_f = 0.01$ 时基于 AFD 的孤岛效应并网系统逆变器输出电压、电流波形以及频率的变化图。在 IEEE 标准中规定，发生孤岛效应后，逆变器向负载供电时间不能超过 0.2s；仿真中，设定频率超出 49.5~50.5Hz 范围则可以判断发生了孤岛效应。由图 5-55c 可

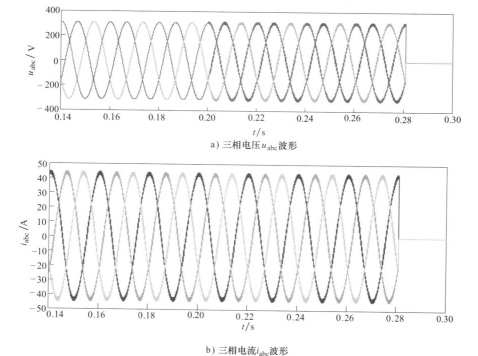

a) 三相电压 u_{abc} 波形

b) 三相电流 i_{abc} 波形

图 5-55　基于 AFD 的孤岛效应检测波形

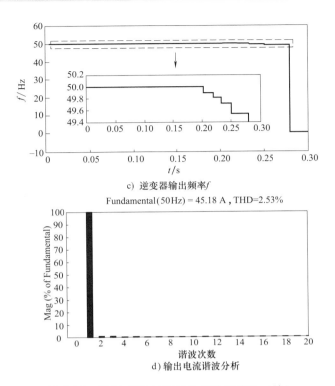

c) 逆变器输出频率 f

Fundamental（50Hz）= 45.18 A , THD=2.53%

d) 输出电流谐波分析

图 5-55　基于 AFD 的孤岛效应检测波形（续）

以看出：在孤岛发生 0.0808s 后时刻检测到了孤岛现象，图 5-55d 为 c_f = 0.01 的情况下单相电流的谐波分析结果，其基波幅值为 45.18A，总谐波畸变率为 2.53%，各次谐波不超过 3%，电能质量较好。

2. 基于 AFDPF 的孤岛效应检测方法

初始截断系数的增大对检测速度并没有太大的影响，却会增大 THD，所以 c_{f0} 的取值应该尽量小；但是 c_{f0} 的作用是触发脱网瞬间的频率偏移，不能过小。因此，在本节的研究中，c_{f0} 取 0.01。同时，增大反馈增益 k，检测速度会加快，但是 THD 也随之增大，所以加快检测速度是靠牺牲电能质量换来的，因此需要兼顾两者。

图 5-56 为 c_f = 0.01，k = 0.02 时基于 AFDPF 的孤岛效应并网系统逆变器输出电压、电流波形以及频率的变化图。由图 5-56c 可以看出，在孤岛发生 0.0613s 后检测到了孤岛现象，

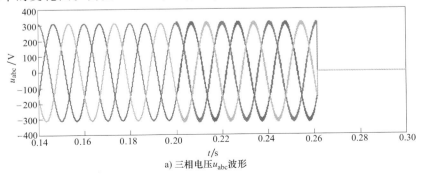

a) 三相电压 u_{abc} 波形

图 5-56　基于 AFDPF 的孤岛效应检测波形

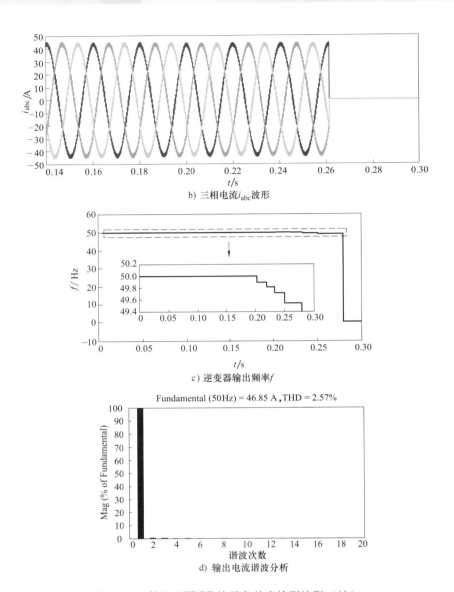

b) 三相电流 i_{abc} 波形

c) 逆变器输出频率 f

Fundamental (50Hz) = 46.85 A，THD = 2.57%

d) 输出电流谐波分析

图 5-56　基于 AFDPF 的孤岛效应检测波形（续）

检测时间在 IEEE 标准中规定的 0.2s 内，符合技术要求。图 5-56d 为 $c_f = 0.01$，$k = 0.02$ 的情况下单相电流的谐波分析结果，其基波幅值为 46.85A，总谐波畸变率为 2.57%，各次谐波畸变率低于 1.6%，电能质量较好。

5.4.5　并网式光伏发电系统孤岛效应检测仿真实验

1. 实验目的

1）掌握并网式光伏发电系统工作原理。

2）掌握基于 AFD 及 AFDPF 的孤岛效应检测方法。

3）了解 c_f、k 对孤岛检测的影响，分析两种方式下的检测范围（盲区分布）。

2. 实验原理

参考 5.2.1 节和 5.4 节。

3. 实验器材

计算机、MATLAB 软件。

4. 实验步骤

1）根据 5.4.3 节的仿真建模过程搭建仿真模型，相关参数及仿真算法设置一致。

2）基于 AFD 的孤岛效应检测方法，c_f 取不同值时对孤岛检测进行仿真实验，记录表 5-9 检测时间（检测成功的情况下）以及并网电流的 THD。

3）基于 AFDPF 的孤岛效应检测方法，采用控制变量法，对 c_f 及 k 取不同值时的孤岛检测进行验证，记录表 5-10 检测时间（检测成功的情况下）以及并网电流的 THD。

5. 数据记录

完成表 5-9 和表 5-10。

表 5-9 AFD 检测法的仿真结果

c_f 的取值	检测时间/s	并网电流的 THD（%）
−0.04		
−0.03		
−0.02		
−0.01		
0		
0.01		
0.02		
0.03		
0.04		

表 5-10 AFDPF 检测法的仿真结果

c_f 的取值	k 的取值	检测时间/s	并网电流的 THD（%）
	0.02		
0.01	0.05		
	0.1		
	0.02		
0.03	0.05		
	0.1		
	0.02		
0.05	0.05		
	0.1		

5.5 基于 MATLAB/Simulink 光伏发电系统低电压穿越仿真

对于并网运行光伏发电系统，在电网正常运行时，逆变器采用双闭环控制策略使得输出电流达到并网要求；当电网电压跌落时，采用双闭环控制策略导致逆变器输出过电流，基于无功支撑的低电压穿越控制策略可使逆变器不因过电流保护而脱网，并支撑电网电压恢复，实现辅助低电压穿越的功能。

5.5.1　电压对称跌落时逆变器运行特性分析

在电力系统发生的故障中，单相短路故障较为常见；三相短路则较少出现，但是如果其发生以后给电力系统造成的损失是灾难性的。因此，研究三相电压对称跌落时光伏并网逆变器的运行特性，对于确保光伏逆变器具备应对各种故障工况的低电压穿越能力具有重要意义。

两级式光伏发电系统结构如图 5-57 所示，其中逆变器输出的有功功率用 P_c 表示，流入电网的有功功率用 P_g 表示。

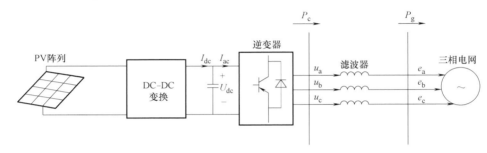

图 5-57　两级式光伏发电结构图

电网电压发生三相对称跌落后，电网电压和电流中只含有正序分量。不考虑并网电抗器时，逆变器交流侧功率平衡方程可表示为

$$P_c = P_g = 1.5(e_d i_d + e_q i_q) = U_{dc} I_{ac} \tag{5-72}$$

由功率平衡得

$$U_{dc} I_{dc} = 1.5 e_d i_d + \frac{1}{2} C \frac{dU_{dc}^2}{dt} = U_{dc} I_{ac} + \frac{1}{2} C \frac{dU_{dc}^2}{dt} \tag{5-73}$$

电力系统处于稳态运行时，电容电压恒定不变，且其中无电流通过，则式（5-73）可表示为

$$U_{dc} I_{dc} = 1.5 e_d i_d = U_{dc} I_{ac} \tag{5-74}$$

直流母线电容器作用是在逆变器和 Boost 电路输出之间缓冲能量。理想条件下，逆变器直流侧电流与 Boost 电路输出的直流电流瞬时相等，则流过并联电容的电流为 0，直流侧电压没有波动。实际系统中由于逆变器电流控制的延迟以及 SVPWM 工作时有电流脉动，逆变器直流侧电流与 Boost 电路输出直流电流不能严格匹配，这时两者的电流差值就流过直流侧电容。

当忽略逆变器电流的安全限值时，电网电压从 e_d 跌落到 e'_d 时刻，光伏阵列输出功率保持不变，此时逆变器输出有功电流也应从 i_d 上升至 i'_d，则有

$$P_{PV} = 1.5 e_d i_d = 1.5 e'_d i'_d \tag{5-75}$$

实际中逆变器的热容量是有限的，为防止过电流导致逆变器损坏，必须对其实施限流保护。因此对逆变器输出电流限幅后，瞬时有功电流值为 i''_d，且 $i''_d < i'_d$。有

$$P_{PV} = 1.5 e_d i_d > 1.5 e'_d i''_d \tag{5-76}$$

由功率平衡可得

$$P_{PV} = 1.5e'_d i''_d + \Delta P \qquad (5-77)$$

从式（5-77）可以看出，ΔP 存储于直流侧的电容器中，导致直流母线电压升高，直至系统达到新的稳定状态，此时 $P'_{PV} = U'_{dc}I'_{dc} = 1.5e'_d i''_d$。

5.5.2 基于无功支撑的 LVRT 控制策略分析

电网电压跌落时逆变器不因过电流保护而脱离电网是光伏并网逆变器 LVRT 的关键。基于无功支撑的 LVRT 控制策略是通过重新分配有功电流、无功电流的参考值来实现的。在电压电流双闭环控制框图的基础上添加了一个电网电压前馈控制环节，计算得到无功电流参考值。LVRT 控制策略流程图如图 5-58 所示。

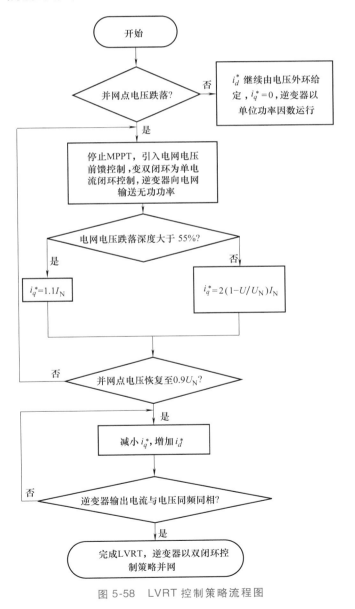

图 5-58 LVRT 控制策略流程图

逆变器正常并网时，无功电流参考值 i_q^* 为 0，由电压外环输出 i_d^*，逆变器仅向电网输出有功功率，即逆变器以单位功率因数运行。电网三相对称跌落时，仍向电网提供较大的有功功率已没有意义，而此时向电网输出无功功率，能够提升电网电压幅值，即支撑电网电压恢复。当检测到电网电压发生跌落时，应断开直流电压外环，逆变器变为单电流闭环控制，电网电压前馈开始工作，按照电网电压跌落深度计算无功电流参考值 i_q^* 和有功电流参考值 i_d^*。

5.5.3　控制参数整定

电网电压跌落前，有功电流等于电网输入电流 i；电压跌落后，要求并网电流最大限值为 $1.1 I_N$。根据 LVRT 技术要求，无功补偿斜率为

$$k = \frac{\Delta I_q / I_N}{\Delta U / U_N} \tag{5-78}$$

式中，$\Delta I_q = I_q - I_{q0}$；$\Delta U = U_0 - U$；$U_N$ 为电网额定电压；U_0 为跌落前电压；U 为跌落后电压；I_N 为额定电流；I_q 为跌落后的无功电流；I_{q0} 为跌落前的无功电流。

按照电网电压跌落深度，无功电流参考值 i_q^* 可表示为

$$i_q^* = I_q = \begin{cases} k\left(1 - \dfrac{U}{U_N}\right) I_N , \left(1 - \dfrac{1.1}{k}\right) U_N \leqslant U \leqslant 0.9 U_N \\ 1.1 I_N , 0.2 U_N \leqslant U \leqslant \left(1 - \dfrac{1.1}{k}\right) U_N \end{cases} \tag{5-79}$$

式中，U 由前馈控制环节得到。为保证光伏并网逆变器不脱网需限制其输出电流，即

$$I_q \leqslant I_{max} = 1.1 I_N \tag{5-80}$$

根据 LVRT 标准关于无功支撑的要求，k 应满足 $k > 2$，若取 $k = 2$，电压跌落深度大于 55%，则有

$$I_q \leqslant I_{max} = 1.1 I_N \tag{5-81}$$

此时，并网逆变器仅向电网提供无功电流。有功电流参考值为

$$i_d^* = \sqrt{i^2 - i_q^{*2}} \tag{5-82}$$

图 5-59 所示的电压发生三相对称跌落时 LVRT 单电流闭环控制结构图中的 i_d^* 和 i_q^* 可由式（5-79）与式（5-82）计算得到。

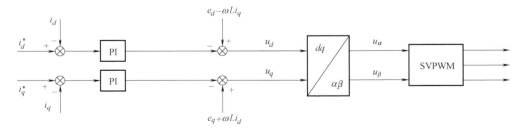

图 5-59　LVRT 单电流闭环控制图

5.5.4　低电压穿越 MATLAB/Simulink 模型仿真模型搭建

在 Simulink 中搭建并网系统电压跌落及低电压穿越控制仿真模型，如图 5-60 所示。具

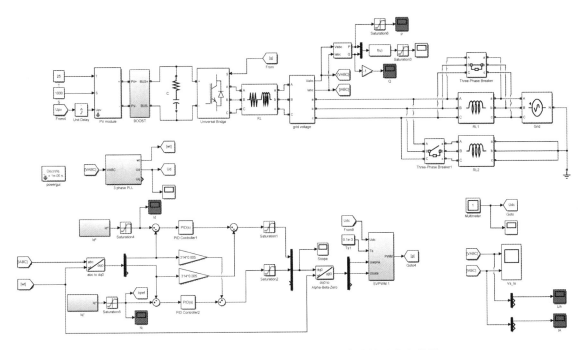

图 5-60　并网系统电压跌落及低电压穿越控制仿真模型

体参数参见 5.3.4 节设置，电流 PI 调节器均设置比例控制系数为 30，时间积分常数为 300，Saturation 幅值均限制在 ±500。

图 5-61 为电压对称与不对称跌落主拓扑，其中 RL1 为 0.01e-3 ∗ 5H，RL2 为 0.01e-3 ∗ 5H，L 为 0.05e-3H，三相电压源 Positive-sequence：［Amplitude（Vrms Ph-Ph）Phase（deg.）Freq.（Hz）］设置为：［380 90 50］。

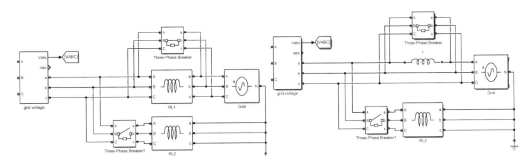

图 5-61　电压对称与不对称跌落主拓扑

低电压穿越的仿真模型包括模拟电压跌落的开关模块、有无功检测模块和有无功电流参考值分配模块，图 5-62 为有功无功及功率因数观测模块，fcn 模块 Expression 填入：u(1)/sqrt(u(1)^2+u(2)^2)。

图 5-63 为 d 轴参考电流分配模块，fcn 模块 Expression 填入：sqrt((1.1 ∗ 31.6 ∗ sqrt(2))^2-u^2)，Saturation 幅值限制在 ±500，PI 模块比例控制系数为 0.5，时间积分常数为 10。图 5-64 为 q 轴参考电流分配模块。

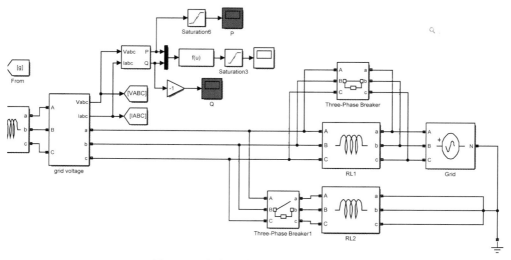

图 5-62　有功无功及功率因数观测模块

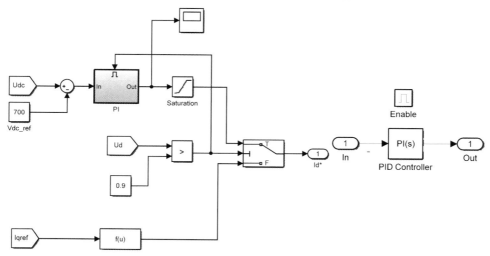

图 5-63　d 轴参考电流分配模块

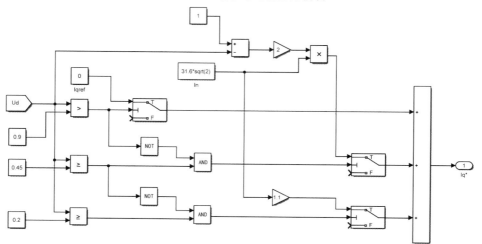

图 5-64　q 轴参考电流分配模块

图 5-65 为基于 SOGI 的三相锁相环仿真模型，其中 PI 模块比例控制系数为 180，时间积分常数为 3200。

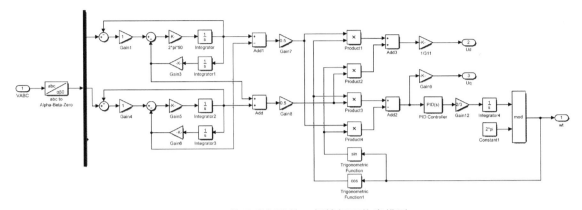

图 5-65 基于 SOGI 的三相锁相环仿真模型

5.5.5 低电压穿越 MATLAB/Simulink 模型仿真模型结果分析

1. 基于 dq-PLL 的电压跌落仿真波形分析

在 Simulink 中分别在对称与非对称故障条件下，建立基于 dq-PLL 的模型来检测电压跌落。在 0.1s 时模拟并网点电压发生跌落，仿真时间设为 0.2s，结果分析如下：

（1）对称跌落仿真

电网电压三相对称跌落 50%。仿真结果如图 5-66 所示。图 5-66a 为并网点电压波形，由于滤波电感的存在，三相电压跌落有一定延迟，在 0.02s 内能够完成跌落。图 5-66b 为跌落发生后，检测到 u_d 在 0.02s 内由 1pu 跌落到 0.5pu。可见，在电压三相对称跌落时，u_d 可表征电压跌落深度。

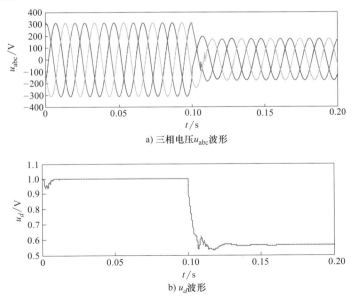

a) 三相电压 u_{abc} 波形

b) u_d 波形

图 5-66 基于 dq-PLL 的电压对称跌落检测效果

（2）不对称跌落仿真

模拟并网点 a 相电压跌落 50%。仿真结果如图 5-67 所示。由图 5-67a 可知，在 0.02s 内 a 相电压跌落了 50%。从图 5-67b 可以看出，电网电压有功分量中出现了 2 倍工频波动，无法准确反映电压跌落深度，检测失败，必须改进锁相环，使其适用于不对称跌落的检测。

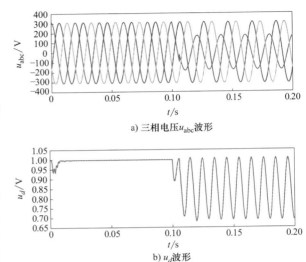

a) 三相电压 u_{abc} 波形

b) u_d 波形

图 5-67　基于 dq-PLL 的电压不对称跌落检测效果

2. 基于 SOGI 的电压跌落仿真波形分析

在 Simulink 中搭建基于 SOGI 的电压跌落检测方法的仿真模型。在 0.1s 模拟并网点 a 相电压跌落 50% 进行仿真，仿真时间为 0.2s。图 5-68 和图 5-69 分别表示 a 相电压在 0.02s 内完成对称与不对称电压跌落 50%。图 5-68b 和图 5-69b 均是电压有功分量 u_d 的标幺值，由图可知，电网电压发生对称跌落时，基于 SOGI 的检测方法在电网电压发生对称跌落时，与上面的基于 dq-PLL 的检测方法实现效果一致，u_d 可表征电压跌落深度；电网电压发生不对称跌落时，基于 SOGI 的检测方法能在 0.04s 内检测到 u_d 由 1pu 跌落至 0.84pu，同样可以准确检测出电压跌落深度。

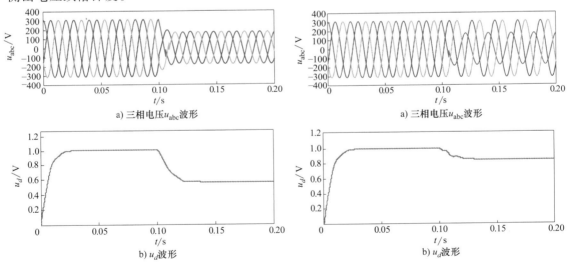

a) 三相电压 u_{abc} 波形

b) u_d 波形

图 5-68　基于 SOGI 的电压对称跌落检测效果

a) 三相电压 u_{abc} 波形

b) u_d 波形

图 5-69　基于 SOGI 的电压不对称跌落检测效果

3. 基于无功支撑的并网光伏发电 LVRT 仿真结果分析

在 Simulink 中搭建并网系统电压跌落及控制策略仿真模型，如图 5-60 所示，采用双闭环控制时基于无功支撑的 LVRT 控制策略进行仿真实验。仿真中设置电压在 0.3s 发生跌落，0.5s 电压恢复正常，下面对电压跌落 30% 和 70% 时基于无功支撑的并网光伏发电 LVRT 仿真结果进行分析。

（1）电压跌落 30%

由图 5-70 和图 5-71 可知，逆变器输出三相电压在 0.3s 发生电压跌落的 0.01s 后，可以达到预设额定电压的 70%，具有很好的动态特性；逆变器输出电流被限制在额定电流的 1.1 倍以内。电网故障切除（0.5s）后，逆变器输出电流可在 0.01s 后恢复至额定值，实现了光伏系统的低电压穿越。

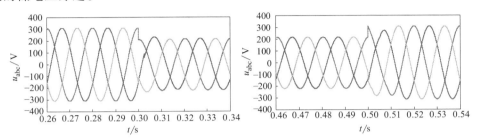

图 5-70 逆变器输出三相电压波形

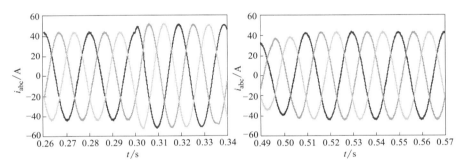

图 5-71 逆变器输出三相电流波形

由图 5-72 可知，电网电压跌落 30% 时，逆变器输出无功功率增大、有功功率减小明显，逆变器向电网输送了无功功率以支撑电网电压恢复，实现低电压穿越。

（2）电压跌落 70%

由图 5-73 和图 5-74 可知，0.3s 发生电压跌落后 0.02s 可以达到额定电压的 30%，具有很好的动态特性；逆变器输出电流被限制在额定电流的 1.1 倍以内。电网故障切除（0.5s）后，逆变器输出电流虽然产生较大的电流波动，但电流值依然可以维持在 20A 以上，并且可以在 0.08s 恢复至额定值，之后保持稳定，展现出较好的低电压穿越性能。

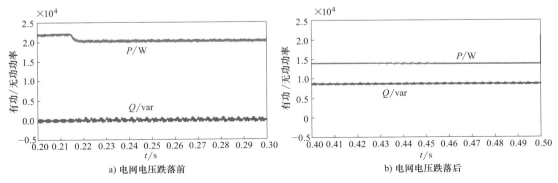

a) 电网电压跌落前　　　　　　　　　b) 电网电压跌落后

图 5-72 30%电压跌落的光伏系统低电压穿越过程

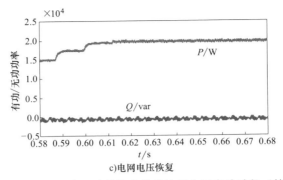

c) 电网电压恢复

图 5-72　30%电压跌落的光伏系统低电压穿越过程（续）

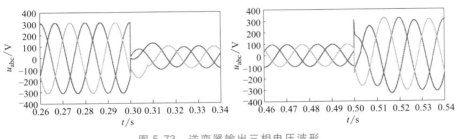

图 5-73　逆变器输出三相电压波形

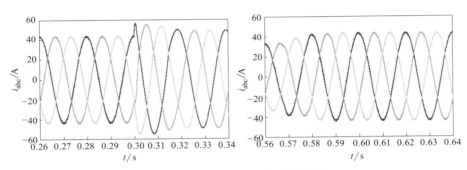

图 5-74　逆变器输出三相电流波形

由图 5-75 可知，电网电压跌落 70%时，逆变器输出无功功率增大、有功功率减小明显。有功无功功率虽然在电压跌落及恢复期间都发生了较大的波动，但可以在限定时间内恢复并维持稳定，逆变器向电网输送了无功功率，电网电压从而有能力恢复至跌落前状态。

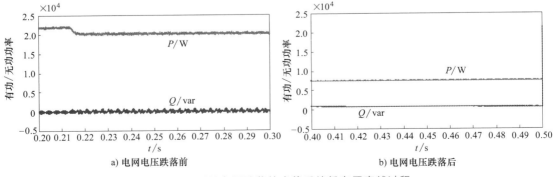

a) 电网电压跌落前　　　　　　　　　　　　　b) 电网电压跌落后

图 5-75　70%电压跌落的光伏系统低电压穿越过程

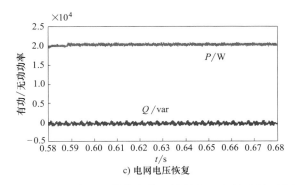

c) 电网电压恢复

图 5-75　70%电压跌落的光伏系统低电压穿越过程（续）

思考题与习题

5-1　常见并网式光伏发电系统的拓扑结构有哪几种类型？各结构的优势与不足体现在哪些方面？

5-2　光伏发电系统为何采取 dq 轴并网控制？将 abc 三相控制转换到 dq 轴控制需要借助哪些变换？

5-3　简述光伏发电系统采用单位功率因数控制并网运行的优点与缺点。

5-4　光伏发电系统有哪些主动式孤岛检测措施和哪些被动式孤岛检测措施？分析两者的优缺点。

5-5　针对光伏发电系统的低电压穿越问题，并网导则针对无功电流输出能力提出了什么要求？

5-6　并网光伏发电系统低电压穿越过程中，其有功出力调节的主要控制目标是什么？

5-7　简述空间脉宽调制的主要原理以及实现过程。

5-8　AFD 检测法中，c_f 是否越大越好？c_f 越大，谐波畸变率如何变化？所以为保证成功检测到孤岛的同时，降低谐波畸变率，减小扰动对电能质量的影响，c_f 应该如何取值？

5-9　AFDPF 检测法中，若 k 值固定不变，c_f 是否越大越好？c_f 越大，谐波畸变率如何变化？若 c_f 值固定不变，k 值如何选取，是否越大越好？检测速度如何变化？谐波畸变率如何变化？

5-10　搭建 5.4 节具备孤岛检测能力的并网式光伏发电系统仿真模型，基于仿真结果对比 AFDPF 检测法与 AFD 检测法的孤岛检测能力（检测速度、检测盲区）。

5-11　并网式光伏发电系统电压对称跌落与非对称跌落的暂态过程有何差异？

5-12　并网式光伏发电系统低电压穿越控制参数整定需要考虑哪些要素？

5-13　搭建 5.5 节具备低电压穿越能力的并网式光伏发电系统仿真模型，基于仿真结果对比，分析在低电压穿越过程中，光伏发电系统向电网注入无功电流对并网点电压的抬升效果。

第6章

风光互补发电系统及实验

6.1 风力发电系统

6.1.1 风力发电系统组成结构

　　风力发电系统实现了风能到电能的转换,它通常由风力机、传动机构、发电机、整流逆变装置、控制系统以及支撑铁塔等组成。风力发电系统的组成如图6-1所示。

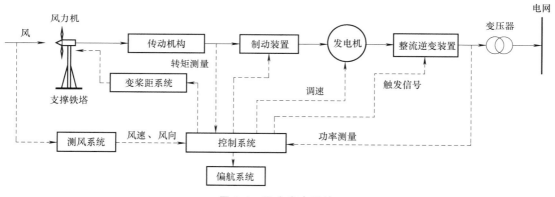

图 6-1 风力发电系统

　　风力机是通过捕获风能将其转换为机械能,它由装在轮毂上的具备优异气动性能的2~3个叶片组成。风力机通过传动系统的齿轮箱增速,将动力传送到发电机。风力机按风轮旋转轴在空间的方向可以分为水平轴与垂直轴两大类。目前大型风力发电机组一般采用水平轴。水平轴风力机有变桨距调节型和定桨距调节型。定桨距是指轮毂和桨叶的连接是固定的,桨距角固定不变,即当风速发生变化时,桨叶的迎风角度不会变化,该结构简单,具有较高的可靠性。变桨距可以改变桨距角的大小,调节风力机捕获的机械功率大小。变桨距的优点是桨叶受到的力较小,桨叶轻巧,但是其结构比较复杂,系统故障率较高。

　　控制系统(控制器)是风力发电机的关键部件,其控制着风力发电机组的安保功能和工作功能的实现。控制器的功能主要有:当风速到达起动风速的时候,风力机能自动起动并带动与其相连的发电机发电;当风向发生变化的时候,水平轴的风力机会自动跟随风向的变化，达到自动对风的目的；当风力机风轮转速过快或风速过高的时候，自动制动风力机，停止运转。

发电机将动能转化成电能，目前应用于风力发电系统的发电机组有异步发电机、直流发电机、同步发电机、开关磁阻发电机和双馈异步发电机等多种类型。

6.1.2 风力发电原理

由能量转化定律可知，空气流动时的动能作用在叶轮上，动能被转化为机械能，使叶轮转动。而叶轮的转轴与发电机的转轴连接，带动发电机转动，机械能转化为电能。但是自然界的风速与风向经常变化，这样风力发电系统发出的电能也随之变化，频率和电压都不稳定，没有实际应用价值。并且风轮转速变化太快时，风力发电系统容易被风吹垮。为了解决这些问题，现在的风力发电系统增加了控制系统、制动系统、齿轮箱、液压系统和偏航系统等安全保护措施。

流经风轮的风能不会被风力机完全吸收，需对风力机的风能利用系数进行研究。贝兹假设了一种理想的风轮，即假定风轮是没有轮毂、叶片无穷多的理想的平面桨盘，且流过整个风轮扫掠面上是均匀的气流，没有阻力，气流速度的方向在通过风轮前后都是沿着风轮轴线。当气流通过风轮时，由于风轮的旋转，在靠近风轮处及在风轮后某一距离处的速度均有所降低。与此同时，气流速度的降低导致了气流动能的减少，减少的这部分动能被风力机吸收后可以转化为机械能，最终转化为电能。空气流过旋转风轮的空气流线图如图6-2所示，其中 V 为流过风力机前的风速，V_1 为流过风轮截面 A 时的实际速度，V_2 为流过风轮后的风速。气流在通过风轮

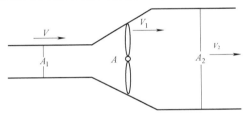

图 6-2 空气流过风轮旋转截面
前后的空气流线图

截面前的截面面积为 A_1，流过风轮后截面面积为 A_2。在单位时间内风轮前后气流动能的变化量即为被风轮吸收的能量 E，即

$$E = \frac{1}{2}mV^2 - \frac{1}{2}mV_2^2 = \frac{1}{2}\rho A V_1 (V^2 - V_2^2) \tag{6-1}$$

式中，m 为单位时间内流过风轮界面空气的质量，$m = \rho A V_1$；ρ 为空气密度。

风轮在单位时间内吸收的动能 E 也可以用风在风轮截面处的风速 V_1 与其作用在风轮上力 F 的乘积来表示，即

$$E = FV_1 \tag{6-2}$$

将式（6-1）和式（6-2）合并可得

$$F = \frac{1}{2}\rho A (V^2 - V_2^2) \tag{6-3}$$

由动量定理可知，风作用在风轮上的力等于单位时间内通过风轮旋转面积的气流动量的变化，即

$$F = mV - mV_2 = \rho A V_1 (V - V_2) \tag{6-4}$$

将式（6-3）和式（6-4）合并可得

$$V_1 = \frac{1}{2}(V + V_2) \tag{6-5}$$

将式 (6-5) 代入式 (6-1) 可得

$$E = \frac{1}{4}\rho A(V+V_2)(V^2-V_2^2) \tag{6-6}$$

通常 V 是已知的，所以可以把 E 看作是 V_2 的函数，对其求导，并使它为 0，得

$$V_2 = \frac{1}{3}V \tag{6-7}$$

将式 (6-7) 代入式 (6-6)，可以得到理论上可吸收的最大风能为

$$E_{max} = \frac{8}{27}\rho AV^3 \tag{6-8}$$

单位时间内风轮所吸收的风能 E 与风轮截面处的全部风能 E_m 的比值称为风能利用系数 C_p，可得

$$C_{pmax} = \frac{E}{E_m} = \frac{\frac{8}{27}\rho AV^3}{\frac{1}{2}\rho AV^3} = \frac{16}{27} = 0.593 \tag{6-9}$$

这是理想风轮理论上的最大效率，称为贝兹极限。实际上，C_p 一般达不到 0.593，在应用中一般为 $0.4 \sim 0.45$。

定桨距风力机的风能利用系数 C_p 由叶尖速度比 λ 确定，桨距角 $\beta = 0$。λ 定义为

$$\lambda = \frac{\omega_r R}{V} \tag{6-10}$$

式中，R 为风轮半径；V 为风速；ω_r 为风力机转速。

风力机的风能利用系数 C_p 可表示为叶尖速比与桨距角的函数表达式。对于不同风力机，其函数表达式存在差异。C_p 函数表达式示例如下：

$$\begin{cases} C_p(\lambda,\beta) = 0.5176\left(\frac{116}{\lambda_i} - 0.4\beta - 5\right)e^{-\frac{21}{\lambda_i}} + 0.0068\lambda \\ \frac{1}{\lambda_i} = \frac{1}{\lambda+0.08\beta} - \frac{0.035}{\beta^3+1} \end{cases} \tag{6-11}$$

风力机的输出转矩对应表示为

$$T_m = \frac{1}{2}\rho AV^3 C_p(\lambda_i,\beta)/\omega_r \tag{6-12}$$

式中，ρ 为空气密度；A 为风力机风轮截面积。

通过改变风力机叶片的桨距角来控制风轮捕获的能量功率是一种被广泛采用的方法。这个方法减少的是风力机捕获的能量，在高风速条件下限制风力机捕获的功率，防止对风力机设备造成额外的负载。桨距角控制功能类似于火电机组中汽轮机、水轮机组中水轮机的控制，如图 6-3 所示。

ω_{ref} 为风力机转速基准值，风力机转速与转速基准值的偏差量经过比例积分控制，得到桨距角的参考值 β_{ref}。再经过一阶延迟环节，输出参数桨距角 β。桨距角控制不但受到最大、最小范围的限制，还受到单位时间内变化速率的限制。

桨距角控制的数学模型可以写成

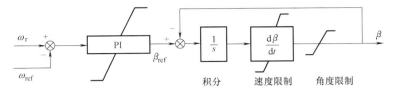

图 6-3 桨距角控制框图

$$
\begin{cases}
\tau \dfrac{\mathrm{d}\beta}{\mathrm{d}t} = \beta_{\mathrm{ref}} - \beta \\
\beta_{\mathrm{ref}} = \left(k_{\mathrm{p}} + \dfrac{k_{\mathrm{i}}}{s} \right) \left(\omega_{\mathrm{r}} - \omega_{\mathrm{ref}} \right)
\end{cases}
\tag{6-13}
$$

6.1.3 风力发电机种类

常用的风力发电机包含异步发电机、双馈异步发电机、无刷双馈异步发电机、永磁同步发电机和开关磁阻发电机等，下面分别对其结构与功能进行介绍。

1. 异步发电机

异步发电机较早应用于风力发电系统，其优势在于结构相对简单，系统构造成本低，其缺点在于调节转速实现变风速下最大功率追踪与运行的能力较弱。风电系统中应用的异步发电机有笼型结构与绕线转子结构两种。

笼型异步发电机结构如图 6-4 所示。笼型异步风电机组一般通过升压变压器与电网直接连接，经双向晶闸管起动装置实现风电机组的软并网，此时机端需安装电容器组进行无功补偿。正常工作时，机组在高于同步转速附近恒速运行。为改善风力机的转速可调节性，以提升风速变化条件下风能利用效率，笼型异步发电机可通

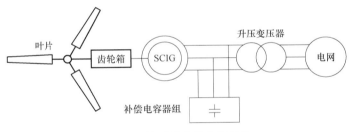

图 6-4 笼型异步发电机结构

过变级调速实现双速恒速运行，该运行方案还有助于降低运行过程中的噪声。

绕线转子异步发电机结构如图 6-5 所示。绕线转子结构的优势在于转子可外接可变电阻，通过电力电子装置调整转子回路的电阻，调节发电机的转差率，实现有限变速运行，增

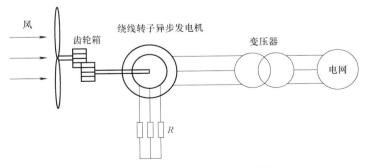

图 6-5 绕线转子异步发电机结构

大风电机组捕获风能。同时采用变桨距调节和转子电流控制，可以改善动态性能、维持输出功率稳定、抑制功率波动对电网的扰动。

2. 双馈异步发电机

双馈异步发电机的结构如图 6-6 所示，功率变换器连接至转子，通过控制转子电流/电压实现对风电机组转速以及整体输出功率的调节。由于功率变换器安装在转子侧支路，其流经的仅为转差功率，该拓扑结构对于功率变换器的容量要求较低，一般配备容量为 30% 机组额定功率的功率变换器即可。双馈异步发电机广泛应用于风力发电系统，其建设成本较低，但其运行可靠性易受电刷机械结构损坏的影响，对机组的运行环境有一定要求。

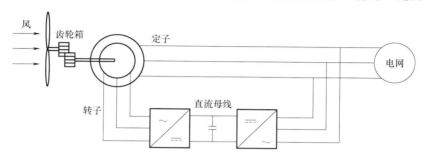

图 6-6　双馈异步发电机的结构

3. 无刷双馈异步发电机

无刷双馈异步发电机的结构如图 6-7 所示，其运行原理与有刷双馈异步发电机相近，同样可应用于变速恒频风力发电系统。两者间的主要区别在于无刷双馈异步发电机取消了电刷，弥补了标准型双馈发电机可靠性不足的问题。其缺点是增加了发电机的体积和成本，不适宜应用于大规模风力发电系统。

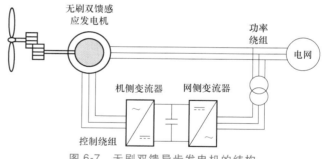

图 6-7　无刷双馈异步发电机的结构

4. 永磁同步发电机

近年来，采用同步发电机来代替异步发电机是风力发电系统的一个主要技术进步。同步电机应用于风电系统中较为常见的机型为永磁同步发电机。永磁同步发电机采用永磁体励磁，无需外加励磁装置，减少了励磁损耗；同时它无需换向装置，因此具有效率高、寿命长等优点。与等功率一般发电机相比，永磁同步发电机在尺寸及重量上仅是它们的 1/3 或 1/5。由于此种发电机极对数较多，因此适合于采用发电机与风轮直接相连、无传动机构的直驱式结构。

基于永磁同步发电机的风电系统结构如图 6-8 所示。机侧变换器控制永磁同步发电机的输出有功与无功，网侧变换器则负责维持直流母线电压以及调节风电系统整体向电网的注入无功。

6.1.4　风力机最大功率追踪

风力机在不同风速下，依据风速所在区间，其运行模式也存在差异，具体如图 6-9 所

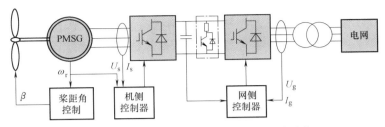

图 6-8 基于永磁同步发电机的风电系统结构

示。$V_{w\text{-in}}$ 与 $V_{w\text{-out}}$ 分别对应切入与切出风速，在该区间内风力机投入运行，该区间外风力机会因风速过高/过低切出。在切入风速 $V_{w\text{-in}}$ 与额定风速 V_{rated} 区间内，风力机可通过最大功率点追踪控制在该风速区间内最大化风能利用效率。风力机在额定风速下的最大功率点对应的是风电机组的额定功率，当风速进一步增大时，可通过超速或变桨控制减小风力机的捕获功率，将其出力限制在额定功率点处，直至风速增大到风力机的切出风速。

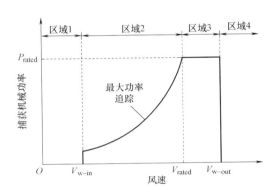

图 6-9 不同风速区间风电机组的运行模式

风力机的最大功率跟踪是指在额定风速以下，通过调节风轮转速，使其随着风速的变化而变化，从而使风力机保持在最优叶尖速比状态，将风能利用系数保持在最大值，获得最大功率输出的方法。

对于任意一台风力机来说，叶片的设计使得风能利用系数 C_p 和叶尖速比 λ、桨距角 β 呈一定关系，在某一特定桨距角 β 下，都存在唯一的一条 C_p 和 λ 的对应曲线，这条曲线常被称为 C_p 曲线。风力机的 C_p 曲线一般由叶片生产厂家提供，由于设计的不同，不同叶片的 C_p 曲线是有区别的，但其大概形式是相同的。典型的 C_p 曲线如图 6-10 所示。

由 C_p 曲线可以看到，一个 λ 值对应唯一的一个 C_p 值。而且存在一个最佳的叶尖速比 λ_{opt}，使得在此叶尖速比下的风能利用系数 C_{pmax} 为最大，此时 λ_{opt} 和 C_{pmax} 分别称为最优叶尖速比和最大风能利用系数。

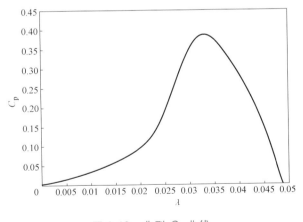

图 6-10 典型 C_p 曲线

风力机转速控制的目标就是使得风力机在不同风速时都运行在最优叶尖速比状态下，使风力机获得最大风能利用系数，从而最大限度地捕获风能。

风力发电系统的最大功率追踪控制算法依据其控制原理可归类为基于模型的 MPPT 控制

算法以及不基于模型的 MPPT 控制算法，前者的典型代表有最优叶尖速比控制、功率信号反馈法以及最优转矩控制；后者常见的控制方案包括扰动搜索法、基于模糊控制与神经网络的 MPPT 控制算法等。下面对上述风电系统 MPPT 控制算法进行介绍。

1. 最优叶尖速比控制

由上述分析可知，当风力机运行在最优叶尖速比条件下，此时的风能利用效率最高。用风速计直接测出风速信号，由最优叶尖速比 λ_{opt}，根据公式求得对应的最优转速参考值 ω_{ref}，通过将风力机控制在最优叶尖速比运行条件下，可实现风电系统的 MPPT。

$$\omega_{\text{ref}} = \frac{\lambda_{\text{opt}} V}{R} \tag{6-14}$$

式中，R 为风力机叶片的半径。

最优叶尖速比控制策略如图 6-11 所示，将最优转速参考值与测得的风力机转速信号相比较，组成闭环控制系统，由转速误差信号调节发电机的电功率输出，进而达到调节转速的目的，使风力机的转速正比于风速而变化，即始终运行在最优叶尖速比的情况下。

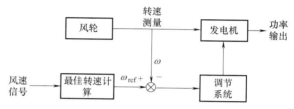

图 6-11　最优叶尖速比控制策略

2. 功率信号反馈法

功率信号反馈法的原理如图 6-12 所示。在风力机的最大功率曲线已知的情况下，根据最大功率曲线计算出此时风速对应的最大输出功率 P_{max}，将 P_{max} 与实际的输出功率 P 相比较，控制系统基于两者之间的差值，将风电系统调整至最大功率运行点。风力机的最大功率曲线可通过实验测得，或者基于风力机的机械功率表达式计算得到

$$P_{\text{max}} = \frac{1}{2}\rho A V^3 C_{\text{pmax}} \tag{6-15}$$

式中，C_{pmax} 为最大风能利用系数。

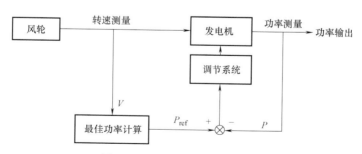

图 6-12　功率信号反馈法原理

3. 最优转矩控制

在给定风速条件下，使风力机运行在最大功率时发电机输出的电磁转矩为最优转矩，对应的转矩可表示为

$$T_{\text{m,opt}} = \frac{1}{2}\rho \pi R^5 \frac{C_{\text{pmax}}}{\lambda_{\text{opt}}^3}\omega_{\text{r}}^2 \tag{6-16}$$

基于风速和最优转矩间的对应关系，通过转矩闭环控制系统，就可以使发电机电磁转矩实时跟踪最优曲线，使系统运行在最大风能捕获点。该控制方案需要检测发电机的转矩值，对发电机参数的依赖性很强。

最优叶尖速比控制、功率信号反馈控制以及最优转矩控制等控制算法的优点在于控制算法原理清晰、易于理解，局限性在于对风力机参数的依赖性较强，需要测量空气密度、风力机机械参数等。部分参数需要通过实验测得，且随着风电机组的运行老化，其参数也会逐步发生变化，进而影响风电系统最大功率追踪的效率。

4. 扰动搜索法

扰动搜索法又称作爬山法。因为在定风速条件下，风力机的捕获机械功率相对转速为单峰曲线，可通过对风力机转速施加扰动并观测输出功率变化以确定当前转速调节至最优转速的寻优方向。基于该方法实现风电系统的 MPPT，无须测量风速和预知风力机的功率特性，其流程图如图 6-13 所示。

对当前风力发电机的输出功率和风力机转速进行采样，然后在此转速的基础上增加一个设定好的转速扰动量 $\Delta\omega$，检测扰动后的输出功率，若功率增加，说明扰动方向正确，需要进一步增加正向扰动；若功率减小，说明扰动方向错误，则需要反向增加转速扰动量使工作点左移。如此反复，直至系统运行在最大功率点附近一个很小的范围内。

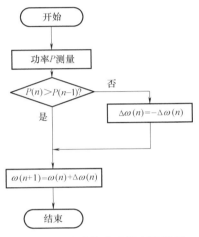

图 6-13 扰动搜索法控制流程图

扰动搜索法应用于机组参数未知场景下的 MPPT 时，会存在最优功率运行点附近振荡以及在风速突变情况下的误判问题。为改善扰动搜索法的控制性能，可采用变步长扰动观察，或与基于风力机模型的 MPPT 控制方案相结合等举措。

5. 模糊控制以及神经网络控制

随着智能控制技术的发展，其逐步应用于风电系统的 MPPT 控制，其相较传统控制方案的优势在于不依赖于控制系统的精确模型，控制效果对参数误差的鲁棒性较强，典型控制方案包含模糊控制以及神经网络控制等。这两种控制方法的基础原理与控制策略设计思路类似于在光伏发电系统 MPPT 控制中的应用，具体可参照第 3 章中的相关内容学习。

6.2 风电系统运行仿真中的风速与风力机特性模拟

6.2.1 风速模拟模型

风速模型是风力发电仿真系统的重要组成部分，用于模拟作用在风力机上的风速随时间变化的特征。基于长期统计结果，可以看出风速的变化符合一定的分布规律。国内外研究中采用的风速统计模型中应用较多的有基于 Weibull 分布的风速模型以及基于自回归滑动平均方法的风速模型等。各类风速模型都有各自的优缺点，能反映风速变化的不同方面的特性，因此需依据不同的风况条件采用不同的模型进行模拟。

1. 平均风速模型

风速模型在早期主要用于风电场经济性与运行可靠性的评估，主要参数是平均风速。平均风速指的是一定的时间段内风速大小的均值。风能研究领域常基于 Weibull 分布反映风速统计状态的平均值。

平均风速模型的优势在于模型简单，可大致体现风电机组运行的稳态特性，但无法反映风速变化条件下电网的暂态响应过程，因而基于平均风速的风速模型不适用于风力机的动态模拟。

基于 Weibull 分布的风速模型，依据参数数目的不同，可分为二参数与三参数等。基于现有 Weibull 模型存在的不足，可在基础 Weibull 模型上进行改进，如四参数混合模型等。

2. 二参数 Weibull 分布

二参数 Weibull 分布对应的分布函数为

$$F(V) = P(V \leq V_c) = 1 - e^{-(V_c/c)^k} \tag{6-17}$$

式中，k 为 Weibull 分布的形状系数；c 为 Weibull 分布的尺度系数；V 为风速（m/s）；V_c 为给定风速（m/s）。

对应的概率密度函数为

$$f(V) = \left(\frac{k}{c}\right)\left(\frac{V}{c}\right)^{k-1} e^{\left[-\left(\frac{V}{c}\right)^k\right]} \tag{6-18}$$

Weibull 双参数分布要在离散数据中拟合出可以反映实际情况的函数，即要求解 Weibull 函数的形状系数 k 和尺度系数 c。最小二乘法是最常用的拟合方法，同时还有贝叶斯方法和极大似然估计法等。Weibull 双参数模型适合模拟中风速段和高风速段，而在低风速段尤其是在零风速段时，理论数据和实测数据差别很大。基于平均风速与方差的二参数 Weibull 分布参数估算方程为

$$\begin{cases} \overline{V} = \dfrac{1}{n}\sum_{i=1}^{n} V_i \\ \sigma_V^2 = \dfrac{1}{n}\sum_{i=1}^{n}(V_i - \overline{V})^2 \\ k = (\sigma_V^2/\overline{V})^{-1.086} \\ c = \overline{V}/\Gamma(1 + 1/k) \end{cases} \tag{6-19}$$

式中，$\overline{V}$、σ_V^2 分别为风速的平均值与方差；Γ 为伽马函数。

3. 三参数 Weibull 分布

三参数 Weibull 分布对应的概率密度函数为

$$f(V) = \frac{k(V-m)^{k-1}}{c^k} e^{-\left(\frac{V-m}{c}\right)^k} \tag{6-20}$$

式中，m 为 Weibull 分布的位置参数。

对应的概率累积分布函数为

$$F(V) = P(V \leq V_c) = 1 - e^{-\left(\frac{V_c-m}{c}\right)^k} \tag{6-21}$$

三参数 Weibull 分布相较二参数多引入了一个位置参数。三参数 Weibull 分布的参数可

以通过矩估计、线性回归估计、极大似然估计以及灰色估计等方法实现。

4. 四参数混合模型

针对二参数 Weibull 模型在低风速段模型精度较低的问题，可以在低风速与零风速段采用指数分布，而在其他风速段仍采用二参数 Weibull 模型进行描述。基于该思路设计的四参数混合模型概率密度函数为

$$f(V) = \frac{a}{b}\mathrm{e}^{-\frac{v}{b}} + (1-a)\frac{k}{c}\left(\frac{V}{c}\right)^{k-1}\mathrm{e}^{-\left(\frac{v}{c}\right)^{k}} \tag{6-22}$$

由式（6-22）可以看出，四参数混合模型是二参数 Weibull 分布和指数分布的集合体，当 a 取值为 0 时，式（6-22）简化后就是 Weibull 双参数分布；a 取值为 1 时，式（6-22）简化后就是指数分布。在低风速和零风速时指数分布占主体，此时 a 取较小值，在中风速段和高风速段 Weibull 分布占主体，此时 a 取值较大。该模型的优点在于可以适用于包含低风速的全风速段风速建模；缺点在于参数 a、b 的估计需通过大量风况数据进行概率统计计算得到。

6.2.2　基于 MATLAB/Simulink 的风速模拟

风速变化的模型通常用以下 4 种成分的组合来模拟，即基本风、阵风、渐变风以及随机风。

1. 基本风

基本风速一直存在于风力机正常运行过程中，它反映的是风场风速平均值的变化。基本风决定了风力机额定功率的大小，而基本风速可以通过 Weibull 分布参数大概确定，它是在风场测风得到的。通常认为它不会随时间变化，可认定为常数，其计算公式见式（6-23）。仿真中基本风速设定为 4m/s。

$$V_1 = c \cdot \Gamma\left(1 + \frac{1}{k}\right) \tag{6-23}$$

图 6-14 为 MATLAB/Simulink 中基本风的仿真模型。

在 Simulink 菜单栏中找到库 Library Browser，其中可以找到仿真系统所需所有元器件以及模块。在 Simulink 的 Commonly Used Blocks 单元中可以找到搭建恒风速所需要的 Constant 以及 Scope。

图 6-14　基本风仿真模型

基本风的仿真结果如图 6-15 所示。

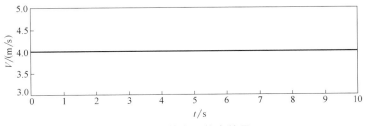

图 6-15　基本风仿真结果

2. 阵风

阵风描述的是风速突变的特性，在这段时间内风速波动可以用余弦特性描述，在分析电力系统动态特性的时候，尤其是在分析电网电压受风力发电系统所带来的影响时，常用它来

反映在风速变化较大的情况下系统的动态性能（电压波动情况）。这里阵风表示为

$$V_2 = \begin{cases} 0, & t < T_{1G} \\ V_s, & T_{1G} \leqslant t < T_{1G} + T_G \\ 0, & t \geqslant T_{1G} + T_G \end{cases} \tag{6-24}$$

其中

$$V_s = \frac{G_{max}}{2}\left[1 - \cos\left(2\pi \frac{t - T_{1G}}{T_G}\right)\right] \tag{6-25}$$

式中，T_{1G} 为阵风起始时间，仿真中取值 2.5s；t 为时间；T_G 为阵风周期，仿真中取值 2s；G_{max} 为阵风峰值，仿真中取值 2m/s。

图 6-16 为 MATLAB/Simulink 中阵风的仿真模型。

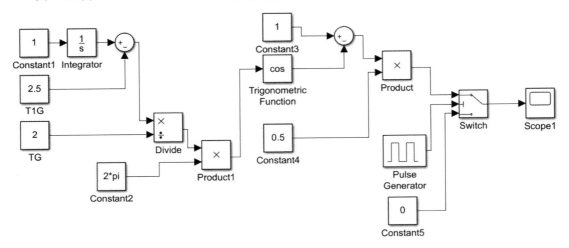

图 6-16　阵风仿真模型

阵风仿真结果如图 6-17 所示。

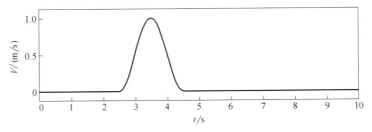

图 6-17　阵风仿真结果

3. 渐变风

渐变风对应的是指风速逐渐变化的情况，其典型模型描述为

$$V_3 = \begin{cases} 0, & t < T_{1R} \\ R_{max}\left(1 - \dfrac{t - T_{2R}}{T_{1R} - T_R}\right), & T_{1R} \leqslant t < T_{2R} \\ R_{max}, & T_{2R} \leqslant t < T_{2R} + T_R \\ 0, & t \geqslant T_{2R} + T_R \end{cases} \tag{6-26}$$

式中，R_{max} 为渐变风的最大值，仿真中取值 1m/s；T_{1R} 为风速变化起始的时间，仿真中取值 5s；T_{2R} 为风速变化结束的时间，仿真中取值 6s；T_R 为风速变化后保持的时间。

图 6-18 为 MATLAB/Simulink 中渐变风的仿真模型。

渐变风仿真结果如图 6-19 所示。

4. 随机风

随机风的意思是指风速在任何时刻都是不停变化的，为了反映这种小范围的变化，可以用随机的噪声风来模拟。其完整数学模型可描述为

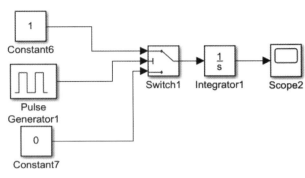

图 6-18　渐变风仿真模型

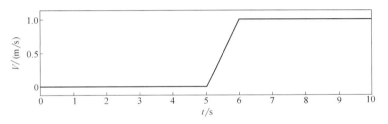

图 6-19　渐变风仿真结果

$$V_{wN} = 2 \sum_{i=1}^{N} \left[S_V(\omega_i) \Delta\omega \right]^{\frac{1}{2}} \cos(\omega_i t + \varphi_i) \tag{6-27}$$

式中，$\omega_i = \Delta\omega\left(i - \dfrac{1}{2}\right)$；$\Delta\omega$ 一般取 $0.5 \sim 2.0\text{rad/s}$；$S_V(\omega_i) = \dfrac{2K_N F^2 |\omega_i|}{\pi^2 \left[1 + (F\omega_i/\mu\pi)^2 \right]^{4/3}}$；$\varphi_i$ 为 $0 \sim 2\pi$ 之间均匀分布的随机变量；K_N 为地表粗糙系数，一般取 0.004；F 为扰动范围；μ 为相对高度的平均风速。

为了工程实践应用的便利，可用带限白噪声近似模拟随机风 V_4，其 MATLAB 仿真模型如图 6-20 所示。

图 6-21 为随机风模型的仿真结果。

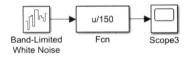

图 6-20　随机风仿真模型

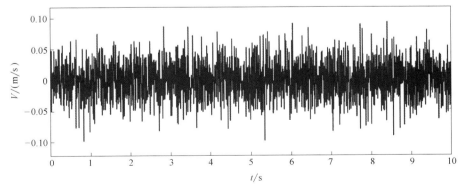

图 6-21　随机风仿真结果

根据以上的分析可以建立风速的数学模型为 $V = V_1 + V_2 + V_3 + V_4$，得到风速仿真模型如图 6-22 所示，以模拟风速的变化，仿真结果如图 6-23 所示。

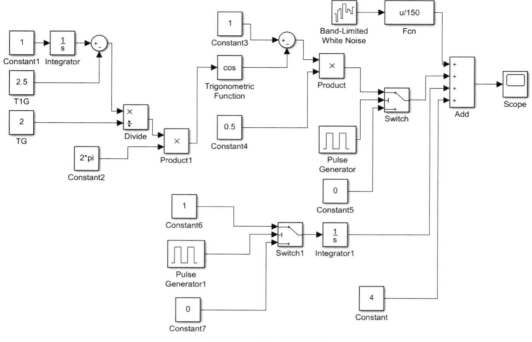

图 6-22　风速仿真模型

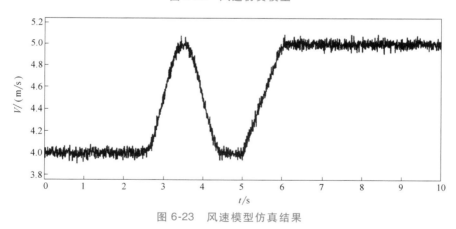

图 6-23　风速模型仿真结果

6.2.3　基于直流电动机调速的风力机特性模拟与仿真

风力机是风力发电机组的重要组成部分，其实现了风动能到风力机轴机械能的转化，与发电机组中原动机的作用相类似，因此实验室环境下针对风力机的模拟研究是进行风电机组研究的基础和前提。直流电动机模型简单，调速和控制性能优越，是进行风力机仿真模拟的有效工具。

在实际的直流电动机调速系统中，通过改变直流电动机电枢电压的大小，实现对电动机调速。基于电流闭环的控制策略，通过 PI 调节器及脉冲波发生器输出的触发脉冲，动态调整输入直流电动机的电枢电压的大小，使直流电动机输出的电磁转矩特性曲线能够较好地跟踪风力机转矩特性曲线。利用 MATLAB/Simulink 构建直流电动机模拟风力机的仿真模型。

1. 风力机模型

通过向风力机模型中输入模拟风速、桨距角 β 及直流电动机反馈角速度，来求取风力机参考转矩 $T_{e,ref}$，通过参考转矩进而求得参考电流值 $I_{a,ref}$。

仿真模型中，风力机机械转矩表达式中的 C_p 表达如式（6-11）所示，基于该公式构建的仿真模型如图 6-24 所示。

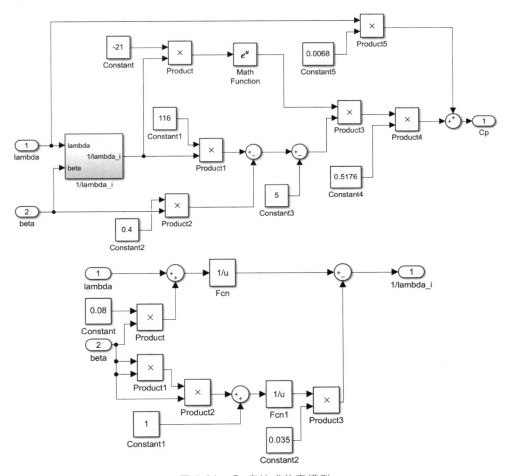

图 6-24　C_p 表达式仿真模型

根据式（6-12）中的风力机机械转矩的公式，搭建对应的仿真模型，其中参数取值为：空气密度 $\rho = 1.035\text{kg/m}^3$；风轮半径 $R = 3\text{m}$，风力机机械转矩的仿真模型如图 6-25 所示。

2. 直流电动机模型

稳态下的直流电动机数学模型为

$$\begin{cases} U = IR_a + E_a \\ E_a = C_e \Phi \omega_m \\ T_e = C_t \Phi I \end{cases} \tag{6-28}$$

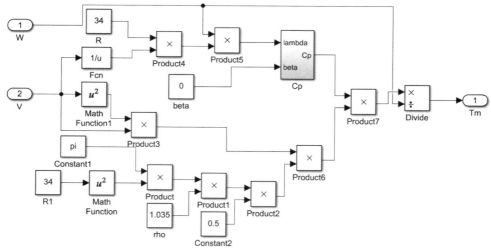

图 6-25　风力机机械转矩仿真模型

式中，U、I 分别为直流电动机的端电压与电流；C_e、C_t 分别为直流电动机的电动势常数和转矩常数；Φ 为直流电动机的主磁通；T_e 为直流电动机的电磁转矩，ω_m 为直流电动机的角速度。由模型可知，在给定转速下，可通过控制直流电动机电枢电流使其模拟风力机输出特性。

很多情况下，发电机转速高于风力机转速，两者之间通过变速齿轮箱实现转速的变化，两者间的转速和力矩关系可基于变速比 N 进行构建，有

$$\omega = N\omega_r , T_e = \frac{T_m}{N} \tag{6-29}$$

式中，ω 为直流电动机角速度；ω_r 为风力机角速度；T_e 为电磁力矩；T_m 为机械力矩。

此外，针对容量较大的风电机组，在采用直流电动机仿真时，可将其转矩除以一个折算系数，从而降低对直流电动机容量的要求。

综合式（6-28）与式（6-29），可以得到对应风力机转矩的直流电动机电枢电流。仿真中直流电动机模型采用 "DC machine" 模块，选取预设模型 "08：30HP 240V 1750RPM Field：300V"，其电枢电阻参数为 0.2275Ω，参数 $C_t\Phi$ 可基于式（6-28）计算得到，其数值为 20.8421。

3. 直流电动机模拟风力机仿真模型

图 6-26 为直流电动机模拟风力机仿真模型，在设定直流电动机转速的条件下，将直流

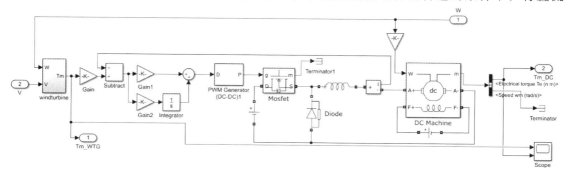

图 6-26　直流电动机的风力机仿真模型

电动机电枢电流相对其控制参考值的偏差通过PI 控制，调整直流斩波电路 MOSFET 开关信号的导通占空比，实现输出的直流电压控制，使直流电动机输出的电磁转矩特性曲线能够较好地跟踪风力机转矩特性曲线。

为验证直流电动机模拟风力机输出转矩的准确性，在风速为 13m/s 的条件下，风力机转速在 0~5s 的时间段内由 0rad/s 增长至 5rad/s，采用谐波函数模块 Ramp 进行描述，仿真模型如图 6-27 所示，仿真结果如图 6-28 所示。

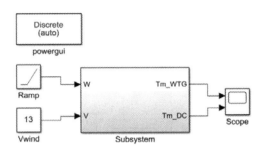

图 6-27　恒定风速变转速机械转矩仿真模型

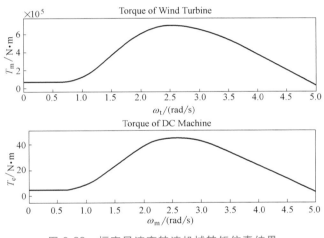

图 6-28　恒定风速变转速机械转矩仿真结果

可以看出，对应风力机转速变化，直流电动机的输出转矩可以准确地反映风力机的输出转矩特性，实现了基于直流电动机调速的风力机输出特性模拟。

6.3　基于永磁同步发电机的离网风力发电系统仿真

6.3.1　永磁同步发电机数学模型与控制原理

直驱永磁同步风力发电机是变速风力发电机组的一种，它是将多极永磁发电机直接连接风力发电机，利用风力机直接驱动发电机，取消了传动齿轮箱，从而避免其带来的诸多不利。直驱永磁风力发电机通过背靠背变流器连接电网，由于其转子直接连接风力机，转子转速随风速的变化而改变，其交流电的频率也随之变化。电力电子变流器将频率不定的交流电整流成直流电，再逆变成与电网同频率的交流电输出。直驱永磁风力发电机基本结构图如图 6-29 所示。

1. PMSG 机组数学模型

在 dq 轴下建立永磁同步电机的数学模型，按照发电机惯例定义方向。并假设直驱风力发电机组传动系统等效为单质量块。

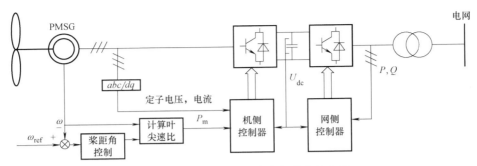

图 6-29 直驱永磁风力发电机基本结构图

定子电压方程为

$$\begin{cases} \mathrm{p}\psi_{gd} = u_{gd} + \omega_{t}\psi_{gq} + R_{s}i_{gd} \\ \mathrm{p}\psi_{gq} = u_{gq} - \omega_{t}\psi_{gd} + R_{s}i_{gq} \end{cases} \tag{6-30}$$

式中，p 为微分算子；ψ_{gd} 和 ψ_{gq} 为定子磁链直、交轴分量；u_{gd} 和 u_{gq} 为定子电压直、交轴分量；ω_{t} 为 PMSG 的电角速度；R_{s} 为定子电阻；i_{gd} 和 i_{gq} 为定子电流直、交轴分量。

定子磁链方程为

$$\begin{cases} \psi_{gd} = -L_{d}i_{gd} + \psi_{f} \\ \psi_{gq} = -L_{q}i_{gq} \end{cases} \tag{6-31}$$

式中，L_{d} 和 L_{q} 为直、交轴同步电感；ψ_{f} 为永磁体磁链。

磁链方程代入定子电压方程可得

$$\begin{cases} -L_{d}\mathrm{p}i_{gd} = u_{gd} - \omega_{t}L_{q}i_{gq} + R_{s}i_{gd} \\ -L_{q}\mathrm{p}i_{gq} = u_{gq} + \omega_{t}L_{d}i_{gd} - \omega_{t}\psi_{f} + R_{s}i_{gq} \end{cases} \tag{6-32}$$

标幺值下电磁转矩 T_{e} 用定子电流表示为

$$T_{e} = i_{gq}\left[-\left(L_{d} - L_{q} \right)i_{gd} + \psi_{f} \right] \tag{6-33}$$

2. 变流器数学模型

直驱风电变流器作为风力发电与电网的接口，作用非常重要，既要对风力发电机进行控制，又要向电网输送优质电能，还要实现低电压穿越等功能。对 PMSG 直驱系统，电机侧 PWM 变流器通过调节定子侧的 dq 轴电流，实现转速调节以及发电机励磁与转矩的解耦控制，使发电机运行在变速恒频状态，额定风速以下具有最大风能捕获功能。电网侧 PWM 变流器通过调节网侧的 dq 轴电流，保持直流侧电压稳定，实现有功和无功的解耦控制，控制流向电网的无功功率，通常运行在单位功率因数状态，提高注入电网的电能质量。

三相电压型 PWM 变流器拓扑结构如图 6-30 所示。

对三相电压型 PWM 变流器拓扑结构做如下假设：

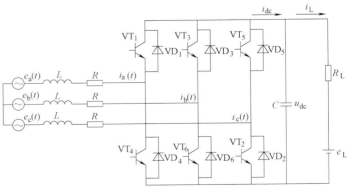

图 6-30 三相电压型 PWM 变流器拓扑结构

1）电网电动势为三相平稳的纯正弦波电动势，对称且稳定。

2）网侧滤波电感 L 是线性的，不考虑饱和。

3）用电阻 R_L 和直流电动势 e_L 串联表示直流侧负载。

4）开关器件为理想开关。

依据上述假设以及思路，可推导得到变流器的数学模型为

$$\begin{cases} L\dfrac{\mathrm{d}i_{sd}}{\mathrm{d}t}=u_{sd}-u_d-Ri_{sd}+\omega Li_{sq} \\[2mm] L\dfrac{\mathrm{d}i_{sq}}{\mathrm{d}t}=u_{sq}-u_q-Ri_{sq}-\omega Li_{sd} \\[2mm] C\dfrac{\mathrm{d}v_{\mathrm{dc}}}{\mathrm{d}t}=\dfrac{u_{sd}i_{sd}+u_{sq}i_{sq}-(u_{gd}i_{gd}+u_{gq}i_{gq})}{u_{\mathrm{dc}}} \end{cases} \tag{6-34}$$

式中，i_{sd}、i_{sq}、u_d、u_q 分别为电网电流电压；u_{sd}、u_{sq} 为变流器交流侧电压；u_{dc} 为直流侧电容电压；i_{gd}、i_{gq}、u_{gd}、u_{gq} 分别为永磁同步电机机端电流电压；R、L 为变流器交流侧电抗器电阻值和电抗值。

3. 发电机控制

发电机控制某种程度上是指机侧变流器的控制。当前高性能的直驱型全功率风力机变流器控制策略概括起来主要分为两大类：矢量控制策略和直接转矩控制策略。前者基于转子磁场定向，后者基于定子磁场定向。

矢量控制策略也称磁场定向控制（Field Oriented Control，FOC），其核心思想是将交流电机的三相电流、电压、磁链经坐标变换变成以转子磁链定向的两相同步旋转的 dq 参考坐标系中的直流量，参照直流电机的控制思想，实现转矩和励磁的控制。但是，矢量控制系统需要确定转子磁链位置，且需要进行坐标变换，运算量较大，而且还要考虑电机参数变动的影响，故系统比较复杂。

直接转矩控制策略（Direct Torque Control，DTC）与矢量控制不同，其直接利用两个滞环控制其转矩和磁链调节器直接从最优开关表中选择最合适的定子电压空间矢量，进而控制逆变器的功率管开关状态和开关时间，实现转矩和磁链的快速控制。直接转矩控制的优越性在于：不需要矢量坐标变换，实行定子磁场定向控制，对电机模型进行简化处理，没有脉宽调制（PWM）信号发生器，控制结构简单，受电机参数变化影响小，能够获得较好的动态性能。

矢量控制技术是当前应用最广的一种电机控制技术，其最终可以归结为对电机直轴电流 i_d 和交轴电流 i_q 的控制。对给定的电磁转矩，直轴和交轴电流有许多组合。不同的组合方式，其控制效率、功率因数、转矩输出能力等都不相同。

永磁同步发电机矢量控制技术的电流控制中几种主要方法如下：

1）$i_d=0$ 控制。该控制方法简单，计算量小，没有电枢反应造成的去磁问题，使用比较广泛。发电机电磁转矩和交轴电流呈线性关系。

2）功率因数等于1的控制。逆变器的容量得到充分利用，但该方法输出转矩较小。

3）转矩电流比最大控制。在一定的转矩条件下，合理配置 i_d、i_q 值，使获得的定子电流矢量值最小，即单位电流时发电机发出最大的电磁转矩和电磁功率。

4）恒磁链控制。保证气隙磁链恒定，发电机转速一定时，端电压不随负载电流增大而增大。这种控制策略下，功率因数提高，且对逆变器容量的要求降低。

零直轴电流 $i_d = 0$ 控制策略相对简单，其控制相量图如图 6-31 所示。

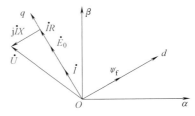

图 6-31 零直轴电流控制相量图

这种控制策略主要有以下优点：① 认为转子磁场恒定，$T_e = i_{gq}\psi_f$，则电磁转矩与 i_{gq} 成正比；② 当 $i_{gd} = 0$ 时，电枢反应磁链与转子磁链垂直，没有去磁分量，因此可以避免由于控制策略的原因造成永磁体退磁。但是当 $i_{gd} = 0$ 时，发电机端口功率因数不为 1，在发电机转速一定时，随着负载电流增大，端电压增大，功率因数进一步下降。

这一控制策略用数学方程可以表示为

$$\begin{cases} i_{gd}^* = 0 \\ i_{gq}^* = T_e^* / \psi_f \end{cases} \tag{6-35}$$

要使实际电流跟随指令电流，在电压方程中加入反馈量，以 PI 调节为例，可得电压控制方程为

$$\begin{cases} u_{gd} = \omega_t L_q i_{gq} - k_p (i_{gd}^* - i_{gd}) - k_i \int (i_{gd}^* - i_{gd}) \, \mathrm{d}t \\ u_{gq} = \omega_t \psi_f - \omega_t L_d i_{gd} + k_p (i_{gq}^* - i_{gq}) + k_i \int (i_{gq}^* - i_{gq}) \, \mathrm{d}t \end{cases} \tag{6-36}$$

此外 q 轴电流的指令值也可以根据不同的控制方式获得，通常有功率外环控制和转速外环控制，即分别给定功率指令值和转速指令值，经由 PI 环节得出电流指令值。因此机侧变流器功率外环控制与转速外环控制的框图分别如图 6-32 与图 6-33 所示。

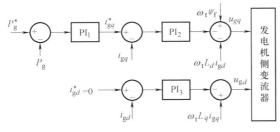

图 6-32 机侧变流器功率外环控制

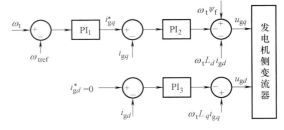

图 6-33 机侧变流器转速外环控制

功率外环控制下 q 轴电流的指令值可以表示为

$$i_{gq}^* = k_{p1} (P_g^* - P_g) + k_{i1} \int (P_g^* - P_g) \, \mathrm{d}t \tag{6-37}$$

转速外环控制下 q 轴电流的指令值可以表示为

$$i_{gq}^* = k_{p1} (\omega_t - \omega_{ref}) + k_{i1} \int (\omega_t - \omega_{ref}) \, \mathrm{d}t \tag{6-38}$$

4. 变流器控制

变流器分为机侧变流器和网侧变流器，如同机侧变流器一样，网侧变流器的控制目标主要如下：

1）保持输出直流电压恒定且有良好的动态响应能力。

2）保证网侧输入功率因数接近于 1。

基于坐标变换理论的双闭环控制是目前三相 VSR 最为常用的控制策略。根据坐标定向

方法的不同，可将其分为基于网侧电压的控制策略和基于虚拟磁链的控制策略两类。

基于网侧电压的控制策略以检测或估算电网电压为前提，主要包括电压定向控制（VOC）和直接功率控制（DPC）。其中，电压定向控制采用直流电压外环、并网电流内环的双闭环结构。而直接功率控制采用直流电压外环，并网功率内环的双闭环结构。

基于虚拟磁链的控制策略以估算虚拟磁链为前提。若将网侧电压看作电机定子感应电势，将网侧滤波电感及其等效电阻看作电机定子电感和定子电阻，则三相 VSR 网侧可以看作一台虚拟电机。通过估算定子磁链，就可以利用它取代网压，实现 VOC 和 DPC 两种控制思路，分别对应于虚拟磁链定向控制和虚拟磁链直接功率控制。

最常用的方法就是采用 d、q 轴电流的解耦控制，即把 d 轴与电网电动势 U 重合，则电网电动势矢量 d 轴分量 $u_{sd}=U$，q 轴分量 $u_{sq}=0$。由于

$$\begin{cases} P = u_{sd}i_{sd} + u_{sq}i_{sq} \\ Q = u_{sq}i_{sd} - u_{sd}i_{sq} \end{cases} \tag{6-39}$$

经上述电压定向处理之后，i_d 就是电流有功分量，i_q 就是电流无功分量，从而可以实现网侧有功、无功的独立控制。另外在 PWM 控制中，直流母线电压的波动会引起网侧电流畸变，可在控制系统中加入电压外环以稳定母线电压。通过电压外环控制 d 轴电流指令值，无功功率外环控制 q 轴电流指令值。同样为使实际电流跟随指令电流，在电压方程中加入反馈量。则最终的网侧变流器控制框图如图 6-34 所示。

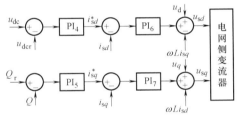

图 6-34　网侧变流器控制

网侧变流器控制框图可表示为

$$\begin{cases} i_{sd}^{*} = k_{p4}(u_{dc} - u_{dcr}) + k_{i4}\int (u_{dc} - u_{dcr})\,\mathrm{d}t \\ i_{sq}^{*} = k_{p5}(Q_r - Q) + k_{i5}\int (Q_r - Q)\,\mathrm{d}t \end{cases} \tag{6-40}$$

$$\begin{cases} u_{sd} = u_d - \omega L i_{sq} + k_{p6}(i_{sd}^{*} - i_{sd}) + k_{i6}\int (i_{sd}^{*} - i_{sd})\,\mathrm{d}t \\ u_{sq} = u_q + \omega L i_{sd} + k_{p7}(i_{sq}^{*} - i_{sq}) + k_{i7}\int (i_{sq}^{*} - i_{sq})\,\mathrm{d}t \end{cases} \tag{6-41}$$

永磁同步发电机的调速控制系统采用矢量控制的方法，矢量控制框图如图 6-35 所示，基于此搭建对应的 MATLAB/Simulink 仿真模型。

由图 6-35 可知，首先通过 Clark 变换，即把 abc 三相静止坐标转化成 $\alpha\beta$ 两相静止坐标，求得 $i_{s\alpha}$ 和 $i_{s\beta}$，再通过两相静止坐标与两相旋转坐标之间的 Park 变换，将 $\alpha\beta$ 两相静止坐标转化成 dq 旋转坐标，求得 i_{sd} 和 i_{sq}；电流 i_{sd} 和 i_{sq} 与设定值 $i_{sd,ref}$ 和 $i_{sq,ref}$ 相比较（这里 $i_{sd,ref}=0$，$i_{sq,ref}$ 由给定转速和测得转速之间的偏差通过 PI 控制得到），得到电流偏差，通过 PI 控制器输出 $u_{sd,ref}$ 和 $u_{sq,ref}$，再通过反 Park 变换成 $u_{s\alpha,ref}$ 和 $u_{s\beta,ref}$；最后通过 SVPWM 控制永磁同步发电机运行。

6.3.2　基于 MATLAB 的离网永磁同步风力发电机组仿真

根据永磁同步发电机的数学模型，推导得到 dq 坐标系下永磁同步发电机的电流方程和

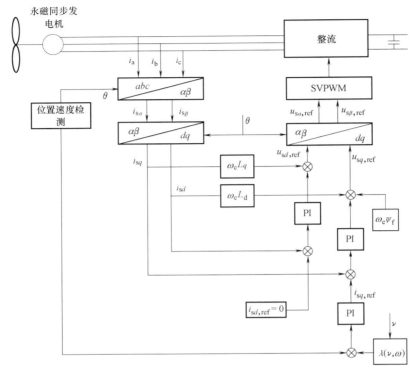

图 6-35　永磁同步发电机矢量控制框图

电压方程，如式（6-42）和式（6-43）所示。

$$\begin{cases} i_d = \dfrac{2}{3}\left[i_a\cos\omega t + i_b\cos(\omega t - 2\pi/3) + i_c\cos(\omega t + 2\pi/3) \right] \\[2mm] i_q = \dfrac{2}{3}\left[-i_a\sin\omega t - i_b\sin(\omega t - 2\pi/3) - i_c\sin(\omega t + 2\pi/3) \right] \end{cases} \tag{6-42}$$

$$\begin{cases} u_d = R_s i_d + pL_d i_d - \omega_e L_q i_q \\[2mm] u_q = R_s i_q + pL_q i_q + \omega_e L_d i_d + \omega_e \psi_f \end{cases} \tag{6-43}$$

式中，R_s 为电机定子电阻；L_d、L_q 分别为定子的直轴、交轴电感；ψ_f 为永磁磁链。

$\alpha\beta$ 坐标系下永磁同步发电机的电压方程如式（6-44）所示。

$$\begin{cases} u_\alpha = u_{sd}\cos\theta - u_{sq}\sin\theta \\[2mm] u_\beta = u_{sd}\sin\theta + u_{sq}\cos\theta \end{cases} \tag{6-44}$$

根据机侧控制原理图，搭建转速外环与电流内环双闭环控制模块，如图 6-36 所示。搭建 3s/2r 坐标变换模块、3s/2r 坐标变换子模块和 2s/2r 坐标变换模块分别如图 6-37～图 6-39 所示。

结合风力机模型、永磁同步发电机模块和 SVPWM 控制模块，搭建双闭环永磁同步发电机模拟的风力发电机离网系统仿真模型，如图 6-40 所示。

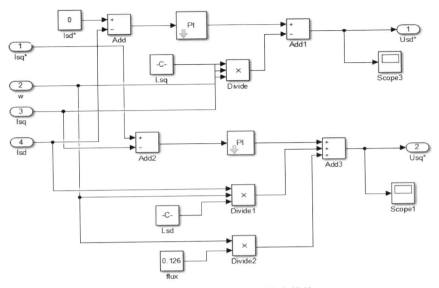

图 6-36 机侧双闭环控制仿真模块

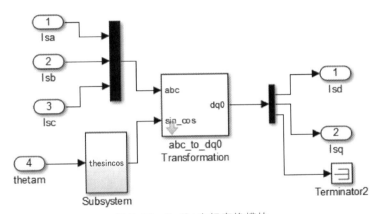

图 6-37 3s/2r 坐标变换模块

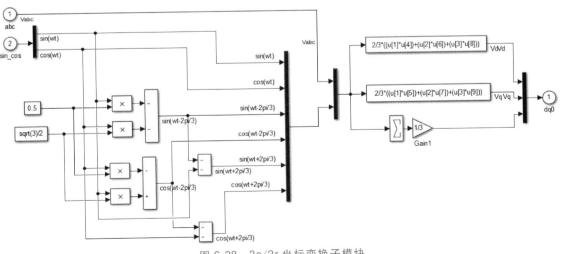

图 6-38 3s/2r 坐标变换子模块

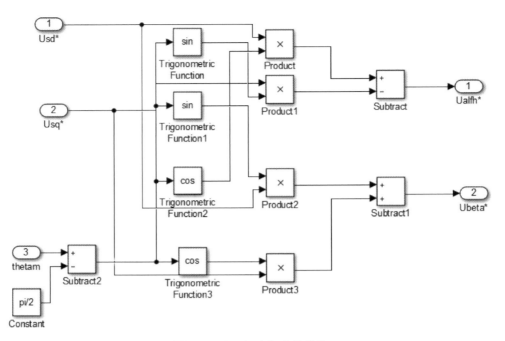

图 6-39　2s/2r 坐标变换模块

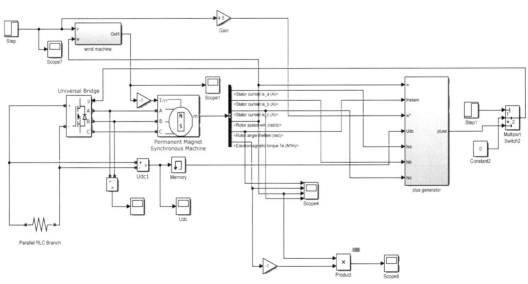

图 6-40　永磁同步风电机组离网系统仿真模型

设置风速分别为 $V_1 = 8\mathrm{m/s}$，$V_2 = 9\mathrm{m/s}$，$V_3 = 10\mathrm{m/s}$，测得永磁同步发电机的功率-转速曲线如图 6-41 所示。

由图 6-41 可见，在风轮转速 ω 改变的过程中，始终会有一转速对应最大功率点，使得系统获得最大输出功率，即最大功率点追踪运行。

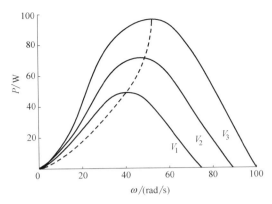

图 6-41　永磁同步发电机模拟的风力发电机功率-转速曲线图

6.4　基于永磁同步发电机的并网风力发电系统仿真

在永磁同步风电机组离网系统的基础上，搭建并网系统模型需要引入网侧变流器模型与控制，参见其主电路仿真模块（见图 6-42）。网侧变流器主要的控制目标是控制风电系统注入并网点的功率，其中有功功率控制需实现对直流母线电压的控制。6.4.1 节中介绍了网侧变流器的 PWM 直接功率的控制算法设计思路与仿真模型。

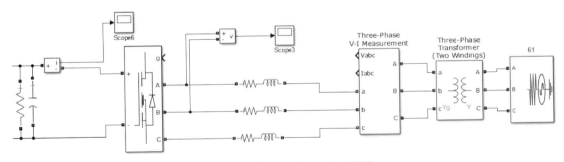

图 6-42　PWM 变流器主电路结构

6.4.1　PWM 变流器直接功率控制

传统 PWM 变流器直接功率控制的电路结构如图 6-43 所示。系统由主电路和控制电路两部分组成，而控制电路由交直流检测电路、功率计算电路、扇区划分器、PI 调节器、功率滞环比较器和开关表组成。系统的控制思路为：系统实时检测网侧的三相电压 e_a、e_b、e_c 和三相电流 i_a、i_b、i_c，然后进行三相静止坐标系到两相静止坐标系的转换，得到 e_α、e_β 和 i_α、i_β。基于式（6-45）可计算得到有功功率 P 和无功功率 Q，同时由 e_α、e_β 可以得到电压矢量所在的扇区 S_θ。将实时计算得到瞬时有功功率 P、瞬时无功功率 Q 与给定的有功功率 P_{ref}、无功功率 Q_{ref} 比较后的差值送入滞环比较器中，得到误差状态值 S_P 和 S_Q。根据 S_θ、S_P、S_Q，在事先定义的开关表中查找相应的开关信号 S_a、S_b、S_c，完成对开关管的控制。在 PWM 可逆变流器整流模式下有功功率给定值 P_{ref} 由直流侧电压误差调节器的输出信号乘以直流母线电压得到；无功功率给定值 Q_{ref} 可以设定为 0，以实现网侧逆变器的单位功率

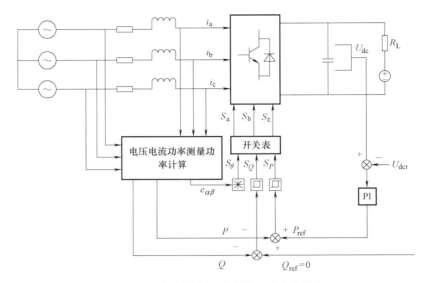

图 6-43　变流器直接功率控制的电路结构

因数输出。

$$\begin{cases} P = e_\alpha i_\alpha + e_\beta i_\beta \\ Q = e_\beta i_\alpha - e_\alpha i_\beta \end{cases} \tag{6-45}$$

基于 MATLAB/Simulink 搭建 PWM 变流器的整体模型如图 6-44 所示，其中包含瞬时功率计算模块、PI 控制器求解有功功率参考值模块、功率滞环比较模块以及开关表生成模块。

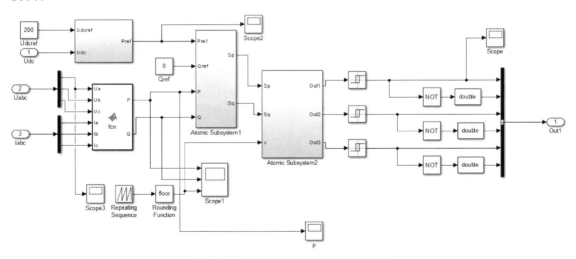

图 6-44　PWM 变流器总体仿真结构图

1. 瞬时功率计算模块

对网侧电压电流采样后，根据式（6-46）、式（6-47）可计算出变流器输出的瞬时有功功率与无功功率，通过将其与功率参考值进行对比，确定 PWM 直接功率控制的响应。瞬时功率计算的 MATLAB/Simulink 模块如图 6-45 所示。

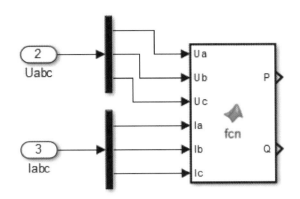

图 6-45　瞬时功率计算模块

$$P = U_a I_a + U_b I_b + U_c I_c \tag{6-46}$$

$$Q = \left[(U_b - U_c) I_a + (U_c - U_a) I_b + (U_a - U_b) I_c \right] / \sqrt{3} \tag{6-47}$$

2. PI 控制器求有功功率参考值模块

网侧 PWM 变流器的有功控制目标为维持直流母线电压，因而其有功出力控制参考值需通过图 6-46 所示的 PI 控制器计算得到。其输入为直流母线电压与参考值的差，输出为有功输出参考值。

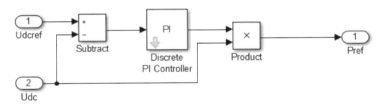

图 6-46　有功功率期望值求取结构

3. 功率滞环比较模块

传统 PWM 直接功率控制系统采用有功和无功两个功率滞环比较器，功率滞环比较器的输入为 ΔP（有功给定值与实际值的差）和 ΔQ（无功给定值与实际值的差），输出为实际功率与给定功率偏差的状态值 S_P、S_Q。S_P、S_Q 有 0 和 1 两种状态。传统 DPC 控制策略采用两电平的滞环功率比较器，其滞环特性如图 6-47 所示，其中，$2H_P$、$2H_Q$ 分别为有功功率无功功率两个滞环比较器的滞环宽度。变流器的谐波电流、开关频率以及开关能力都和 H_P、H_Q

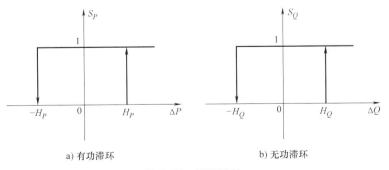

a) 有功滞环　　　　　　　　　　　　b) 无功滞环

图 6-47　滞环特性

的大小有直接关系，系统的控制精度越高、响应速度越快，功率滞环比较器的环宽就需要设置得越小，然而设置得过小又会使系统的开关频率和开关损耗变大影响整体性能。因此控制系统需要根据电路损耗功率及开关转换速度折中选择滞环宽度，工程应用上滞环宽度相对功率最大值的比值一般设置在 5%~10% 之间。

由图 6-47 可知，有功功率的滞环比较器特性如下：

当 $\Delta P>H_P$ 时，$S_P=1$；当 $-H_P<\Delta P<H_P$ 时，$\mathrm{d}\Delta P/\mathrm{d}t<0$，$S_P=1$；

当 $\Delta P<-H_P$ 时，$S_P=0$；当 $-H_P<\Delta P<H_P$ 时，$\mathrm{d}\Delta P/\mathrm{d}t>0$，$S_P=0$。

无功功率的滞环比较器特性如下：

当 $\Delta Q>H_Q$ 时，$S_Q=1$；当 $-H_Q<\Delta Q<H_Q$ 时，$\mathrm{d}\Delta Q/\mathrm{d}t<0$，$S_Q=1$；

当 $\Delta Q<-H_Q$ 时，$S_Q=0$；当 $-H_Q<\Delta Q<H_Q$ 时，$\mathrm{d}\Delta Q/\mathrm{d}t>0$，$S_Q=0$。

功率滞环仿真模块如图 6-48 所示。

4. 开关表

开关表是直接功率控制的核心。开关状态表基于 S_P、S_Q 以及电源电压的相位 θ，确定控制系统的 S_a、S_b 与 S_c 的值，也就确定了逆变器的开关状态。如图 6-49 所示，电源电压平面被划分为 12 个扇区，θ_n 的取值由式（6-48）决定。

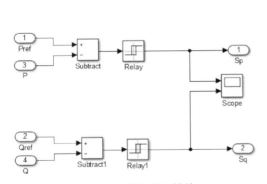

图 6-48　功率滞环模块

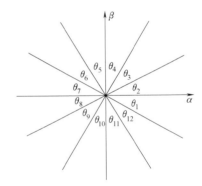

图 6-49　PWM 整流器输入电压的空间划分

$$(n-2)\frac{\pi}{6}\leqslant\theta_n\leqslant(n-1)\frac{\pi}{6}, n=1,2,\cdots,12 \tag{6-48}$$

开关状态表的控制规则见表 6-1，对应输出的开关状态见表 6-2。

表 6-1　传统开关状态表的控制规则

ΔP 值范围	S_P 取值	控制思想
$\Delta P>H_P$； $-H_P\leqslant\Delta P\leqslant H_P$ 且 $\mathrm{d}\Delta P/\mathrm{d}t<0$	1	选择相应的输入电压矢量，使 ΔP 变小，即增大实际有功功率
$\Delta P<-H_P$； $-H_P\leqslant\Delta P\leqslant H_P$ 且 $\mathrm{d}\Delta P/\mathrm{d}t>0$	0	选择相应的输入电压矢量，使 ΔP 变大，即减小实际有功功率
ΔQ 值范围	S_Q 取值	控制思想
$\Delta Q>H_Q$； $-H_Q\leqslant\Delta Q\leqslant H_Q$ 且 $\mathrm{d}\Delta Q/\mathrm{d}t<0$	1	选择相应的输入电压矢量，使 ΔQ 变小，即增大实际有功功率
$\Delta Q<-H_Q$； $-H_Q\leqslant\Delta Q\leqslant H_Q$ 且 $\mathrm{d}\Delta Q/\mathrm{d}t>0$	0	选择相应的输入电压矢量，使 ΔQ 变大，即减小实际有功功率

表 6-2 开关表的开关状态

S_P	S_Q	S_a S_b S_c											
		θ_1	θ_2	θ_3	θ_4	θ_5	θ_6	θ_7	θ_8	θ_9	θ_{10}	θ_{11}	θ_{12}
1	0	101	111	100	000	110	111	010	000	011	111	001	000
1	1	111	111	000	000	111	111	000	000	111	111	000	000
0	0	101	100	100	110	110	010	010	011	011	001	001	101
0	1	100	110	110	010	010	011	011	001	001	101	101	100

基于上述开关表设计方案，搭建对应的 Simulink 仿真模块如图 6-50 所示。

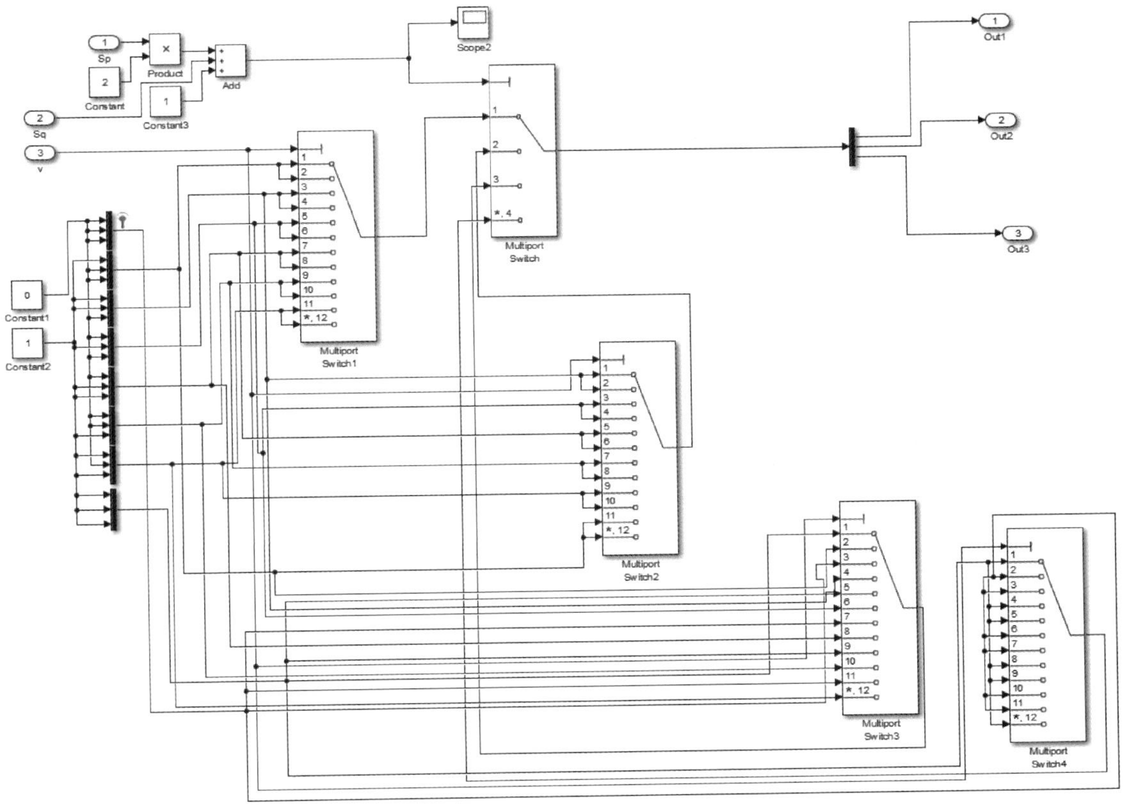

图 6-50 开关表仿真模块

6.4.2 基于 MATLAB 的永磁同步风电机组并网仿真

基于 MATLAB 的永磁同步风电机组并网仿真模型如图 6-51 所示。

图 6-52 所示为恒风速 8m/s 下整个系统的输出功率。

图 6-53 为突变风速下系统的输出功率，在 0.04s 的时候将 8m/s 的风速突变为 9m/s，可以看出该系统有一定的抗干扰能力，经过 0.01s 的系统调节后可以输出稳定的输出功率，证明此系统在不稳定的风速下也可以输出较稳定的功率。

图 6-54 为并网侧电流（虚线）与电压（实线）波形，两者保持同频同相位，达到并网要求。

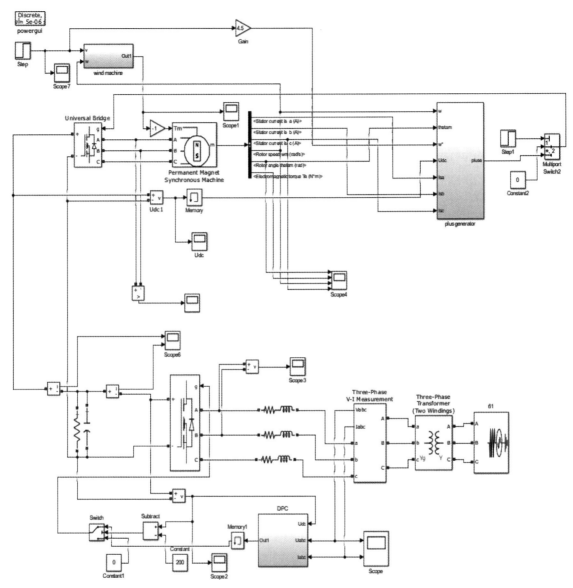

图 6-51　永磁同步风电机组的并网仿真模型

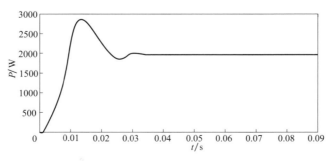

图 6-52　恒风速下系统的输出功率

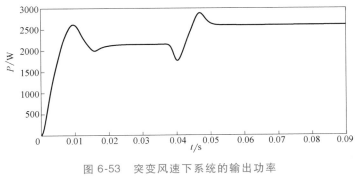

图 6-53 突变风速下系统的输出功率

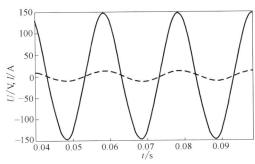

图 6-54 并网电压电流

6.5 风光互补发电系统及实验

6.5.1 风光互补发电系统工作原理

1. 风光互补发电的必要性

可再生新能源因其资源丰富、分布广泛，而且在清洁环保方面具有常规能源所无法比拟的优势，因而获得了快速的发展。尤其是小规模的新能源发电技术，便于就地向附近用户供电，可作为微网供电系统的重要组成部分。但无论是风能发电系统还是光伏发电系统，都受到自然资源的制约；不仅在地域上差别迥异，而且随时间变化具有很强的随机性。风力发电具有间歇性瞬时变化的特点，光伏发电则具有随季节与天气变化而变化的特点。由于风能、太阳能等可再生新能源出力的不稳定性，容易导致发电与用电负荷不平衡的问题，因而基于单一新能源电源的电力系统会存在频率稳定性与电压稳定性方面的问题。

考虑到新能源发电技术的多样性，以及它们的变化规律并不相同，在以新能源发电为主的电力系统中，通过多种电源联合运行，让各种发电方式在系统内互为补充，通过它们的协调配合来提供稳定可靠的、电能质量合格的电力供应，在明显提高可再生能源可靠性的同时，还能提高能源的综合利用率。这种多种电源联合运行的方式，就称为互补发电。

2. 风光互补发电系统的可行性

风电与光伏在出力特性方面存在良好的互补性是构建风光互补发电系统的基础，体现在以下几个方面：

1）在一天的时间尺度上：白天，尤其是在下午 2 点左右，太阳光照是最强的，此时风较小；晚上，太阳落山以后，太阳辐照度就变得很弱，但此时由于地面和高空中温差较大，风加强。

2）在四季的时间尺度上：夏季太阳辐照度大但是风比较小；冬季太阳辐照度弱但是风比较大。

3）在不同天气情况下：晴天太阳比较充足而风相对较少，阴雨天气阳光很弱但是会伴随着大风，风资源相对较多。

4）系统结构的类似性：光伏发电系统和风力发电系统在化学储能和逆变器控制器环节是能够通用的，这可以降低风光互补发电系统的造价与供电成本。

3. 风光互补发电系统

典型的风光互补发电系统的结构如图 6-55 所示，其包括发电环节、能量控制环节、储能环节和能量消耗环节。各部分组件包括光伏阵列、风电机组、蓄电池、逆变器、风光互补控制器以及卸荷器等配套设备等。简单来说，来自光伏阵列和风力发电机组的直流电源功率输出由逆变器转换成交流电，以直接提供负载的基本需求，同时将多余的能量储存到蓄电池组中。当蓄电池组完全充电以后，如果此时系统的发电量仍大于负载需求，剩余的能量通过能量消耗环节耗散。当可再生能源输出电量不足以供应负载需求时，蓄电池组释放出能量，以应对负载的电力需求。

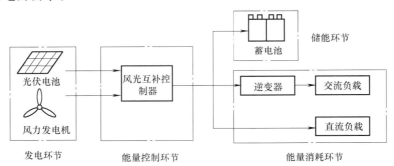

图 6-55　风光互补发电系统结构图

（1）发电环节

系统中发电环节包括风力发电和光伏发电两部分。光伏阵列发电系统是由光伏电池板、蓄电池、控制器以及逆变器组成。光伏阵列发电的能量转换核心是光伏电池。目前，我国单晶硅光伏电池转换效率已经平均达到 16.5%，在有些实验室里，新近研究的光伏电池光电转换率甚至可以达到 30% 以上。

风力发电系统由两大部分组成，一是风轮，将风能转换为机械能；另一个重要组成部分是发电机，将机械能转化为电能，其结构如图 6-56 所示。

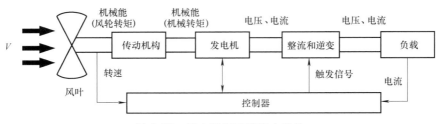

图 6-56　风力机组系统发电结构

风电发电机一般采用交流发电机组，发出的电能经 AC-DC 变换单元转化为直流电，一方面给直流负载供电，同时向储能单元蓄电池充电，将多余的电能储存起来。另一方面通过逆变器将直流电转化为交流电供交流负载使用。

（2）能量控制环节

能量控制环节是整个系统的核心环节，其作用是控制风力发电系统与光伏发电系统，通过协调控制使得在满足用户需求的前提下，确保系统运行的安全稳定性、经济性以及运行效率。风电与光伏系统的出力控制方案的设定需综合系统的运行环境、负载的实时需求以及储能系统的容量与充电状态进行设定。

（3）储能环节

因此为了确保负载用电的连续性与平稳性，需要依靠储能环节稳定直流母线电压。当发电量充足时，除了可以直接向负载供电以外，可利用储能环节储存多余的电能。然后当发电功率不足时，就可以利用储存的电能向负载供电。

风光互补系统在运行方面相较单独的风电与光伏系统，优势主要体现在以下几个方面：

1）风电和光电系统在蓄电池组和逆变环节是可以通用的，使成本大大降低，同时可以设计逆变系统具有自动稳压功能，改善供电质量。

2）风光互补系统关键的控制部分要根据太阳辐照度、风力大小及负载的变化不断对蓄电池组的工作状态进行切换和调节。在发电量充足时把一部分电量供给负载，另一部分电能则存入蓄电池组中；当发电量不足时，由蓄电池组提供部分负载所需电能，从而保证了系统的稳定性与可靠性。

3）由于风光互补系统的供电稳定性和保证率高，可以设计较低的光电阵列容量和蓄电池容量，使整个系统的成本下降。

6.5.2　风光互补发电系统的建模与运行评估

风光互补发电系统的建模是其运行分析的基础。针对风电机组与光伏电池的建模，为方便工程实践的应用，通常可采用简化模型进行描述。例如风电机组的出力可采用三段式的简化表达模型来近似描述其处于最大功率点追踪运行模式下的出力特性，具体表达为

$$P_w(V) = \begin{cases} (V-V_c)P_r/(V_r-V_c), & V_c \leq V \leq V_r \\ P_r, & V_r \leq V \leq V_f \\ 0, & V < V_c \ \text{或} \ V > V_f \end{cases} \tag{6-49}$$

式中，V_c、V_r 和 V_f 分别对应切入风速、额定风速和切出风速；P_r 为风电机组的额定功率。

在 V_c 到 V_r 风速区间段内，风电机组近似处于 MPPT 运行模式，此时随风速增长，机组出力对应增加；在 V_r 到 V_f 风速区间段内，风电机组出力已达到额定值，机组通过超速与变桨控制使机组出力维持在额定功率，直至达到切出风速。

对于光伏电池，可类似采用简化模型进行描述。对于系统负荷的建模，可采用概率分布模型进行描述。基于平均分布的负荷概率模型如式（6-50）所示。工程实践中可通过将负荷细化归类，提升负荷模型精度，基于系统实际运行数据对模型进行改进。

$$f_L(L) = \begin{cases} \dfrac{1}{L_{max} - L_{min}}, & L_{min} < L < L_{max} \\ \\ 0, & 其他 \end{cases} \tag{6-50}$$

风光互补发电系统电源与负荷功率之间的差值可表示为

$$P_c = P_W + P_{PV} - P_L \tag{6-51}$$

式中，P_W 为风力机输出功率；P_{PV} 为光伏阵列输出功率；P_L 为负荷功率；P_c 为储能系统功率。

电源与负荷功率间的差值通过储能系统的充放电，维持系统功率平衡。出于保证储能系统安全、减少系统运行寿命的损耗，储能系统的充放电功率存在上下限。当系统功率缺额大于充电功率上限时，系统存在有功不足，需切除部分负荷，导致负荷损失。假定机组出力与负荷的概率分布相互独立，系统的供电损失概率（Loss of Power Supply Probability，LPSP）可表示为

$$\begin{cases} f_c(c) = f_P(P) f_L(-L) \\ \\ LPSP = \displaystyle\int_{P_{min} - L_{max}}^{-c_1} f_c(c)\,dc \end{cases} \tag{6-52}$$

式中，$P = P_W + P_{PV}$；c_1 为储能系统的充电功率上限值。

基于式（6-52）得到的 LPSP 指标可以反映风光互补系统的供电可靠性。一些其他指标，如净现值（Net Present Value）、电量不足期望值（Energy Expected Not Supplied）、能源成本（Cost of Energy）等指标，也可以从其他经济效益与生态效益方面对风光互补发电系统进行评估与优化。

6.5.3 风光互补发电系统实验

1. 实验目的

1）了解风光互补发电系统结构和工作原理。

2）研究两种资源满足负载和不满足负载时，风光互补发电系统的工作情况。

2. 实验原理

参考 6.5.1 节。

3. 实验器材

计算机、MATLAB 软件。

4. 实验步骤

1）根据图 6-57 搭建风光互补发电系统的仿真模型，系统各部分参数见表 6-3。

2）两种资源满足负载要求时，S_1、S_2、S_4、S_5 闭合，S_3 和 S_6 断开，仿真两种资源发电功率。

3）两种资源不满足负载要求时，$S_1 \sim S_6$ 闭合，仿真两种资源发电功率和蓄电池的输出功率。

5. 数据记录

完成表 6-4 和表 6-5。

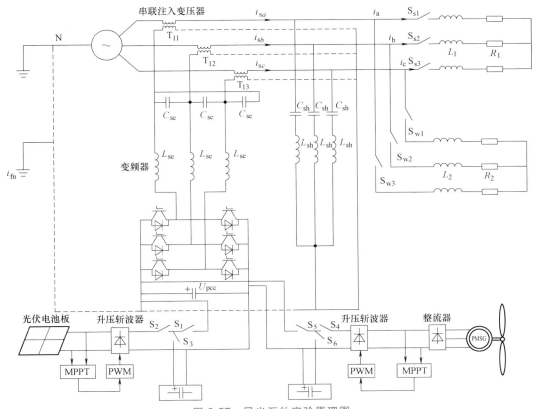

图 6-57　风光互补实验原理图

表 6-3　风光互补系统各部件参数

组　件	参　数	符　号	数　值
电源	系统电压	U_{ph}	240V
	频率	f	50Hz
无源滤波器	电感电容	L_{se}, C_{se}	12.5mH, 33μF
光伏阵列	电池数量	N_{cell}	60
	标准电压	U_{nom}	12V
	最大功率	P_{mmp}	230W
	最大功率点电压	U_{mmp}	35.5V
	最大功率点电流	I_{mmp}	6.7A
风力发电机	额定功率	P_w	1.2kW
	最大功率	P_m	1.5kW
	额定角速度	ω_s	710r/min
	频率	f	50Hz
	电压	U_{ph}	240V
直流母线	电压	U_{DC}	700V
	直流电容	C_{DC}	2200μF
串联有源滤波器	滤波器电感电容	L_{sh}, C_{sh}	200mH, 80μF
	开关频率	f_s	10kHz
变压器	注入变压器	T_{11}, T_{12}, T_{13}	1:1100, 100V·A
PI 控制器	比例增益	K_p	6
	积分增益	K_i	5.5

（续）

组　件	参　数	符　号	数　值
蓄电池组	额定电压	U_{Bat}	$2×12V$
	额定容量	P_B	$2×200A·h$
非线性负载	电阻	R_1,R_2	$12\Omega,8\Omega$
	电感	L_1,L_2	$3mH,15mH$

表 6-4　两种资源满足负载要求

光伏发电/W	风力发电/W	输出功率/W

表 6-5　两种资源不满足负载要求

光伏发电/W	风力发电/W	输出功率/W

思考题与习题

6-1　常用的风力发电机组有哪几种类型？简述各机组运行优缺点。

6-2　分析切入风速至切出风速区间内，风电机组运行模式与出力控制目标的变化过程。

6-3　风电系统的稳态运行分析以及暂态运行分析对风速模型的建模精度各有何要求？分别适用哪种风速模拟模型？

6-4　为何要采用直流电动机模拟风力机特性？采用直流电机模拟的主要是风力机的哪方面特性？直流电动机能否完整模拟风力机特性？

6-5　永磁同步风电机组的机侧变流器与网侧变流器的有功/无功控制目标分别是什么？机侧变流器与网侧变流器的有功控制目标可否互换？无功控制目标可否互换？

6-6　简述 PWM 变流器的直接功率控制原理。为何其中的功率比较模块要引入滞环控制？

6-7　风光互补系统中，如果发电量与负载无法同步，此时需要蓄电池进行发电，如若天气不好，则蓄电池组会处于亏电状态，进而导致蓄电池的寿命下降。应该如何解决蓄电池寿命的问题？

6-8　风光互补系统中，风电机组与光伏电池若皆采用最大功率点追踪运行模式，对于系统运行的安全性、经济性以及稳定性的影响体现在哪些方面？

6-9　在制定风光互补系统的运行计划时，通过提前预测气象条件以及负荷变化情况，可以从哪些角度对系统运行计划进行针对性优化？

6-10　建立 6.4.2 节永磁同步风电机组并网仿真模型，模拟风速突变时风力发电系统的输出功率、并网电压与电流。

第7章

光伏电站性能检测

7.1 光伏发电站发电性能检测技术要求

为提高我国光伏电站发电性能，推动我国光伏产业的健康发展，规范光伏电站发电性能评估方法，科学评价光伏电站建设质量，国家出台了一系列针对光伏电站发电性能检测评估的标准，目前光伏电站发电性能评估主要依据 2015 年发布的 CNCA/CTS0016—2015，该标准规定了并网光伏电站的性能监测、现场检测、质量评估和试验方法。

7.1.1 标准适用范围

标准规定了并网光伏电站性能检测和质量评估相关的定义、技术要求、试验方法和技术原则。适用于并网型光伏电站、分布式光伏系统，与建筑结合的光伏发电系统也可参照执行。

7.1.2 实时数据监测、处理与存储

气象环境参数包括太阳辐照度、环境温度、光伏组件温度、电池结温以及风速和风向，监测系统的安装数量和安装位置依据具体项目而定，要能够代表整个光伏电站范围内的气象环境条件。每个光伏电站至少安装一套环境气象参数监测系统，有条件时每 20MW 安装一套。

电气参数有直流电压、电流和功率，交流电压、电流和功率，电能质量和功率因数。在电站建成初期要留两块基准光伏组件，一块预留用于后期电站运行以后，与其做基础的组件进行比较，对比性能的变化；还有一块预留就是积尘遮挡基准，灰尘达到设定标准则通知值守人员清理，电站建站初期需有积尘遮挡基准片。

光伏电站需对其电气连接图、布置图以及设备参数等进行收集，对其运行数据进行采集，主要包括气象环境监测数据，光伏电站直流、交流侧的监测数据以及故障数据。

7.1.3 光伏电站总体性能评估

对光伏电站总体性能评估，需提供电站水平面年辐射量 H_h、光伏方阵面年辐射量 H、光伏电池工作时段年平均结温 T_{cell}、并网计费点的评估周期发电量 E、光伏电站额定功率 P_0

和不同类型光伏组件技术参数等数据。

光伏电站的能效比也称光伏电站综合能量效率（Performance Ratio），为输出能量与输入能量之比。这是国际通用参数，是评价光伏电站发电效率的重要指标，计算公式如下：

$$PR = (E/P_0)/(H/G) \tag{7-1}$$

式中，G 为标准测试条件辐照度，即 $1000W/m^2$。

不同气候区或不同季节的环境温度会影响光伏电站的能效比，而温度差异造成的 PR 不同并不属于电站质量的问题。为了排除温度的影响，可以用标准能效比 PRstc 对光伏电站进行评估，标准能效比是将温度条件修正到标准测试条件（25℃）的能效比。由于修正到 25℃ 结温会带来较大的修正误差，也可以修正到接近实测结温的同一参考温度。

为了进行温度修正，引入温度相对修正系数 C_i：

$$C_i = 1 + \delta_i(T_{cell} - 25℃) \tag{7-2}$$

式中，T_{cell} 表示实测评估周期内电池工作时段的平均工作结温，下标 i 表示第 i 种组件，C_i 和 δ_i 分别表示第 i 种组件的温度修正系数和功率相对温度系数。

如果光伏电站只有一种组件，则标准能效比为

$$PRstc = (E/(CP_0))/(H/G) \tag{7-3}$$

如果电站采用多种光伏组件，可以将不同类型光伏组件直流发电量占比作为该组件额定功率的占比，计算出该类组件的额定功率，然后再进行温度修正，则标准能效比的计算为

$$PRstc = (E/C_iq_iP_0)/(H_i/G) \tag{7-4}$$

式中，q_i 为第 i 种光伏组件直流发电量占总直流发电量的比例。

7.1.4　现场测试规则

1. 现场测试的抽样原则

一般是根据光伏电站分类抽样，即采用集中式逆变器光伏电站和采用组串逆变器的光伏电站。采用集中逆变器的光伏电站抽样主要包括不分型号逆变器/光伏组件抽样、区分型号的逆变器/光伏组件抽样、不区分型号的简单抽样以及样本备份。采用组串逆变器的光伏电站抽样主要包括按逆变器抽样、光伏组件抽样、简单抽样以及样本备份。

2. 检测基本条件和修正原则

测试应在相应的规定天气条件下进行，测试结束进行对比时，应修正到标准测试条件（STC）下，或修正到正常工作条件（NOC）下。

光强测量可以采用标准电池或热电堆式总辐射计，通过标准电池的短路电流进行光强修正，温度修正包括精确修正和简化修正。精确修正按照 GB/T 18210—2000 规定的方法，该方法较复杂。通常采用简化修正，将测量背板温度加 2℃ 得到电池结温。电流、电压和功率的修正按照 NB/T 32034—2016 规定的方法进行。

7.1.5　光伏电站质量检查

光伏电站质量检查主要包括：

1）确认光伏电站实际安装功率。

2）光伏容量和逆变器容量配比。

3）光伏组件目测质量。

4）支架安装形式。

5）支架材料。

6）防腐蚀措施和质量。

7）方阵基础形式。

8）光伏阵列排列方式和安装质量。

9）直流电缆质量。

10）电缆敷设质量。

11）汇流箱的安装位置、安装质量和功能。

12）汇流箱内正负极间的电气间隙/爬电距离。

13）逆变器安装集中度。

14）机房的安装位置。

15）通风条件和建设质量。

16）变压器的类型、安装位置和安装质量。

17）防雷接地安装方式和安装质量。

18）电站围栏形式、高度和建设质量。

19）光伏方阵清洗方案和用水量。

20）环境评估。

21）标识检查。

7.1.6 光伏电站性能测试

光伏电站性能测试主要包括：

1）光伏组件红外（IR）扫描检查。

2）光伏系统污渍和灰尘遮挡损失。

3）光伏阵列温升损失。

4）光伏组件功率衰降。

5）光伏组件的电致发光（EL）检测（可选）。

6）光伏系统串并联失配损失。

7）直流线损。

8）光伏阵列之间遮挡损失。

9）交流线损。

10）逆变器效率。

11）逆变器 MPPT 效率（可选）。

12）就地升压变压器效率。

13）光伏方阵绝缘性。

14）接地连续性检测。

15）电能质量测试。

16）有功/无功功率控制能力。

17）防孤岛（配电网接入时检测，可选）。

18）低电压穿越（输电网接入时检测，可选）。

19）电压/频率适应能力验证（输电网接入时检测，可选）。

7.2 低电压穿越能力检测方法

当并网光伏电站容量达到一定规模后，必须考虑电网故障时光伏电站的各种运行状态对电网稳定性的影响。所谓低电压穿越能力，即指当并网点电压出现跌落时，并网逆变器能够保持并网的运行方式，并向电网提供一定容量的无功功率帮助电网恢复正常运行，从而穿越这段时间。光伏发电系统的低电压穿越能力主要是由光伏并网逆变器来实现的。

7.2.1 检测原则

低电压穿越能力检测原则如下：

1）光伏发电站低电压穿越能力应满足 GB/T 19964—2012 的要求。

2）光伏发电站低电压穿越能力检测应以典型的光伏发电单元为对象，光伏发电站低电压穿越能力评估应以光伏发电单元的检测数据为依据。

3）检测应以随机抽样的方式开展，相同组件类型、相同拓扑结构、配置相同型号逆变器和单元升压变压器的光伏发电单元属于同一类型，应至少选择一个单元进行检测，不同类型的光伏发电单元均应对其选取并进行检测。

4）当光伏发电站更换不同型号单元升压变压器或逆变器时，应重新进行检测。

5）当光伏发电站更换同型号单元升压变压器或逆变器数量达到一半以上时，也应重新进行检测。

7.2.2 检测装置

按照检测原则选取被测光伏发电单元进行检测，检测装置宜使用无源电抗器模拟电网电压跌落，原理如图 7-1 所示。

检测装置应满足下述要求：

1）装置应能模拟三相对称电压跌落、相间电压跌落和单相电压跌落。

2）限流电抗器 X_1 和短路电抗器 X_2 均应可调，装置应能在 A 点产生不同深度的电压跌落。

3）电抗值与电阻值之比（X/R）应至少大于 10。

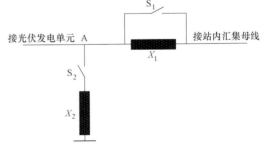

图 7-1 电压跌落发生装置原理

4）三相对称短路容量应为被测光伏发电单元容量的 3 倍以上。

5）开关 S_1、S_2 应使用机械断路器或电力电子开关。

6）电压跌落时间与恢复时间均应小于 20ms。

7.2.3 检测准备

进行低电压穿越测试前，光伏发电单元的逆变器应工作在与实际投入运行时一致的控制模式下。按照图 7-2 连接光伏发电单元、电压跌落发生装置以及其他相关设备。

检测应至少选取 5 个跌落点，其中应包含 0 和 $20\%U_n$ 跌落点，其他各点应在（$20\% \sim 50\%$）U_n、（$50\% \sim 75\%$）U_n、（$75\% \sim 90\%$）U_n 三个区间内均有分布，并按照 GB/T 19964—2012 中要求选取跌落时间。具体时间可取 0.1s、0.625s、1s、1.5s、2s 时的跌落点。U_n 为光伏发电站内汇集母线标称电压。

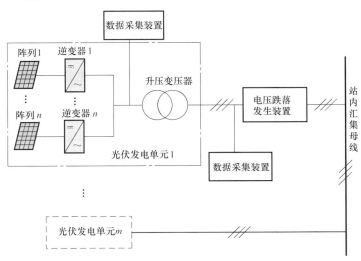

图 7-2 低电压穿越能力检测示意图

7.2.4 空载测试

光伏发电单元投入运行前应先进行空载测试，检测应按如下步骤进行：

1）确定被测光伏发电单元逆变器处于停运状态。

2）调节电压跌落发生装置，模拟线路三相对称故障和随机一种线路不对称故障，使电压跌落幅值和跌落时间满足图 7-3 的容差要求。

线路三相对称故障指三相短路的工况，线路不对称故障包含：A 相接地短路、B 相接地短路、C 相接地短路、AB 相间短路、BC 相间短路、CA 相间短路、AB 接地短路、BC 接地短路、CA 接地短路 9 种工况。0 和 $20\%U_n$ 跌落点电压跌落幅值容差为+5%。

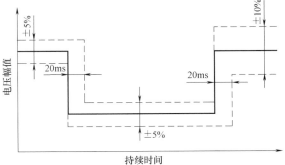

图 7-3 电压跌落容差

7.2.5 负载测试

应在空载测试结果满足要求的情况下，进行低电压穿越负载测试。负载测试时电抗器参数配置、不对称故障模拟工况的选择以及电压跌落时间设定均应与空载测试保持一致，测试应满足如下要求：

1）将光伏发电单元投入运行。

2）光伏发电单元应分别在（$0.1 \sim 0.3$）P_n 和不小于 $0.7P_n$ 两种工况下进行检测，P_n 为被测光伏发电单元所配逆变器总额定功率。

3）控制电压跌落发生装置进行三相对称电压跌落和空载随机选取的不对称电压跌落。

4）在升压变压器高压侧或低压侧分别通过数据采集装置记录被测光伏发电单元电压和电流的波形，记录至少从电压跌落前 10s 到电压恢复正常后 6s 之间的数据。

5）所有测试点均应重复 1 次。

7.3 光伏电站电能质量检测方法

电能质量主要关注的是电力系统运行中出现的各种各样的电力扰动对系统的影响，主要包括电压质量、电流质量、供电质量、用电质量四个方面。其定义一般表述为：导致用电设备故障或不能正常工作的电压、电流或频率的偏差。针对大规模并网光伏电站的电能质量，可以根据光伏电站并网点测得的频率、电压偏差、谐波、电压波动与闪变、负序、直流分量等几个指标进行考核和评估。

光伏电站电能质量检测装置应符合 GB/T 17626.30—2012 的要求，检测装置的闪变算法应符合 GB/T 17626.15—2011 的要求。

7.3.1 电网条件

光伏发电站停止运行时，公共连接点处相关技术指标应符合下列要求：

1）电压谐波总畸变率在 10min 内测得的方均根值应满足 GB/T 14549—1993 的规定。

2）电网频率 10s 测量平均值的偏差应满足 GB/T 15945—2008 的规定。

3）电网电压 10min 方均根值的偏差应满足 GB/T 12325—2008 的规定。

4）电网电压三相不平衡度应满足 GB/T 15543—2008 的规定。

7.3.2 三相不平衡度

1. 三相电压不平衡度

检测应按照如下步骤进行：

1）在光伏发电站公共连接点处接入电能质量测量装置。

2）运行光伏发电站，从光伏发电站持续正常运行的最小功率开始，以 10% 的光伏发电站所配逆变器总额定功率为一个区间，每个区间内连续测量 10min，每个区间利用式（7-5）按每 3s 时段计算方均根值，共计算 200 个 3s 时段方均根植。

$$\varepsilon = \sqrt{\frac{1}{m}\sum_{k=1}^{m}\varepsilon_k^2} \tag{7-5}$$

式中，ε_k 为 3s 内第 k 次测得的电压不平衡度；m 为 3s 内均匀间隔取值次数（$m \geq 6$）。

3）分别记录其负序电压不平衡度测量值的 95% 概率大值以及所有测量值中的最大值。

4）重复测量 1 次。

2. 三相电流不平衡度

同时按上述步骤测量三相电流不平衡度。

7.3.3 闪变

在光伏发电站公共连接点处接入电能质量测量装置，测量电压和电流的截止频率应不小于 400Hz。从光伏发电站持续正常运行的最小功率开始，以 10% 的光伏发电站所配逆变器总额定功率为一个区间，每个区间内分别测量 2 次 10min 短时闪变值 P_{st}。光伏发电系统的长时闪变值 P_{lt} 应通过短时闪变值 P_{st} 计算，即

$$P_{lt} = \sqrt[3]{\frac{1}{n}\sum_{j=1}^{n}(P_{stj})^3} \qquad (7\text{-}6)$$

检测方法应满足如下要求：

1）短时间闪变值 P_{st} 和长时间闪变值 P_{lt} 指的是电力系统正常运行的较小方式下，波动负荷变化最大工作周期的实测值。例如：炼钢电弧炉应在熔化期测量；轧机应在最大轧制负荷周期测量；三相负荷不平衡时应在三相测量值中取最严重的一相的值。

2）短时间闪变值测量周期取为 10min，每天（24h）不得超标 7 次（70min）；长时间闪变值测量周期取为 2h，每次均不得超标。

7.3.4　谐波、间谐波、高频分量

1. 电流谐波

电流谐波检测应符合下列要求：

1）在光伏发电站公共连接点处接入电能质量测量装置。

2）从光伏发电站持续正常运行的最小功率开始，以 10% 的光伏发电站所配逆变器总额定功率为一个区间，每个区间内连续测量 10min。最后一个区间的终点取测量日光伏发电站持续正常运行的最大功率。

3）按式（7-7）取时间窗 T_w 测量并计算电流谐波子群的有效值，取 3s 内的 15 个电流谐波子群有效值计算方均根值。对于 50Hz 电力系统，时间窗 T_w 取 10 个额定基波周期，即为 200ms。

$$I_h = \sqrt{\sum_{i=-1}^{1} C_{10h+i}^2} \qquad (7\text{-}7)$$

式中，C_{10h+i} 为离散傅里叶变换输出对应的第 $10h+i$ 根频谱分量的有效值，其中 $10h$ 表示 10min 内 h 次电流谐波。

4）计算 10min 内所包含的各 3s 电流谐波子群的方均根值；

5）电流谐波子群应记录到第 50 次，利用式（7-8）计算电流谐波子群总畸变率。

$$\text{THDS}_i = \sqrt{\sum_{h=2}^{50}\left(\frac{I_h}{I_1}\right)^2} \times 100\% \qquad (7\text{-}8)$$

式中，I_h 为 10min 内 h 次电流谐波子群的方均根值；I_1 为 10min 内电流基波子群的方均根值。

持续在短暂周期内的谐波可以认为是对公用电网无害的。因此，这里不要求测量因光伏发电站启停操作而引起的短暂谐波。

2. 电流间谐波

电流间谐波检测应符合下列要求：

1）在光伏发电站公共连接点处接入电能质量测量装置。

2）从光伏发电站持续正常运行的最小功率开始，以 10% 的光伏发电站所配逆变器总额定功率为一个区间，每个区间内连续测量 10min。

3）按式（7-9）取时间窗 T_w 测量并计算电流间谐波中心子群的有效值，取 3s 内的 15 个电流间谐波中心子群有效值计算方均根值。

$$I_h = \sqrt{\sum_{i=2}^{8} C_{10h+i}^2} \qquad (7-9)$$

4）计算 10min 内所包含的各 3s 电流间谐波子群的方均根值。

5）电流间谐波测量最高频率应达到 2kHz。

3. 电流高频分量

从光伏发电站持续正常运行的最小功率开始，以 10% 的光伏发电站所配逆变器总额定功率为一个功率区间，测量每个功率区间内的电流高频分量。测试以 200Hz 为间隔，计算中心频率从 2.1~8.9kHz 的电流高频分量。

7.4　有功功率特性检测方法

7.4.1　检测装置

图 7-4 为功率特性检测示意图，功率特性检测装置应包括气象数据采集装置和组件温度测量装置。各装置彼此之间应保持时间同步，时间偏差应小于 10μs。

组件温度测量装置的技术参数要求如下：

1）测量范围：−50~100℃。

2）测量精度：±0.5℃。

3）工作环境温度：−50~100℃。

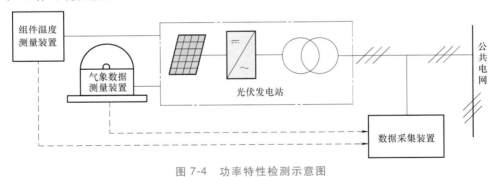

图 7-4　功率特性检测示意图

7.4.2　有功功率输出特性检测

有功功率输出特性检测按照如下步骤进行：

1）根据光伏发电站所在地的气象条件，应选择太阳辐照度最大值不小于 400W/m^2 的完整日开展检测。检测应至少采集总辐照度和组件温度参数。

2）连续测满光伏发电站随辐照度发电的全天运行过程，要求每 1min 同步采集一次光伏发电站有功功率、总辐照度和组件温度三个数据。

3）以时间轴为横坐标，有功功率为纵坐标，绘制有功功率变化曲线。

4）以时间轴为横坐标，组件温度为纵坐标，绘制组件温度变化曲线。

5）将横坐标的时间轴与辐照度时序对应，拟合有功功率变化曲线和组件温度变化曲线。

有功功率1min平均值用1min发电量值/60s来计算。总辐照度每10s采样1次，1min采样的6个样本去掉1个最大值和1个最小值，余下4个样本的算术平均为1min的瞬时值。组件温度每10s采样1次，1min采样的6个样本去掉1个最大值和1个最小值，余下4个样本的算术平均为1min的瞬时值。

7.4.3　有功功率变化检测

有功功率变化检测按照如下步骤进行：

1）在光伏发电站并网点处按光伏发电站随太阳辐照度自动启停机和人工启停机两种工况下进行测量。

2）分别记录两种情况下光伏发电站开始发电后至少10min内和停止发电前至少10min内并网点的电压和电流数据，计算所有0.2s有功功率平均值。

3）以时间为横坐标，有功功率为纵坐标，计算所得的所有0.2s有功功率平均值绘制有功功率随时间变化曲线。

随太阳辐照度自动启停机检测期间辐照度最大值应不小于400W/m²，人工启停机检测期间太阳辐照度应保持在400W/m²以上。

7.4.4　有功功率控制能力检测

1. 有功功率控制能力检测步骤

1）检测期间不应限制光伏发电站的有功功率变化速度并按照图7-5的设定曲线控制光伏发电站有功功率，在光伏发电站并网点连续测量并记录整个检测过程的电压和电流数据。

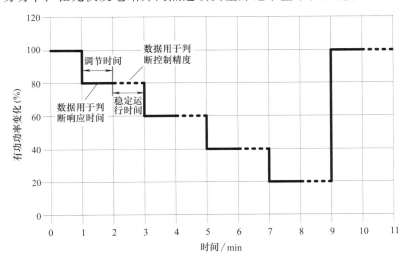

图7-5　有功功率控制曲线

2）以每0.2s数据计算一个有功功率平均值，用计算所得的所有0.2s有功功率平均值拟合实测有功功率控制曲线。

3）利用图7-5中虚线部分的1min有功功率平均值作为实测值与设定基准功率值进行对比。

4）计算有功功率调节精度和响应时间。

5）检测期间应同时记录现场的太阳辐照度和大气温度。

2. 有功功率调节精度和响应时间

（1）功率设定值控制精度判定

功率设定值控制精度可用式（7-10）进行判定。

$$\Delta P = \frac{\left| P_{\text{set}} - P_{\text{mes}} \right|}{P_{\text{set}}} \times 100\% \tag{7-10}$$

式中，ΔP 为功率设定值控制精度；P_{set} 为设定的有功功率值；P_{mes} 为实际测量每次阶跃后第 2 个 1min 有功功率平均值。

（2）功率设定值控制响应时间判定

图 7-6 为光伏发电站有功功率设定值响应时间判定方法示意图。参照图 7-6，可以得出光伏电站有功功率设定值响应时间和控制相关特性参数。

图 7-6 中，P_1 为光伏电站有功功率初始运行值（上一设定值）；P_2 为光伏电站有功功率设定值控制目标值（下一设定值）；P_3 为控制期间光伏发电站有功功率偏离控制目标的最大值；$P(t)$ 为有功功率设定值运行期间光伏电站有功功率曲线；$t_{\text{p},0}$ 为设定值控制开始时刻（前一设定值控制结束时刻）；$t_{\text{p},1}$ 为有功功率变化第一次达到设定阶跃值 90% 的时刻；$t_{\text{p},2}$ 设定值控制期间光伏电站有功功率持续运行在允许范围内的开始时刻。

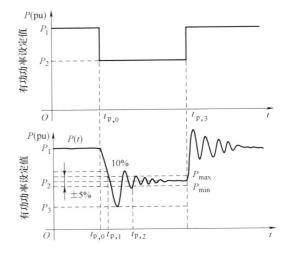

图 7-6　功率控制响应时间和响应精度判断示意图

1）有功功率设定值控制响应时间为

$$t_{\text{p,res}} = t_{\text{p},1} - t_{\text{p},0} \tag{7-11}$$

2）有功功率设定值控制调节时间为

$$t_{\text{p,reg}} = t_{\text{p},2} - t_{\text{p},0} \tag{7-12}$$

3）设定值控制期间有功功率允许运行范围在 P_{min} 和 P_{max} 之间。

$$P_{\text{max}} = (1 + 0.05) P_2$$
$$P_{\text{min}} = (1 - 0.05) P_2 \tag{7-13}$$

4）有功功率设定值控制超调量为

$$\sigma = \frac{\left| P_3 - P_2 \right|}{P_2} \times 100\% \tag{7-14}$$

7.5　无功功率特性检测方法

7.5.1　无功功率输出特性检测

无功功率输出特性检测按照如下步骤进行：

1）按步长调节光伏发电站输出的感性无功功率至光伏发电站感性无功功率限值。

2）测量并记录光伏发电站并网点的电压和电流值。

3）从 $0\sim100\%P_n$ 范围内，以每 10% 的有功功率区间为一个功率段，每个功率段内采集至少 2 个 1min 时序电压和电流数据，并利用采样数据计算每个 1min 无功功率的平均值。

4）按步长调节光伏发电站输出的容性无功功率至光伏发电站容性无功功率限值。

5）重复步骤 2）~3）。

6）以有功功率为横坐标，无功功率为纵坐标，绘制无功功率输出特性曲线，同时记录光伏发电站的无功配置信息。

光伏发电站无功功率输出跳变限值为光伏发电站无功功率最大值或电网调度部门允许的最大值两者中较小的值；测试过程中应确保集中无功补偿装置处于正常运行状态。

7.5.2 无功功率控制能力检测

设定被测光伏发电站输出有功功率稳定至 $50\%P_0$（P_0 为太阳辐照度大于 $400W/m^2$ 时被测光伏发电站的有功功率值），不限制光伏发电站的无功功率变化，设定 Q_L 和 Q_C 为光伏发电站无功功率输出跳变限值，按照图 7-7 设定曲线控制光伏发电站的无功功率，在光伏发电站出口侧连续测量无功功率，以每 0.2s 无功功率平均值为一点，记录实测曲线。

图中，Q_L 和 Q_C 为与调度部门协商确定的感性无功功率阶跃允许

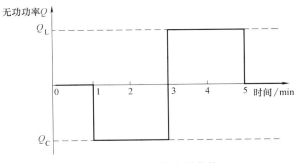

图 7-7 无功功率控制曲线

值和容性无功功率阶跃允许值。测试过程中应确保集中无功补偿装置处于正常运行状态。

7.6 电压/频率响应特性检测方法

7.6.1 电压适应性检测

应按照如下要求选取被测光伏发电站的典型光伏发电单元进行检测：

1）需要选取典型光伏发电单元进行检测的项目，选择应覆盖所有类型的光伏发电单元。

2）检测应以随机抽样的方式开展，相同组件类型、相同拓扑结构、配置相同型号逆变器和单元升压变压器的光伏发电单元属于同一类型，应至少选择一个单元进行检测，不同类型的光伏发电单元均应选取并检测。

3）当光伏发电站更换不同型号单元升压变压器或逆变器时，应重新进行检测；当光伏发电站更换同型号逆变器或单元升压变压器数量达到一半以上时，也应重新进行检测。

4）测试应选择在晴天少云的条件下进行。

电压适应性检测按照如下步骤进行：

1）在站内汇集母线标称频率条件下，调节电网模拟装置，使得站内汇集母线电压从额定值分别阶跃至 $91\%U_N$、$109\%U_N$ 和（$91\%\sim109\%$）U_N 之间的任意值保持至少 20s 后恢复到额定值。记录光伏发电单元运行时间或脱网跳闸时间。

2）在站内汇集母线标称频率条件下，调节电网模拟装置，使得站内汇集母线电压从额定值分别阶跃至 $111\%U_N$、$119\%U_N$ 和（$111\%\sim119\%$）U_N 之间的任意值保持至少 10s 后恢复到额定值。记录光伏发电单元运行时间或脱网跳闸时间。

3）在站内汇集母线标称频率条件下，调节电网模拟装置，使得站内汇集母线电压从额定值分别阶跃至 $121\%U_N$、$129\%U_N$ 和（$121\%\sim129\%$）U_N 之间的任意值保持至少 0.5s 后恢复到额定值。记录光伏发电单元运行时间或脱网跳闸时间。

7.6.2 频率适应性检测

被测光伏发电站的典型光伏发电单元的选取同电压适应性检测，频率适应性检测按照如下步骤进行：

1）在站内汇集母线标称电压条件下，调节电网模拟装置，使得站内汇集母线频率从额定值分别阶跃至 49.55Hz、50.15Hz 和 49.55~50.15Hz 之间的任意值保持至少 20min 后恢复到额定值。记录光伏发电单元运行时间或脱网跳闸时间。

2）在站内汇集母线标称电压条件下，调节电网模拟装置，使得站内汇集母线频率从额定值分别阶跃至 48.05Hz、49.45Hz 和 48.05~49.45Hz 之间的任意值保持至少 10min 后恢复到额定值。记录光伏发电单元运行时间或脱网跳闸时间。

3）在站内汇集母线标称电压条件下，调节电网模拟装置，使得站内汇集母线频率从额定值分别阶跃至 50.25Hz、50.45Hz 和 50.25~50.45Hz 之间的任意值保持至少 2min 后恢复到额定值。记录光伏发电单元运行时间或脱网跳闸时间。

4）在站内汇集母线标称电压条件下，调节电网模拟装置，使得站内汇集母线频率从额定值阶跃至 50.55Hz，记录光伏发电单元的脱网跳闸时间。

思考题与习题

7-1 什么是低电压穿越能力？光伏发电系统低电压穿越能力是如何检测的？

7-2 简述有功功率控制能力检测步骤。

7-3 如何计算有功功率调节精度和响应时间？

7-4 电能质量包括哪些方面？电能质量检测的电网条件是什么？

7-5 如何检测光伏电站的三相电压不平衡度？

7-6 如何通过短时闪变值来计算光伏发电系统的长时闪变值？

7-7 无功功率输出特性如何检测？

7-8 无功功率控制能力检测中无功功率控制曲线是什么？

7-9 光伏电站电压适应性如何检测？

7-10 简述光伏电站频率适应性的检测步骤。

参 考 文 献

［1］ 周玉立，袁宏永. 中国煤炭发电与光伏发电技术的经济性评估［J］. 技术经济与管理研究，2020（12）：97-102.

［2］ 刘杰. 太阳能光伏发电系统及应用前景分析［J］. 新能源科技，2020（9）：31-34.

［3］ 李明霞. 太阳能光伏发电系统在高速公路领域的应用探讨［J］. 科技创新与应用，2020（31）：177-178，181.

［4］ 李欣雪，陈贵镔，江炼强，等. 智能农业光伏发电追踪系统应用研究［J］. 信息技术与信息化，2020（8）：200-202.

［5］ 房鑫. 光伏发电系统并网控制技术研究［D］. 济南：山东大学，2020.

［6］ 孔维辰. 光伏逆变器的设计与实现［D］. 济南：山东大学，2020.

［7］ 张兴，曹仁贤，等. 太阳能光伏发电并网技术及其逆变控制［M］. 2 版. 北京：机械工业出版社，2018.

［8］ 能源研究俱乐部. 近期各国光伏支持政策［N/OL］. （2021-01-26）［2021-08-18］. https：//www.glass.cn/glassnews/newsinfo_130361.html.

［9］ 中国光伏行业协会. 2019—2020 年中国光伏产业年度报告［R/OL］. （2020-07-08）［2021-08-18］. www.chinapv.org.cn/annual_report/821.html.

［10］ 网易. 光伏写入 20 省十四五规划，分布式、光伏＋、储能成重点［N/OL］. （2021-05-11）［2021-08-18］. https：//www.163.com/dy/article/G9NB31U5053726RR.html.

［11］ 贾一飞，林梦然，董增川. 龙羊峡水电站水光互补优化调度研究［J］. 水电能源科学，2020，38（10）：207-210，106.

［12］ 魏学业，王立华，张俊红. 光伏发电技术及其应用［M］. 2 版. 北京：机械工业出版社，2020.

［13］ 赵明智，张晓明，宋士金. 太阳能光伏发电技术及应用［M］. 北京：北京大学出版社，2014.

［14］ 王长贵. 太阳能光伏发电实用技术［M］. 北京：化学工业出版社，2009.

［15］ 聂春燕，王桔，张万里，等. MATLAB 和 LabVIEW 仿真技术及应用实例［M］. 2 版：北京：清华大学出版社，2018.

［16］ 王晶，翁国庆，张有兵. 电力系统的 MATLAB/SIMULINK 仿真与应用［M］. 西安：西安电子科技大学出版社，2008.

［17］ 赵争鸣，陈剑，孙晓瑛. 太阳能光伏发电最大功率点跟踪技术［M］. 北京：电子工业出版社，2012.

［18］ 聂健. 太阳能光伏定向跟踪装置的设计与开发［D］. 长沙：湖南师范大学，2014.

［19］ 王少龙. 太阳能光源跟踪及能馈系统［D］. 西安：西安工业大学，2015.

［20］ 刘晓艳，祁新梅，郑寿森，等. 局部阴影条件下光伏阵列的建模与分析［J］. 电网技术，2010，34（11）：192-197.

［21］ 王磊，邓新昌，侯俊贤，等. 适用于电磁暂态高效仿真的变流器分段广义状态空间平均模型［J］. 中国电机工程学报，2019，39（11）：3130-3139.

［22］ NABINEJAD A，RAJAEI A，MARDANEH M. A systematic approach to extract state-space averaged equations and small-signal model of partial-power converters［J］. IEEE Journal of Emerging and Selected Topics in Power Electronics，2020，8（3）：2475-2483.

［23］ 郑鹤玲，毕大强，葛宝明. 光伏模拟系统建模与控制器参数优化［J］. 电力系统保护与控制，2011，39（18）：49-55.

［24］ LIU S，LIU J，YANG Y，et al. Design of intrinsically safe buck DC/DC converters［C］//2005 International Conference on Electrical Machines and Systems，2005：1327-1331.

［25］ 靳海亮. 离网光伏发电系统的研究［D］. 西安：西安科技大学，2013.

［26］ BAHGAT A B G, HELWA N H, AHMAD G E, et al. Maximum power point tracking controller for PV systems using neural networks ［J］. Renewable Energy, 2005, 30（8）: 1257-1268.

［27］ BHATTACHARJEE S, ACHARYA S. PV-wind hybrid power option for a low wind topography ［J］. Energy Conversion and Management, 2015, 89: 942-954.

［28］ 熊远生, 俞立, 徐建明. 固定电压法结合扰动观察法在光伏发电最大功率点跟踪控制中应用 ［J］. 电力自动化设备, 2009, 29（6）: 85-88.

［29］ LASHEEN M, ABDEL R A K, ABDEL S M, et al. Adaptive reference voltage-based MPPT technique for PV applications ［J］. IET Renewable Power Generation, 2017, 11: 715-722.

［30］ PILAKKAT D, KANTHALAKSHMI S. An improved P&O algorithm integrated with artificial bee colony for photovoltaic systems under partial shading conditions ［J］. Solar Energy, 2019, 178: 37-47.

［31］ SHER H A, RIZVI A A, ADDOWEESH K E, et al. A single-stage stand-alone photovoltaic energy system with high tracking efficiency ［J］. IEEE Transactions on Sustainable Energy, 2017, 8（2）: 755-762.

［32］ NOGUCHI T, TOGASHI S, NAKAMOTO R. Short-current pulse-based maximum-power-point tracking method for multiple photovoltaic-and-converter module system ［J］. IEEE Transactions on Industrial Electronics, 2002, 49（1）: 217-223.

［33］ YUVARAJAN S, XU S. Photo-voltaic power converter with a simple maximum-power-point-tracker ［C］// International Symposium on Circuits & Systems, IEEE, 2003.

［34］ 付青, 耿炫, 单英浩, 等. 一种光伏发电系统的双扰动 MPPT 方法研究 ［J］. 太阳能学报, 2018, 39（8）: 2341-2347.

［35］ ABDELSALAM A K, MASSOUD A M, AHMED S, et al. High-performance adaptive perturb and observe MPPT technique for photovoltaic-based Microgrids ［J］. IEEE Transactions on Power Electronics, 2011, 26（4）: 1010-1021.

［36］ 刘琳, 陶顺, 郑建辉, 等. 基于最优梯度的滞环比较光伏最大功率点跟踪算法 ［J］. 电网技术, 2012, 36（8）: 56-61.

［37］ 张俊红, 魏学业, 谷建柱, 等. 光伏电池阵列改进 MPPT 控制方法研究 ［J］. 北京交通大学学报, 2013, 37（2）: 12-16.

［38］ SALAS V, OLÍAS E, LÁZARO A, et al. New algorithm using only one variable measurement applied to a maximum power point tracker ［J］. Solar Energy Materials & Solar Cells, 2005, 87（1-4）: 675-684.

［39］ MEI Q, SHAN M, LIU L, et al. A novel improved variable step-size incremental-resistance MPPT method for PV systems ［J］. IEEE Transactions on Industrial Electronics, 2011, 58（6）: 2427-2434.

［40］ BRUNTON S L, ROWLEY C W, KULKARNI S R, et al. Maximum power point tracking for photovoltaic optimization using ripple-based extremum seeking control ［J］. IEEE Transactions on Power Electronics, 2010, 25（10）: 2531-2540.

［41］ LEI P, LI Y Y, SEEM J E. Sequential ESC-based global MPPT control for photovoltaic array with variable shading ［J］. IEEE Transactions on Sustainable Energy, 2011, 2（3）: 348-358.

［42］ TSE K K, HO B M T, CHUNG H S H. A comparative study of maximum-power-point trackers for photovoltaic panels using switching-frequency modulation scheme ［J］. IEEE Transactions on Industrial Electronics, 2004, 51（2）: 410-418.

［43］ ESRAM T, KIMBALL J W, KREIN P T, et al. Dynamic maximum power point tracking of photovoltaic arrays using ripple correlation control ［J］. IEEE Transactions on Power Electronics, 2006, 21（5）: 1282-1291.

［44］ MORADI M H, REISI A R. A hybrid maximum power point tracking method for photovoltaic systems ［J］. Solar Energy, 2011, 85（11）: 2965-2976.

［45］ 李兴鹏, 石庆均, 江全元. 双模糊控制法在光伏并网发电系统 MPPT 中的应用 ［J］. 电力自动化设备, 2012, 32（8）: 113-117.

［46］ 范钦民，闫飞，张翠芳，等. 基于模糊控制的光伏 MPPT 算法改进［J］. 太阳能学报，2017，38（8）：2151-2158.

［47］ AL-MAJIDI S D，ABBOD M F，AL-RAWESHIDY H S. A novel maximum power point tracking technique based on fuzzy logic for photovoltaic systems［J］. International Journal of Hydrogen Energy，2018，43（31）：14158-14171.

［48］ 胥芳，张任，吴乐彬，等. 自适应 BP 神经网络在光伏 MPPT 中的应用［J］. 太阳能学报，2012，33（3）：468-472.

［49］ HIYAMA T，KOUZUMA S. Identification of optimal operating point of PV modules using neural network for real time maximum power tracking control［J］. IEEE Transactions on Energy Conversion，1995，10（2）：360-367.

［50］ 冯浩. 离网微型光伏逆变器设计［D］. 北京：北京交通大学，2017.

［51］ 王兆安，刘进军. 电力电子技术［M］. 5 版. 北京：机械工业出版社，2009.

［52］ 唐金成. 光伏并网逆变器建模和仿真研究［D］. 南京：东南大学，2008.

［53］ 张燕飞. 光伏微电网系统控制器的研究［D］. 南昌：南昌大学，2014.

［54］ 古俊银，陈国呈. 单级式光伏并网逆变器的无电流检测 MPPT 方法［J］. 中国电机工程学报，2012，32（27）：1 49-153.

［55］ ZAPATA J W，KOURO S，CARRASCO G，et al. Analysis of partial power DC－DC converters for two-stage photovoltaic systems［J］. IEEE Journal of Emerging and Selected Topics in Power Electronics，2019，7（1）：591-603.

［56］ KULKARNI A，JOHN V. New start-up scheme for HF transformer link photovoltaic inverter［J］. IEEE Transactions on Industry Applications，2017，53（1）：232-241.

［57］ 王金华，顾云杰，胡斯登，等. 一种二极管无源钳位的单相无变压器型光伏并网逆变拓扑研究［J］. 中国电机工程学报，2015，35（6）：1455-1462.

［58］ 阳同光，桂卫华. 基于粒子群优化自适应反推光伏并网逆变器控制研究［J］. 中国电机工程学报，2016，36（11）：3036-3044.

［59］ KADRI R，GAUBERT J，CHAMPENOIS G. An improved maximum power point tracking for photovoltaic grid-connected inverter based on voltage-oriented control［J］. IEEE Transactions on Industrial Electronics，2011，58（1）：66-75.

［60］ 苏佳. 基于三相锁相环和 SVPWM 的光伏逆变并网仿真研究［D］. 保定：河北大学，2012.

［61］ 张孝军，徐宇新，王阳光，等. 下垂控制下考虑负荷电压与频率特性时过欠电压与过欠频率检测盲区分析［J］. 电力自动化设备，2020，40（7）：218-225.

［62］ HUNG G K，CHANG C C，CHEN C L. Automatic phase-shift method for islanding detection of grid-connected photovoltaic inverters［J］. IEEE Transactions on Energy Conversion，2003，18（1）：169-173.

［63］ 梁文恒. 单相小功率光伏并网中孤岛效应的研究［D］. 南宁：广西大学，2014.

［64］ ZEINELDIN H H，KIRTLEY J L. Performance of the OVP/UVP and OFP/UFP method with voltage and frequency dependent loads［J］. IEEE Transactions on Power Delivery，2009，24（2）：772-778.

［65］ JANG S，KIM K. An islanding detection method for distributed generations using voltage unbalance and total harmonic distortion of current［J］. IEEE Transactions on Power Delivery，2004，19（2）：745-752.

［66］ BALAGUER-ÁLVAREZ I J，ORTIZ-RIVERA E I. Survey of distributed generation islanding detection methods［J］. IEEE Latin America Transactions，2010，8（5）：565-570.

［67］ ASIMINOAEI L，TEODORESCU R，BLAABJERG F，et al. A digital controlled PV-inverter with grid impedance estimation for ENS detection［J］. IEEE Transactions on Power Electronics，2005，20（6）：1480-1490.

［68］ 刘芙蓉，康勇，段善旭，等. 主动移频式孤岛检测方法的参数优化［J］. 中国电机工程学报，2008，28（1）：95-99.

［69］ 邹培源，黄纯. 基于模糊控制的改进滑模频率偏移孤岛检测方法 ［J］. 电网技术，2017，41（2）：574-580.

［70］ 程明，张建忠，赵俊杰. 分布式发电系统逆变器侧孤岛检测及非检测区描述 ［J］. 电力科学与技术学报，2008，23（4）：44-52.

［71］ OHNO T，YASUDA T，TAKAHASHI O，et al. Islanding protection system based on synchronized phasor measurements and its operational experiences ［C］// 2008 IEEE Power and Energy Society General Meeting Conversion and Delivery of Electrical Energy in the 21st Century，2008：1-5.

［72］ HASANIEN H M. An adaptive control strategy for low voltage ride through capability enhancement of grid-connected photovoltaic power plants ［J］. IEEE Transactions on Power Systems，2016，31（4）：3230-3237.

［73］ 胡书举，李建林，李梅. 风电系统实现 LVRT 的电网电压跌落检测方法 ［J］. 大功率变流技术，2008（6）：17-21.

［74］ NAIDOO R，PILLAY P. A new method of voltage sag and swell detection ［J］. IEEE Transactions on Power Delivery，2007，22（2）：1056-1063.

［75］ 张泽斌. 具有 LVRT 能力的光伏并网逆变器控制策略研究 ［D］. 银川：宁夏大学，2015.

［76］ 罗劲松，王金梅，张小娥. 基于 dq 锁相环的改进型光伏电站并网点电压跌落检测方法研究 ［J］. 电测与仪表，2014，51（5）：51-55.

［77］ LIMONGI L R，BOJOI R，PICA C，et al. Analysis and comparison of phase locked loop techniques for grid utility applications ［C］// 2007 Power Conversion Conference-Nagoya，2007：674-681.

［78］ 涂睿. 单相光伏并网逆变及其低电压穿越控制策略研究 ［D］. 长沙：湖南大学，2017.

［79］ 李永凯，雷勇，苏诗慧，等. 混合储能提高光伏低电压穿越控制策略的研究 ［J］. 电测与仪表，2021，58（5）：1-7.

［80］ YANG F，YANG L，MA X. An advanced control strategy of PV system for low-voltage ride-through capability enhancement ［J］. Solar Energy，2014，109：24-35.

［81］ YE Z，KOLWALKAR A，ZHANG Y，et al. Evaluation of anti-islanding schemes based on nondetection zone concept ［J］. IEEE Transactions on Power Electronics，2004，19（5）：1171-1176.

［82］ LELLIS M D，REGINATTO R，SARAIVA R，et al. The Betz limit applied to airborne wind energy ［J］. Renewable Energy，2018，127：32-40.

［83］ HEIER S. Grid integration of wind energy conversion system ［M］. Chichester：Wiley，1998.

［84］ 李辉，赵斌，史旭阳，等. 含不同风电机组的风电场暂态运行特性仿真研究 ［J］. 电力系统保护与控制，2011，39（13）：1-7.

［85］ POLINDER H，FERREIRA J A，JENSEN B B，et al. Trends in wind turbine generator systems ［J］. IEEE Journal of Emerging and Selected Topics in Power Electronics，2013，1（3）：174-185.

［86］ SAPENA-BANO A，RIERA-GUASP M，PUCHE-PANADERO R，et al. Harmonic order tracking analysis：A speed-sensorless method for condition monitoring of wound rotor induction generators ［J］. IEEE Transactions on Industry Applications，2016，52（6）：4719-4729.

［87］ BREKKEN T K A，MOHAN N. Control of a doubly fed induction wind generator under unbalanced grid voltage conditions ［J］. IEEE Transactions on Energy Conversion，2007，22（1）：129-135.

［88］ 李生虎，华玉婷，朱婷涵. 无刷双馈异步电机潮流建模和收敛性研究 ［J］. 电力系统保护与控制，2014，42（5）：90-97.

［89］ 杨旼才，余建峰，欧阳金鑫，等. 电网故障下永磁直驱风电机组机电暂态全过程等值建模方法 ［J］. 电工电能新技术，2021，40（5）：22-33.

［90］ KNIGHT A M，PETERS G E. Simple wind energy controller for an expanded operating range ［J］. IEEE Transactions on Energy Conversion，2005，20（2）：459-466.

［91］ PAGNINI L C，BURLANDO M，REPETTO M P. Experimental power curve of small-size wind turbines in turbulent urban environment [J]. Applied Energy, 2015, 154 (15): 112-121.

[92] NASIRI M, MILIMONFARED J, FATHI S H. Modeling, analysis and comparison of TSR and OTC methods for MPPT and power smoothing in permanent magnet synchronous generator-based wind turbines [J]. Energy Conversion and Management, 2014, 86: 892-900.

[93] 张小莲, 李群, 殷明慧, 等. 一种引入停止机制的改进爬山算法 [J]. 中国电机工程学报, 2012, 32 (14): 128-134.

[94] 裴俊, 刘世林, 樊国东. 基于模糊控制的永磁直驱风力发电机最大功率跟踪控制 [J]. 四川理工学院学报 (自然科学版), 2019, 32 (6): 47-52.

[95] FLORES P, TAPIA A, TAPIA G. Application of a control algorithm for wind speed prediction and active power generation [J]. Renewable Energy, 2005, 30 (4): 523-536.

[96] 谢今范, 刘玉英, 于莉, 等. 二参数 Weibull 分布在风能资源参数长年代订正中的应用探讨 [J]. 太阳能学报, 2015, 36 (11): 2830-2836.

[97] 杨维军, 王斌. 二参数 Weibull 分布函数对近地层风速的拟合及应用 [J]. 应用气象学报, 1999, 10 (1): 119-123.

[98] WAIS P. Two and three-parameter Weibull distribution in available wind power analysis [J]. Renewable Energy, 2017, 103: 15-29.

[99] 金国骅, 胡文忠. 风速频率分布混合模型的研究 [J]. 太阳能学报, 1994, 15 (4): 353-357.

[100] 张兴, 司媛媛, 谢震, 等. 基于 LabVIEW 的变速恒频双馈风力发电模拟监测系统 [J]. 太阳能学报, 2006, 27 (11): 1078-1083.

[101] ANDERSON P M, BOSE A. Stability simulation of wind turbine systems [J]. IEEE Transactions on Power Apparatus and Systems, 1983, PAS-102 (12): 3791-3795.

[102] 马婷婷. 三相电压型 PWM 整流器直接功率控制研究 [D]. 长沙: 中南大学, 2012.

[103] 王久和, 李华德. 一种新的电压型 PWM 整流器直接功率控制策略 [J]. 中国电机工程学报, 2005, (16): 47-52.

[104] 符叶晔. 风光互补发电系统优化配置与仿真建模研究 [D]. 杭州: 浙江工业大学, 2017.

[105] 栗文义, 张保会, 巴根. 风/柴/储能系统发电容量充裕度评估 [J]. 中国电机工程学报, 2006, 26 (16): 62-67.

[106] GHALI F M A, EL AZIZ M M A, SYAM F A. Simulation and analysis of hybrid systems using probabilistic techniques [C] // Proceedings of Power Conversion Conference, 1997: 831-835.

[107] DUFO-LÓPEZ R, BERNAL-AGUSTÍN J L, MENDOZA F. Design and economical analysis of hybrid PV-wind systems connected to the grid for the intermittent production of hydrogen [J]. Energy Policy, 2009, 37 (8): 3082-3095.

[108] 杨琦, 张建华, 刘自发, 等. 风光互补混合供电系统多目标优化设计 [J]. 电力系统自动化, 2009, 33 (17): 86-90.

[109] 中国质量认证中心. 并网光伏电站性能检测与质量评估技术规范: CNCA/CTS0016—2015 [Z]. 2015.

[110] 中国电力企业联合会. 光伏发电站接入电网检测规程: GB/T 31365—2015 [S]. 北京: 中国标准出版社, 2015.

[111] 国家能源局. 光伏发电站电能质量检测技术规程: NB/T 32006—2013 [S]. 北京: 新华出版社, 2014.